HZ Books

华 章 图 书

一本打开的书，一扇开启的门，
通向科学殿堂的阶梯，托起一流人才的基石。

U0179063

Web开发技术丛书

Django 3.0
应用开发详解

DJANGO 3.0 APPLICATION DEVELOPMENT COOKBOOK

李向军　著

机械工业出版社
China Machine Press

图书在版编目（CIP）数据

Django 3.0 应用开发详解 / 李向军著 . -- 北京：机械工业出版社，2021.9
（Web 开发技术丛书）
ISBN 978-7-111-69090-0

I.① D… II.①李… III.①软件工具 - 程序设计 IV.① TP311.561

中国版本图书馆 CIP 数据核字（2021）第 183915 号

Django 3.0 应用开发详解

出版发行：机械工业出版社（北京市西城区百万庄大街 22 号　邮政编码：100037）

责任编辑：杨绣国　　　　　　　　　　　　　责任校对：马荣敏

印　　刷：大厂回族自治县益利印刷有限公司　　版　　次：2021 年 10 月第 1 版第 1 次印刷

开　　本：186mm×240mm　1/16　　　　　　印　　张：19.75

书　　号：ISBN 978-7-111-69090-0　　　　　　定　　价：89.00 元

客服电话：（010）88361066　88379833　68326294　　投稿热线：（010）88379604

华章网站：www.hzbook.com　　　　　　　　　　读者信箱：hzjsj@hzbook.com

为什么要写这本书

Python 作为当前热门的开发语言，其最重要的应用之一就是进行 Web 应用开发。Django 是一款高性能的 Python Web 开发框架，随着 Python 相关的开发者日益增多，越来越多的企业开始使用 Django 进行网站开发。

作为一名 Django 框架的应用者，我一路磕磕碰碰。随着应用的深入，对 Django 的理解逐渐加深，为此我也萌生了通过一定渠道来分享自己想法的念头。

自 2019 年 12 月 Django 3.0 问世以来，我发现市面上以 Django 3.0 为基础的计算机应用书籍很少。"众人拾柴火焰高"，我想自己可以尝试写本书来介绍 Django 3.0 的应用，让各类学习者与应用者有更多的选择。

从有想法到实现是个漫长的过程。作为一个纯粹的理科男，驾驭文字是件痛苦的事，不过幸好最终我坚持了下来。

在书的内容布局方面，我做了一定的功课，借鉴了一些图书的做法，同时也融入了自己的一些想法。为了避免有些读者在阅读时产生困惑，本书采用先指令、后框架的形式设计了各章，而在框架的表述中则采取了先页面、后数据库、再附加模块的形式展开阐述，希望读者通过阅读本书能够循序渐进地掌握这门框架技术的应用。

读者对象

这里根据软件应用程度划分出一些能使用 Django 3.0 的用户团体：

❑ 各类 Django 初学者。
❑ 使用 Django 进行网站开发的各类 Web 开发工程师。

❑ 采用 Django 框架进行网络设计的系统架构师。

如何阅读本书

本书细致阐述了如何很好地运用 Django 3.0 进行相关 Web 页面的开发，在各个章节中分门别类地介绍了相关属性、方法，并在相应的应用示例中进一步演示了属性、方法的使用情况。

如果想快速阅读，可先总体看看本书目录结构，从目录的各个章节了解大体内容，快速定位到自己感兴趣的章节，获取相关信息。

对于初学者，建议按照目录结构认真阅读每一章。对于涉及示例的章节，最好自己搭建环境，输入相关的代码，确保深入理解各个 Django 知识点的应用。

对于 Web 开发工程师，可以就某些模块重点查看相关示例，便于快速解决实际开发过程中遇到的实际问题。

对于系统架构师，可以根据自身对 Django 框架的理解，翻看相关条目的属性、方法介绍，回忆相关技术的应用，进行相关技术的选型。

勘误和支持

由于作者的水平有限，编写的时间也很仓促，书中难免会出现一些错误或者不准确的地方，恳请读者批评指正。如果你有更多的宝贵意见，也欢迎发送邮件至我的邮箱 lix200206@163.com，我很期待能够听到你们的真挚反馈。

致谢

感谢机械工业出版社华章公司的编辑杨绣国老师，感谢你的友善与细心，在这一年的时间中始终支持我的写作与修订，你的鼓励和帮助引导我能顺利完成全部书稿。

感谢我的爸爸、妈妈，感谢你们将我培养成人，并给予我信心和力量！

谨以此书，献给我最亲爱的家人，以及众多热爱 Django 的朋友。

李向军
中国，北京

Contents 目　　录

第1章 Chapter 1

Django 简介

作为本书的第 1 章，将简略介绍 Django 的来历及特点，并详细介绍 Django 3.0 的一些新特性，为后面的学习打下基础。

1.1 什么是 Django

Django 是 Python 编程语言驱动的一个基于 MVC 风格的 Web 应用程序框架，最初是被开发用于管理劳伦斯出版集团（Lawrence Journal World）旗下的一些以新闻内容为主的网站的；2005 年 7 月，该框架在 GitHub 站点以 BSD 许可证形式发布。

Django 于 2012 年 3 月 8 日发布 1.0 版本，2017 年 12 月 2 日发布 2.0 版本，2019 年 12 月 2 日发布 3.0 版本，目前最新的版本为 2020 年 8 月 4 日发布的 3.1 版本。

由于该程序框架是基于 Python 开发的，因此 Django 版本与 Python 版本之间有很强的关联，具体见表 1-1。

表 1-1 Django 与 Python 版本之间的关联

Django 版本	Python 版本
1.0	至少 2.3
1.2	至少 2.4
1.3	至少 2.5
1.11	2.7、3.4、3.5、3.6、3.7
2.0	3.4、3.5、3.6、3.7
3.0、3.1	3.6、3.7、3.8

1.2 Django 与其他 Web 框架的对比

目前，运用 Python 作网站开发的 Web 框架很多，主要有 Django、Flask 与 Tornado。下面我们对这三种框架进行简要的对比（见表 1-2）。

表 1-2 Django、Flask 与 Tornado 的对比

比较内容	框架名称		
	Django	Flask	Tornado
最早发布时间	2005 年 11 月 4 日	2010 年 4 月 16 日	2010 年 7 月 23 日
开源协议	BSD-3-Clause	BSD-3-Clause	Apache-2.0
框架体量	大和全，自带 ORM、template、view，为重量级框架	除了核心模块和 Jinja2 模板以外，没有其他模块，为轻量级框架	除了核心模块，没有其他模块，为轻量级框架
扩展性	模块之间耦合程度高，几乎不可能组配其他外部功能模块，但是可以增加并丰富它的 Middlerware/contrib 等	作为微型框架，它可以自由组配外部功能模块	可扩展外部功能模块
适用性	适合新手，适合一般网站快速开发	对新手来说不好控制，适合能力强的开发团队开发	与 Flask 类似
开发效率	如果考虑安全性，对于一般网站，它的开发效率是非常高的	需要熟悉各种外部功能模块，在使用初期开发效率比较低，后期会有所提高	介于 Flask、Django 之间
处理性能	ORM 及模板处理速度相对较慢	ORM 采用 SQLAlchemy，性能较强	与 Flask 类似

1.3 Django 3.0 的新特性

Django 3.0 沿用了 Django 2.0 诸多特性，但也对一些方面进行了适当的调整，形成了 3.0 版本独有的特性。Django 3.0 与 Django 2.0 的不同之处主要在于以下十几个方面。

1. Python 兼容性

Django 3.0 与 Django 3.1 支持 Python 3.6、Python 3.7 与 Python 3.8，Django 2.2.x 会是最后一个支持 Python 3.5 及更早版本的系列。对于第三方 Django 应用，官方建议应用开发者放弃对 Django 2.2 及更早版本的支持。

2. ASGI 的支持

新增对 ASGI 的支持，让 Django 逐渐支持异步功能。这是 Django 对现有 Web 服务器网关接口（Python Web Server Gatway Interface，WSGI）模式支持的补充。

3. 数据库支持

支持使用 MariaDB 10.1 或更高版本的数据库。不再支持 PostgreSQL 9.4 版本，只支持 PostgreSQL 9.5 及以上版本。2021 年不再支持 Oracle 12.1 版本，只支持 Oracle 12.2 及以上

版本。

4. PostgreSQL 的排斥约束

增加了类 django.contrib.postgres.constraints.ExclusionConstraint，用来在数据库 PostgreSQL 上添加排除约束。使用 Meta.constraints 选项将定义的约束添加到模型。

5. 过滤器表达式

表达式输出结果为 BooleanField 类型的值，可以直接在 QuerySet 过滤器中使用，而不必先注释，再针对注释进行过滤。

6. 用于选择字段的枚举类

增加了模型关联的类 TextChoices、IntegerChoices 和 Choices，这些类可用于定义 Field.choices。其中为文本和整数字段提供了 TextChoices 类型和 IntegerChoices 类型。在 Choices 类允许定义为其他具体的数据类型兼容的枚举。

7. 缓存控制

在缓存控制方法 patch_cache_control() 中增加 private 标识的判断逻辑，该方法被 add_never_cache_headers 调用。在缓存控制方法 patch_cache_control() 中增加 no-cache 标识的判断逻辑，该方法被 cache_control 调用（Django 3.1 新增功能）。

8. 文件存储管理

提供了 django.core.files.storage.Storage.get_alternative_name() 方法，用来根据已有文件名随机生成一个新文件名称。在一定程度上避免因多次上传同名文件而带来的存储影响。django.core.files.storage. FileSystemStorage 的 save() 方法采用 pathlib.Path 类的路径解析（Django 3.1 新增功能）。

9. 表单管理

表单管理是 Django 使用 Forms 的重要形式，在 Django 3.0 中有如下调整：

❑ 在表单的基础类中添加了 can_order 属性，该属性默认为 False；当该属性为 True 时，可在表单页面中增加排序属性。默认情况下排序属性以数值形式体现，用户可通过修改属性 ordering_widget 或重写基类方法 get_ordering_widget() 来改变页面中排序属性的显示形式。

❑ 调整类 django.forms.ModelChoiceIterator 的 choice() 方法，使该方法以 django.forms.ModelChoiceIteratorValue 实例形式返回。类 django.forms.ModelChoiceIterator 用于表单字段 ModelChoiceField 和 ModelMultipleChoiceField（Django 3.1 新增功能）。

❑ 表单字段 DateTimeField（django.forms.DateTimeField）支持 ISO 8601 时间格式传递，接收配置节点 DATE_INPUT_FORMATS 与 DATETIME_INPUT_FORMATS 的信息并将字段信息转换为时间值（Django 3.1 新增功能）。

❑ 调整类 django.forms.MultiWidget 的初始传入参数 widgets，使该参数可传递自定义的

subwidget 字典信息（Django 3.1 新增功能）。调整类 django.forms.BoundField，增加属性 widget_type，用于根据属性值动态调整表单显示信息（Django 3.1 新增功能）。

10. 语言国际化

在语言国际化使用方面，Django 3.0 有如下调整：

❑ 增加配置节点 LANGUAGE_COOKIE_HTTPONLY，用来为语言 cookie 设置 Http-Only 标志，该节点默认为 False。当设置为 True 时，客户端 JavaScript 脚本将被禁止访问语言 cookie。

❑ 增加配置节点 LANGUAGE_COOKIE_SAMESITE，用来为语言 cookie 设置 Same-Site 标志，该节点默认为 None（Django 3.1 新增功能），表示语言 cookie 可被跨站点请求发送。

❑ 增加配置节点 LANGUAGE_COOKIE_SECURE，用来为语言 cookie 增加安全访问控制，该节点默认为 False。当设置为 True 时，标识只有在 HTTPS 连接时才会发送语言 cookie。

❑ 添加了对乌兹别克语、阿尔及利亚阿拉伯语、伊博语、吉尔吉斯语、塔吉克语、土库曼语的支持和翻译（Django 3.1 新增功能）。

11. 日志管理

为类 django.utils.log.AdminEmailHandler 增加属性 reporter_class，该属性值为 django. views.debug.ExceptionReporter 子类的名称标识信息，该属性值用来自定义错误回溯格式。设置了此属性后，当配置节点 Debug 设置为 False，Admin 站点发生异常时，将按照自定义错误回溯格式向页面反馈信息。

12. 针对诸多管理命令进行的调整

对于框架管理命令，Django 3.0 做了如下调整：

❑ 调整了命令的使用方式。调整了命令 showmigrations，使该命令在参数 verbosity 值为 2 或 3 时，使用参数 list 将会显示应用时间信息；命令 dbshell 增加了对 PostgreSQL 数据库的客户端 TLS 证书的支持；命令 inspectdb 会在字段外键存在唯一性或者受主键约束时，对类型为 OneToOneField 进行自我核查；命令 startapp 与 startproject 的 template 参数支持存放形式为 XZ 的档案（.tar.xz、.txz）和形式为 LZMA 的档案（.tar.lzma、.tlz）。

❑ 增加了命令的参数。为命令 compilemessages 增加了参数 ignore，用于忽略对指定文件夹扫描编译文件；为命令 check 增加了参数 database，用于指定数据库别名进行数据库检测（Django 3.1 新增功能）；为命令 migrate 增加了参数 check，用于在数据迁移时检测是否存在未应用的迁移脚本，如果存在，则退出生成数据库对象（Django 3.1 新增功能）；为命令 check 增加了特别参数判断，以"--"分隔符作为判断依据，可根据不同数据库客户端设置不同的连接参数（Django 3.1 新增功能）；增加了所有命令的通用参数 skip-checks，用来跳过运行命令之前正在运行的系统检查。

❏ 为通用命令异常类 django.core.management.CommandError 增加初始化参数 returncode，该参数用于自定义命令的退出状态（Django 3.1 新增功能）。

13. 模型扩展

对于模型的使用，Django 3.0 做了如下调整：

❏ 增加了各类函数。增加了 MD5 函数，用于将文本类型字段或表达式转换为基于 MD5 的散列字符串；增加了 SHA1 函数，用于将文本类型字段或表达式转换为基于 SHA1 的散列字符串；增加了 SHA224 函数，用于将文本类型字段或表达式转换为基于 SHA224 的散列字符串，需要注意的是，该函数不适用于 Oracle 数据库；增加了 SHA256 函数，用于将文本类型字段或表达式转换为基于 SHA256 的散列字符串；增加了 SHA384 函数，用于将文本类型字段或表达式转换为基于 SHA384 的散列字符串；增加了 SHA512 函数，用于将文本类型字段或表达式转换为基于 SHA512 的散列字符串；增加了 Sign 函数，用于以（−1,0,1）形式返回数值类型字段或表达式的符号；为模型基础类 django.db.backends.base.BaseDatabaseFeatures 增加了方法 allows_group_by_selected_pks_on_model()，该方法允许对子句进行优化，默认情况下，该方法仅适用于 PostgreSQL 数据库；增加了字段类型 JSONField，用于 json 字符串的编码与解码（Django 3.1 新增功能）；新增时间方法 ExtractIsoWeekDay，用 ISO-8601 标准提取 DateField 和 DateTimeField 类型数据的星期值（Django 3.1 新增功能）；新增查询方法 iso_week_day()，该方法可在查询结果集中按照 ISO-8601 形式返回星期值（Django 3.1 新增功能）；为类 django.db.models.Combinable 增加方法 bitxor() 用于位的异或操作，该类被 django.db.models.F、django.db.models.Expression 继承。

❏ 增加了函数参数。为函数 Trunc 增加了 is_dst 参数，用来设置不存在和不明确的日期时间的处理方式；增加了使用 connection.queries 时的输出结果，当使用 PostgreSQL 数据库时，可以根据调用情况显示类似" COPY xx TO xxx "的 SQL 脚本信息；为类 django.db.models.query.QuerySet 的 datetimes() 方法增加了参数 is_dst，用于处理传递不存在或模糊的时间信息（Django 3.1 新增功能）。

❏ 增加了字段。增加了字段类型 PositiveBigIntegerField，它的行为与字段类型 PositiveIntegerField 类似，其取值范围为 0~9223372036854775807（Django 3.1 新增功能）。增加了字段类型 SmallAutoField，它的行为与字段类型 AutoField 类似，其取值范围为 1 ～ 32767。

❏ 调整了字段。调整了模型字段 FilePathField，使该字段的参数 path 可接受方法的返回值；将具有对称性的中间表用于模型字段 ManyToManyField 的自引用；增加模型 CheckConstraint、UniqueConstraint 和 Index 的参数使用控制，允许参数 name 使用以 '%(app_label)s' 和 '%(class)s' 占位符形式体现的字符串；为模型字段基类 Field

增加属性 descriptor_class，用来形成描述信息；模型统计函数 Avg 与 Sum 允许对带有 distinct 行为的数据集合进行统计；调整字段类型 BigAutoField 的继承父类为 BigIntegerField，调整字段类型 SmallAutoField 的继承父类为 SmallIntegerField；为字段类型 FileField 增加属性 upload_to，该属性可用于保存文件的路径信息，并可用于 pathlib.Path 类的实例传递。调整模型字段 FileField（作为继承类，ImageField 也受影响）的初始参数 storage，使该参数接收可调用方法，便于动态调整 storage（Django 3.1 新增功能）。

在字段方面，Django 3.1 版本中又新增了如下功能。

❑ 增加了模型的 CheckConstraint 参数 check 使用控制，允许使用布尔表达式形式作为传入参数。

❑ 增加了模型的 UniqueConstraint 参数 deferrable 使用控制，允许创建延迟性唯一性约束。

❑ 为模型字段 OneToOneField 以及外键字段 ForeignKey 的 on_delete 参数增加了 RESTRICT 选项值，用户可在删除该类字段数据时，根据需要选择 model.CASCADE、model.PROTECT 与 model.RESTRICT。

14. 请求响应

对于页面的请求响应处理，Django 3.0 做了如下调整：

❑ 调整了请求相应的传递信息。为 HttpResponse 的传递内容信息增加了 memoryview 格式，用于返回。调整 HttpRequest.headers 的传递信息，允许以下划线和连字符两种形式查找相关关键字，这两种查询内容一致，例如查询 user_agent 与 user-agent，最后查询的都是 user-agent。

❑ 调整了请求相应的调用方法。调整了类 django.http.HttpResponse 中的方法 set_cookie() 与 set_signed_cookie()，设置参数 samesite 默认值为 None，用来表示 cookie 可被用于跨站请求，可根据需要禁止（Django 3.1 新增功能）。为类 django.http.HttpResponse 增加方法 accepts()，用来根据 Accept 标头信息接收相关类型的内容（Django 3.1 新增功能）。

15. 安全管理

在安全管理方面，Django 3.0 做了如下调整：

❑ 调整配置节点 X_FRAME_OPTIONS 的默认值为"DENY"。

❑ 调整配置节点 SECURE_CONTENT_TYPE_NOSNIFF 的默认值为"True"，当该值为"True"时，安全中间件 SecurityMiddleware 将为 Web 响应设置 X-Content-Type-Options: nosniff 标头信息。

❑ 调整配置节点 SECURE_REFERRER_POLICY 的默认值为"same-origin"，当该值为"same-origin"时，安全中间件 SecurityMiddleware 将设置 Referrer Policy 标头信息

结果为"same-origin"。如果需要改变初始 Referrer Policy 标头信息，需要修改配置节点 SECURE_REFERRER_POLICY 为"None"（Django 3.1 新增功能）。

16. 测试管理

对于模块测试，Django 3.0 做了如下调整：

❑ 增加了测试使用的参数。为类 django.test.Client 增加了初始参数 raise_request_exception，用来控制在请求中发生的异常后是否能在测试中显示，该值默认为 True，即向后兼容。如果将该值设置为 False，则如果在请求过程中发生异常，在测试中将显示为"500"响应异常。当采用 selenium 方式进行测试时，提供了 headless 参数进行无标题信息测试。为类 django.test.SimpleTestCase 增加了配置参数 migrate 用来设置是否生成测试数据库（Django 3.1 新增功能）。

❑ 调整了测试框架命令。为框架命令 Test 增加了 k 参数，用来选择运行匹配相应字符串的方法或类；为框架命令 Test 增加了 pdb 参数，用来对错误进行 debug 跟踪（需要安装 pdb 包）。为框架命令 Test 增加了 buffer 参数，用来丢弃通过测试的输出信息（Django 3.1 新增功能）。

❑ 增加了测试方法。为类 django.test.SimpleTestCase 增加方法 debug 用来错误调试（debug）（Django 3.1 新增功能）。

1.4 小结

本章主要介绍了 Django 3.0 新增的一些功能，让读者对其有个基本的认识，对于这些功能的具体应用，将在后续章节有选择性地进行更详细的介绍或者以示例形式体现。

搭建 Django 工程

本章作为过渡章节，将简要介绍使用 Django 需要具备的基础知识，包括如何创建 Django 环境，如何创建并设置 Django 工程。通过本章的学习，读者能够在整体上了解 Django 的定位，能够快速掌握如何开始 Django 的工程开发。

2.1 Django 的使用准备

对于开发人员而言，如果想运用 Django 来实现一定的业务应用，需要做好两个方面的准备：一方面是要初步熟悉运用 Django 所需的基础知识，另一方面需要在操作系统中安装相应的工具。

2.1.1 基础知识

作为基于 Python 语言的 Web 开发框架，Django 使用者首先需要了解 Python 的基本数据类型与核心的类包。

由于 Django 主要用于 Web 开发，因此在使用该框架自定义模板的过程中，需要事先掌握一定的网页开发技能。对于 Django 使用者而言，至少需要了解一定的 HTML、CSS 和 JavaScript 基础知识。对于需要运用 Django 开发复杂网页的使用者，则需要掌握类似 Angular、Vue、react 等前端 JS 框架。

假设动态网站一般需要以关系型数据库作为支撑，作为 Django 使用者，如果想成为全栈工程师，还需要熟悉 SQL 语言。了解 PostgreSQL、Oracle 等常用数据库的使用。

2.1.2 环境准备

在一台以 Windows 为操作系统的计算机上，如果需要做 Django 开发，就要做以下准备工作。

1. 安装 Python

首先需要进入官方网站获取特定版本的 Python，例如 Windows 系统的版本下载地址为 https://www.python.org/downloads/windows/。进入该网址后根据需要选择相关版本（要注意版本号与支持位数），进入相应版本页面，如版本 3.8.5 的相关页面为 https://www.python.org/downloads/release/python-385/，具体下载页面如图 2-1 所示，本书下载"Windows x86-64 executable installer"所带安装包，并在 Windows 系统中安装。

Files

Version	Operating System	Description	MD5 Sum	File Size	GPG
Gzipped source tarball	Source release		e2f52bcf531c8cc94732c0b6ff933ff0	24149103	SIG
XZ compressed source tarball	Source release		35b5a3d0254c1c59be9736373d429db7	18019640	SIG
macOS 64-bit installer	Mac OS X	for OS X 10.9 and later	2f8a736eeb307a27f1998cfd07f22440	30238024	SIG
Windows help file	Windows		3079d9cf19ac09d7b3e5eb3fb05581c4	8528031	SIG
Windows x86-64 embeddable zip file	Windows	for AMD64/EM64T/x64	73bd7aab047b81f83e473efb5d5652a0	8168581	SIG
Windows x86-64 executable installer	Windows	for AMD64/EM64T/x64	0ba2e9ca29b719da6e0b81f7f33f08f6	27864320	SIG
Windows x86-64 web-based installer	Windows	for AMD64/EM64T/x64	eeab52a08398a009c90189248ff43dac	1364128	SIG
Windows x86 embeddable zip file	Windows		bc354669bffd81a4ca14f06817222e50	7305731	SIG
Windows x86 executable installer	Windows		959873b37b74c1508428596b7f9df151	26777232	SIG
Windows x86 web-based installer	Windows		c813e6671f334a269e669d913b1f9b0d	1328184	SIG

图 2-1 Python 可用安装包下载页面

在 Windows 系统中安装 Python 时，需要为 Python 设置 PATH 信息，对于"Windows x86-64 executable installer"的安装，可在安装初始页面勾选"Add Python 3.8 to PATH"，以达到设置 PATH 的目的，如图 2-2 所示。

图 2-2 Python 安装初始对话框

用户不需要进行其他设置，采用"默认安装"即可完成 Python 的安装。安装完成后，可在 Windows 命令行窗口（以后简称 CMD）的任意路径下，输入 python 命令并按回车键，正常情况下将出现如图 2-3 所示的界面，此即表示成功安装了 Python。

```
管理员: C:\Windows\system32\cmd.exe - python

C:\Users\demopc>python
Python 3.8.5 (tags/v3.8.5:580fbb0, Jul 20 2020, 15:57:54) [MSC v.1924 64 bit (AM
D64)] on win32
Type "help", "copyright", "credits" or "license" for more information.
>>>
```

图 2-3　Python 运行对话框

> **注意** 本书采用的版本为 Python 3.8.5 64 位，该版本发布于 2020 年 7 月 20 日，目前暂为最新稳定版本。对于本书使用者而言，可选择安装 Python 3.8.5 64 版本或比该版本略高的版本，以确保本书中的示例能够正常运行。

2. 安装 Django

在成功安装指定版本的 Python 后，以管理员方式打开 CMD，使用 Python 的安装包，按照如下命令完成指定版本 Django 的安装。

```
pip install django==3.1
```

成功安装后，会出现类似图 2-4 最末行所示的信息。

图 2-4　Django 成功安装信息

3. 安装 PyCharm

PyCharm 工具是由 JetBrains 打造的一款 Python IDE，带有一整套可以帮助用户在使用 Python 语言开发时提高效率的工具，比如调试、语法高亮、Project 管理、代码跳转等。总体而言，使用 PyCharm 来进行基于 Django 的 Web 开发会大大提高效率。

PyCharm 的下载路径为 https://www.jetbrains.com/pycharm/download/other.html，本书下载了运行于 Windows 系统的 PyCharm 2020.2.1 (Community Edition)，下载页面如图 2-5 所示。

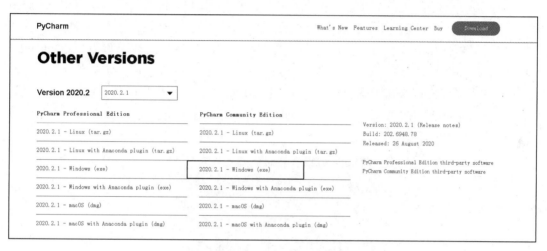

图 2-5　PyCharm 安装包下载信息

下载完成后，双击文件"pycharm-community-2020.2.1.exe"，采用"默认安装"即可完成。

2.2　Django 的初步使用

本节将介绍如何在新建的 Django 开发环境下进行工程创建与调试。

2.2.1　工程创建

使用 Django 的框架命令，可以方便地建立 Django 工程。具体做法如下：

以管理员方式打开 CMD。运行如下命令（其中"XXX"是工程名，读者可自行决定）即可创建相应的工程。

```
django-admin startproject XXX
```

例如：运行如下命令

```
E:\>django-admin startproject demo1 demo1
```

或者采用下述方式，均可在 E 盘下创建名称为 demo1 的工程文件夹。所不同的是前者指定了工程的名称，而后者采用了默认方式，以文件夹名称 demo1 作为工程名称。

```
E:\>django-admin startproject demo1
```

2.2.2 工程调试设置

通过 PyCharm 即可打开并对 Django 工程进一步开发。具体做法为：在 PyCharm 的初始页面点击"Open"按钮（或在 PyCharm 的主界面打开"File-Open"菜单），打开"Open File or Project"对话框，选择 Django 所在的目录（例如 E:\demo1）。

打开工程，如图 2-6 所示，可以看到项目包含一个 demo1 文件夹以及一个 manage.py（用于启动项目）文件，demo1 文件夹中包含 5 个文件：__init__.py（一个空文件，告诉 Python 这个目录应该被认为是一个 Python 包）、asgi.py（用于异步调用，为 3.0 版本新增文件）、settings.py（用于配置信息）、urls.py（用于路由设置）、wsgi.py（用于 WSGI 兼容的 Web 服务器上的入口）。

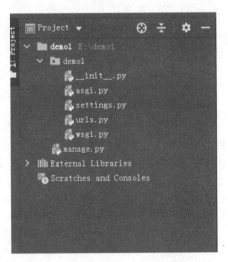

图 2-6 Django 工程文件结构

打开工程后，再点击"Run-Edit Configuration"菜单，打开"Run/Debug Configurations"对话框，如图 2-7 所示。

单击对话框左上角的"+"按钮，在打开的菜单中选择"Python"项，如图 2-8 所示。

在新的配置界面里单击"Script path"的文件夹选择框，如图 2-9 所示。

选择需要调试的 Django 工程的 manage.py 文件（例如本例为 E:\demo1\manage.py），选择完成后，在 Parameters 的输入区域，输入"runserver"，点击"OK"按钮即可完成工程调试设置，开发人员可通过"Run"按钮运行工程，通过"Debug"按钮调试工程，如图 2-10 所示。

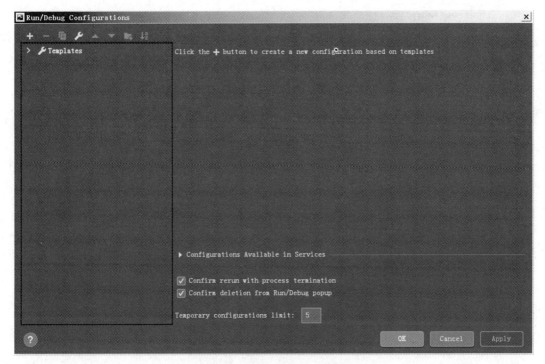

图 2-7　Pycharm 配置对话框

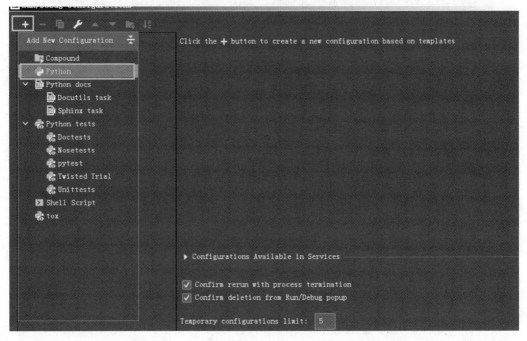

图 2-8　选择"Python"项

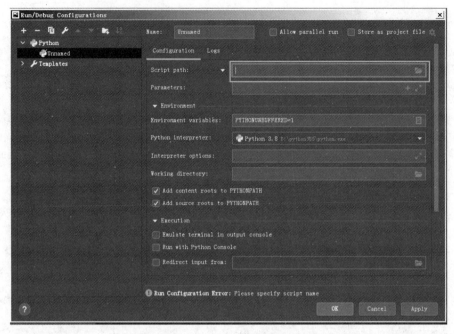

图 2-9 单击"Script path"的文件夹选择框

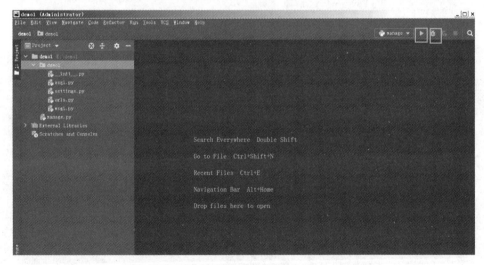

图 2-10 Pycharm 环境下运行调试 Django 工程

2.3 小结

本章初步搭建了一个 Django 工程，使读者对 Django 工程有一个整体认识。对于具体文件的内容及含义，后续章节会根据相关技术点的应用而逐渐展开。

Django 框架命令

作为 Django 的一个特色，框架命令贯穿于 Django 工程中。熟练使用框架命令将有助于 Django 工程开发。本章将介绍框架命令的概念、运行方式、调用形式，以及常用的框架命令，使读者对 Django 框架命令有全面的认识。

3.1 框架命令的三种调用形式

所谓框架命令就是与 Django 工程环境管理、开发、数据库使用相关的一些指令，这些指令运行在所在的系统平台中，通过命令行形式执行并生成相应的结果。

同样的框架命令有多种不同的调用形式，但其结果是一致的，具体的调用形式有三种。

1. django-admin

django-admin 是一个脚本文件，用作 Django 的命令行工具。系统通过 pip 方式安装时，该工具所在文件夹将自动被存放到系统的 PATH 变量中。在 Windows 系统中，采用默认方式安装完成后，该文件位于 Python 文件夹下的路径 Lib/site-packages/django/bin 中。对于不采用默认方式安装的用户，要使用这个工具只需将这个文件复制到对应的路径下，或者在系统的 PATH 中设置该文件所在路径，然后在命令行窗口中执行该命令即可，其格式如下：

```
django-admin <command> [options]
```

2. manage.py

对于每一个 Django 工程，框架都内置了一个名为 manage.py 的文件，通过 python 命令来调用对应目录下的文件，也可实施与 django-admin 类似的效果，其命令格式如下：

```
python manage.py <command> [options]
```

3. –m django

用户还可以通过下述方式使用框架基本命令。

```
python -m django <command> [options]
```

创建 Django 工程只能通过第一种方式实现。如果在创建工程后需要执行其他命令，对于第二种方式，只要进入对应工程的路径下，执行相应指令即可；其他两种方式则需要设置环境变量 DJANGO_SETTINGS_MODULE。

3.2 框架命令的两种运行方式

Django 框架命令的运行也有多种方式，下面介绍两种。

3.2.1 CMD 方式

一般而言，只要在系统的 PATH 参数中配置了 Python 的路径，就可以在 CMD 窗口中使用框架命令。如上节所述，安装 Python 时只要勾选了"Add Python 3.8 to PATH"即可自动配置 PATH。如果在安装时漏选了该选项，则需要在 Windows 环境变量中修改系统变量，将相关的 PATH 字符串信息添加进该变量中（如 D:\python385\Scripts\;D:\python385\;）。配置成功后，在 Windows 的 CMD 窗口直接输入"Python"即可运行框架命令。

3.2.2 代码加载方式

在 Python 工程文件中，如果需要代码加载相关的框架命令，需要引入 django.core.management 类，配置好相关参数，调用其中的 call_command 方法即可在代码中加载相关框架命令，call_command 方法具有如下三个参数。

❏ 参数 name 表示具体要调用的框架命令名称。

❏ 参数 *args 表示以字符串列表形式传递需要命令的参数，每个字符串中含有参数名称及参数值，其使用形式与 CMD 参数形式一致。

❏ 参数 **options 表示以键值对形式传递需要命令的参数，每个键为相关命令的参数名称，每个键对应的值为参数值。

3.3 常用命令介绍

框架命令很多，但我们无须刻意去记忆，可以通过以下方式获取相关命令的介绍。

❏ django-admin help 方式：获取应用下的所有命令集合，包含框架可用命令集合。

❑ django-admin help –commands 方式：获取框架可用命令集合。

❑ django-admin help <command> 方式：获取具体某个命令的使用参数及用法说明。

根据发布源头的不同，框架命令可以分为原生命令、系统加载应用命令、自定义应用命令三种。其中，原生类型为 Django 框架的基本命令，其归属的应用为 django，该类命令不论何种情况下都可使用；系统加载应用命令归属于系统自带的一些应用（如 admin 模块），该类命令需所在工程在配置文件中的 INSTALLED_APPS 中加载了相关应用才可在工程中使用；自定义应用命令则完全属于个性化开发的功能。一般而言，常用的命令指令所指的主要为原生命令，特殊情况下也会使用一些系统加载应用命令。

根据用途不同，框架命令可分为数据库操作命令、环境配置命令以及开发调试命令，数据库操作命令主要用于与数据库的交互，开发调试命令主要用于代码的测试验证，环境配置命令主要用于 Django 工程的各类文件生成。

3.3.1　数据库操作命令

框架命令中有不少命令与数据库有关，具体如下。

1. createcachetable

原型：django-admin createcachetable

使用说明：创建一个缓存用数据表，该表用于为在配置文件中声明的缓存中间件提供支持。

该方法包含如下常用参数。

`--database DATABASE`

用于指定生成缓存表的数据库，默认情况下该参数指定配置文件中数据库的 default 设置的数据库。

2. dbshell

原型：django-admin dbshell

使用说明：通过命令行的方式使用配置文件中设置的数据库引擎，可根据数据库引擎设置分别连接 PostgreSQL、MySQL、SQLite 或 Oracle 等数据库。

该方法包含如下常用参数。

`--database DATABASE`

用于指定生成缓存表的数据库，默认情况下该参数指定配置文件中数据库的 default 设置的数据库。

`--ARGUMENT`

用于指定特别参数判断，通过 "--" 分隔符作为判断依据，可根据不同数据库客户端设置不同的连接参数（Django 3.1 新增功能）。

3. dumpdata

原型：django-admin dumpdata [app_label[.ModelName]

使用说明：导出指定应用的数据库表数据，如果不指定应用名称，则导出工程下所有应用的数据库表数据。默认情况下，使用默认的模型管理类来导出相关数据库表数据。

该方法包含如下常用参数。

`--all, -a`

其功能是使用 Django 的基本数据库管理类来导出数据。

`--format FORMAT`

其功能是按照规定的格式输出导出结果，默认情况下为 json 格式，还可设置为 xml 格式和 yaml 格式。

`--indent INDENT`

其功能是规定输出内容的缩进长度，默认情况下为 None，表示所有数据显示在一行。

`--exclude EXCLUDE, -e EXCLUDE`

用于避免工程中某些应用或者模型（采用"应用名称.格式名称"表示）被导出，如果需要避免多个内容被导出，则需要多次使用该参数。

`--database DATABASE`

其功能是规定导出数据所在的数据库，默认情况下导出 default 中设置的数据库。

`--output OUTPUT, -o OUTPUT`

其功能是规定要写入的文件，默认情况下，数据自动生成标准路径下文件。

4. flush

原型：django-admin flush

使用说明：移除数据库中业务表中的数据，而通过 migrate 生成的相关记录的表则不被删除。如果需要完全重建，则需要删除数据库中所有表，再运行 migrate 命令。

该方法包含如下常用参数。

`--database DATABASE`

其功能是规定需要清除的数据库，默认情况下清除 default 中设置的数据库。

5. inspectdb

原型：django-admin inspectdb [table [table ...]]

使用说明：检查数据库中所有的表并为每张表生成输出的模型类。

该方法包含如下常用参数。

`--database DATABASE`

其功能是规定将进行数据检测的数据库，默认情况下检测 default 中设置的数据库。

6. loaddata

原型：django-admin loaddata fixture [fixture ...]

使用说明：查询固定信息内容并将之导入数据库中。

该方法包含如下常用参数。

`--database DATABASE`

其功能是规定将导入数据的数据库，默认情况下导入数据到 default 中设置的数据库。

`--ignorenonexistent, -i`

其功能是忽略内容中存在而数据库表中不存在的表或者字段信息。

`--app APP_LABEL`

此参数规定只导入指定的应用中的相关数据。

`--exclude EXCLUDE, -e EXCLUDE`

此参数用于将相关应用或模型（采用"应用名称 . 模型名称"方式）排除，在导入中不考虑。

7. makemigrations

原型：django-admin makemigrations [app_label [app_label ...]]

使用说明：根据工程中模型的检测结果生成数据库迁移脚本文件。

该方法包含如下常用参数。

`--empty`

其功能是为特定应用生成一个空的迁移文件，用于编辑。

`--dry-run`

其功能是显示迁移信息而不实际生成相关文件信息。当同时采用参数 --verbosity 3 时相当于完全迁移。

`--merge`

其功能是合并迁移中的冲突问题。

`--name NAME, -n NAME`

其功能是按照 Python 标识符定义要求，自定义迁移文件名称。

`--no-header`

其功能是生成没有 Django 版本信息和时间戳的迁移文件。

`--check`

其功能是检测模型已经变换而迁移文件中没有检测到的状态信息。

8. migrate

原型：django-admin migrate [app_label] [migration_name]

使用说明：根据模型与迁移文件信息同步数据库。

该方法包含如下常用参数。

`--database DATABASE`

其功能是规定需要同步的数据库，默认情况下同步迁移文件信息到 default 中设置的数据库。

`--plan`

其功能是显示可被执行的迁移文件中的指令。

`--noinput, --no-input`

其功能是屏蔽各种提示信息。

`--check`

用于检测迁移文件是否正常同步，如果不同步则退出迁移行为（Django 3.1 新增功能）。

9. showmigrations

原型：django-admin showmigrations [app_label [app_label ...]]

使用说明：查看工程中已经存在数据库同步脚本。

该方法包含如下常用参数。

`--list, -l`

其功能是显示工程下所有 App 下的同步脚本，即使 App 没有同步脚本也会被显示，只是在 App 下显示"no migrations"。

`--plan, -p`

其功能是显示 Django 将要执行的同步计划，已经应用的将标识为 [X]。

`--database DATABASE`

其功能是规定需要检测的数据库，默认情况下检测 default 设置的数据库。

`--v, --verbosity`

其功能是规定输出结果的复杂程度，可取值 0 或（1,2,3），其中 0 表示最小输出，1 表示正常输出，2 表示冗余输出，3 表示非常冗余输出。

10. sqlflush

原型：django-admin sqlflush

使用说明：查看生成清空数据库的脚本。

该方法包含如下常用参数。

```
--database DATABASE
```

其功能是规定需要输出 SQL 语句的数据库，默认情况下输出 default 设置的数据库。

11. sqlmigrate

原型：django-admin sqlmigrate app_label migration_name

使用说明：查看指定名称的数据库同步 SQL 语句。

该方法包含如下常用参数。

```
--backwards
```

该参数不用于生成同步语句，默认情况下 SQL 将创建并被生成同步文件。

```
--database DATABASE
```

其功能是规定需要生成 SQL 语句的数据库，默认情况下生成 default 设置的数据库。

12. sqlsequencereset

原型：django-admin sqlsequencereset app_label [app_label ...]

使用说明：生成指定应用相关的表中使用序列所对应的脚本。

此指令用于防止自增字段造成的序列溢出问题。

该方法包含如下常用参数。

```
--database DATABASE
```

其功能是规定需要生成序列的 SQL 语句的数据库，默认情况下使用 default 设置的数据库。

13. squashmigrations

原型：django-admin squashmigrations app_label [start_migration_name] migration_name

使用说明：生成合并后的迁移文件，将应用下的多个迁移脚本文件合并为可能的少数几个，合并前的迁移文件与合并后的迁移文件可共存。

该方法包含如下常用参数。

```
--no-optimize
```

在执行合并操作时不做优化处理，默认情况下，Django 框架试图优化迁移中的操作，以减少生成文件大小，这种情况只有在创建不正确的迁移文件时使用。

`--noinput, --no-input`

其功能是停止所有用户提示信息。

`--squashed-name SQUASHED_NAME`

其功能是设置合并迁移文件名称，默认情况下，合并文件以第一个合并的迁移文件与最后一个迁移文件名称中间以 _squashed_ 形式连接。

`--no-header`

其功能是使生成的合并迁移文件中没有 Django 版本信息与时间戳标头。

3.3.2 环境配置命令

框架命令中有不少命令与 Django 工程运行环境有关，具体如下。

1. compilemessages

原型：django-admin compilemessages

使用说明：编译 .po 语言文件（该文件通过 makemessages 方法生成），用于国际化语言支持。

该方法包含如下常用参数，这些参数在使用时都在一个命令中使用多次。

`--locale LOCALE, -l LOCALE`

该参数用于指定编译哪些语言文件。该参数如果不指定，则编译所有语言文件。

`--exclude EXCLUDE, -x EXCLUDE`

该参数用于指定剔除编译哪些语言文件。

`--ignore PATTERN, -i PATTERN`

该参数用于忽略对指定文件夹扫描编译，这种忽略是以通配符方式进行的。

2. makemessages

原型：django-admin makemessages

使用说明：在工程文件所有文件中排查并抽取需要翻译的信息。在工程中创建 locale 文件夹并创建对应的信息文件。在修改完成信息文件后，需要通过 compilemessages 命令完成编译，使相关信息能够用于国际化显示需要。

该方法包含如下常用参数。

`--all, -a`

该参数为所有可用语言更新信息文件。

`--extension EXTENSIONS, -e EXTENSIONS`

该参数规定需要重新检测的文件类型,默认情况下检测 html、txt、py 与 js 文件。

`--locale LOCALE, -l LOCALE`

该参数规定处理的语言类型。

`--exclude EXCLUDE, -x EXCLUDE`

该参数剔除处理的语言类型。

`--ignore PATTERN, -i PATTERN`

该参数以通配符的方式忽略排查的文件或目录,默认情况下忽略以下信息:CVS、.*、
~、.pyc。

3. startapp

原型:django-admin startapp name [directory]

使用说明:创建一个 App。

在当前目录或指定位置,根据一个指定的应用名称来创建一个 Django 应用的目录框架。

默认情况下,新的目录下包含了一个 models.py 文件与其他应用的模板文件。如果在执
行该命令时只设置了应用名称,而没有设置目录名称,应用的目录结构将在当前工作目录
下创建。

使用该命令时如果需要设置目录,首先需要确保目录已被创建。可以通过设置 "." 来
指定当前工作目录。

该方法包含如下常用参数。

`--template TEMPLATE`

该参数提供了一个包含自定义应用模板文件的路径,或者指定一个包含一个非解压的文
件(类似 .tar 格式)或压缩文件(.tar.gz、.tar.bz2、.tar.xz、.tar.lzma、.tgz、.tbz2、.txz、.tlz、
.zip)的路径。

`--extension EXTENSIONS, -e EXTENSIONS`

该参数规定了应用模板中使用的模板扩展名,默认情况下模板扩展为 py。

`--name FILES, -n FILES`

该参数规定使用的模板文件名称,默认为空的列表。

4. startproject

原型:django-admin startproject name [directory]

使用说明：在当前目录或给定的地址按照指定的项目名称创建 Django 工程目录框架。默认情况下，目录下包含 manage.py 与项目包（包含一个配置文件及其他文件）。

如果在执行该命令时只设置了项目名称，工程名称与项目包名称将都以指定的项目名称在当前目录下创建。

如果设置了指定的地址，需要事先创建相应的地址目录，可以通过设置"."来表明指向当前工作路径。

该方法包含如下常用参数。

`--template TEMPLATE`

该参数规定自定义项目模板的路径、文件路径或 url。

`--extension EXTENSIONS, -e EXTENSIONS`

该参数规定项目模板的扩展文件名称，默认情况下文件扩展名称为 py。

`--name FILES, -n FILES`

该参数规定使用的模板文件名称，默认为空的列表。

3.3.3　开发调试命令

框架命令中有不少命令与 Django 工程开发调试有关，具体如下。

1. check

原型：django-admin check [app_label [app_label ...]]

用途：检查整体 Django 工程是否存在潜在问题，项目所需关联文件是否完整。默认情况下，检查工程下的所有应用。

参数：该命令具有很多参数，其中一些常用参数情况如下。

`--tag TAGS, -t TAGS`

使用框架检测机制内置的检测类型，检测类型如下：

❏ admin：用于检测如何管理模块站点的声明情况。

❏ caches：用于检测相关缓存配置情况。

❏ compatibility：用于检测版本升级带来的潜在影响。

❏ database：用于检测数据库关联问题。由于应侧重于代码分析而不是规则检测，所以默认情况下该项检测不会执行。另外，当执行 migrate 操作时，该项检测将同步执行。

❏ models：用于检测模型相关信息，确认模型定义、模型中包含字段以及元数据信息是否合规。

❏ security：用于检测配置文件中相关信息安全性。

❏ signals：用于检测信号调度程序的声明及注册情况。

- ❏ staticfiles：用于检测静态文件配置信息。
- ❏ templates：用于检测模板配置信息。
- ❏ translation：用于检测配置的翻译信息。
- ❏ urls：用于检测 url 配置信息。

如果需要确定哪些 tag 可用，可使用以下参数。

```
--list-tags
```

如果需要显示一些在开发模式下的检测信息，可使用以下参数。

```
--deploy
```

如果需要指定数据库进行检测，可使用以下参数（Django 3.1 新增功能）。

```
--database DATABASE
```

2. diffsettings

原型：django-admin diffsettings

使用说明：显示当前工程的配置文件与默认 Django 配置文件的差异。

该方法包含如下常用参数。

```
--all
```

该参数显示所有 Django 框架下的配置信息，对于 Django 默认配置文件不存在的节点，以"###"开头。

```
--output {hash,unified}
```

该参数规定显示输出的内容，可用参数包含 hash 与 unified 两种模式。hash 为默认显示模式，unified 模式将默认设置信息以减号符号标记，对于有修改的配置以加号符号标记。

3. runserver

原型：django-admin runserver [addrport]

使用说明：在本地电脑上启动一个轻量级的 Web 服务，默认情况下这个 Web 服务使用 8000 端口并采用 127.0.0.1 的 IP 地址。在实际使用时可根据需要设置具体的 IP 地址和端口。

该服务使用了通过 WSGI_APPLICATION 配置参数设置的 WSGI 应用。由于缺乏安全考虑，这种命令不适用于生产环境。

在启动服务后，如果不存在文件的增加或删除，只是修改文件内容，则服务自动重载修改后的代码，不需要重启服务。每次修改后，Django 的检测框架都会为整个项目检测一些通用的错误。

该方法包含如下常用参数。

```
--noreload
```

该参数禁用自动重载机制，这就意味着当代码修改后，需要重启服务才能生效。

`--nothreading`

该参数禁用多线程机制，默认情况下该命令采用多线程模式，可以同时打开多个不同端口或地址的服务。

`--ipv6, -6`

该参数采用 IPV6 地址模式，默认情况下 IP 地址为 127.0.0.1，采用 IPV6 模式默认地址为 ::1。

4. shell

原型：django-admin shell

使用说明：进入 django shell，默认情况下，Django 会根据需要选择安装的 IPython 或 bpython 作为壳命令的解释器，如果两种模式都安装了，则需要用户选择一种模式作为解释器。

该方法包含如下常用参数。

`--nostartup`

该参数禁止为 Python 解释器读取启动脚本，默认情况下，该脚本通过环境变量 PYTH-ONSTARTUP 来设置。

`--command COMMAND, -c COMMAND`

该参数按照 Django 框架来执行某个以字符串形式出现的脚本。

5. sendtestemail

原型：django-admin sendtestemail [email [email ...]]

使用说明：发送测试邮件到指定接收方。

该方法包含如下常用参数。

`--managers`

该参数使用框架提供的 mail_managers 方法发送邮件到 MANAGERS 配置参数设置的 email 地址。

`--admins`

该参数使用框架提供的 mail_admins 方法发送邮件到 ADMINS 配置参数设置的 email 地址。

6. test

原型：django-admin test [test_label [test_label ...]]

使用说明：测试 Django 工程。

该方法包含如下常用参数。

--failfast

其功能是当测试失败后立即停止错误并报告错误。

--testrunner TESTRUNNER

默认的测试运行控制类为 DiscoverRunner。设置运行测试的控制运行类，这个类默认来源于配置文件中 TEST_RUNNER 节点值。

--noinput, --no-input

该参数可控制用户输出。

--keepdb

该参数可在测试运行期间保留测试数据库信息。这有助于极大地降低测试时间。如果测试数据库不存在，它将会在第一次运行测试时创建并在后续测试中保存。除非配置文件中 MIGRATE 的测试参数设置为 False，否则任何迁移文件内容都将在测试数据库中体现。

--reverse, -r

该参数按照相反的执行顺序执行测试用例，这有助于测试测试用例的依赖关系。

--debug-mode

该参数按照 debug 模式进行测试，这种设置有助于测试中发生错误时的信息提示。

--debug-sql, -d

该参数用于设置当测试发生错误时生成相应的 SQL 日志。

--parallel [N]

该参数用于设置测试的并行处理进程。电脑处理器具有多个内核，使用该参数可以使测试明显变快。

--buffer, -b

该参数用于丢弃通过测试的输出信息（Django 3.1 新增功能）。

7. testserver

原型：django-admin testserver [fixture [fixture ...]]

使用说明：使用给定的数据运行 Django 开发服务器。

这种模式首先会创建测试数据库，并按照给定的数据集填充测试数据库。这种 Web 服务不会自动检测 Python 代码的变动，但会检测相应文件变动。

该方法包含如下常用参数。

```
--addrport ADDRPORT
```

该参数规定不同的端口地址用于测试。

3.4　小结

本章对框架命令做了细致的讲解，后续章节会在具体示例中演示某些常用框架命令的使用。

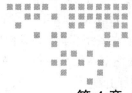

路由应用详解

通过 Django 框架命令，我们可以很容易地建立 Django 工程。在 Django 工程中，有一个 manage.py 文件，这个文件默认是 Django 工程的入口主程序文件，在这个文件中一般会配置 DJANGO_SETTINGS_MODULE 属性，用于指向相关的工程配置文件。而在各工程配置文件中则有一个 ROOT_URLCONF 节点，用来定义需要调用的路由。

通过以上的调用逻辑，我们能够建立各类 Web 站点。而建立各类导航的核心就在于路由文件的设置。本章将讲述 Django 框架中路由的相关知识，并通过相关示例来演示各类路由的调用方式。

4.1　路由的概念

路由的本意是指分组从源到目的地时，决定端到端路径的网络范围的进程。而就 Django 框架而言，其路由就是对页面请求的处理过程。

具体而言，Django 的路由是指通过一定的方式使 views 里面处理数据的函数与请求的 url 建立映射关系。在请求到来之后，可根据 urls.py 里的关系条目查找与请求对应的处理方法，从而返回给客户端 http 页面数据。

4.2　Django 路由请求处理过程

当某个用户在 Django 网站发出请求时，Django 框架将按照下述方式确定 Python 代码的执行方式。

1）Diango 框架先确定在什么位置使用根 url 的配置模块，通常而言，这个模块需要在配置参数的 ROOT_URLCONF 中设置，特殊情况下，如果在 Django 的中间件中有别的设置，那么这个模块名称可能要在其他位置配置。

2）Django 框架在加载了根 url 的配置模块后，会在其中遍历所有名称为 urlpattern 的对象，这个变量的值应为一个序列，序列中每个值都是特有 Django 路由模块实例对象。

3）在 Django 框架中可以设置多个 urlpattern 对象，在实际执行中按照其先后顺序依次查看是否有匹配 url 的处理方法。

4）在找到匹配的处理模块后，Django 框架导入并调用 url 指定视图对象，对象可以为一个 Python 函数，也可以为一个类视图。视图根据需要可传递以下参数：

HttpRequest 的实例对象，该参数为视图对象必须传递内容。

除 HttpRequest 对象外，还可以根据需要选择性传递位置参数变量与关键字变量。

5）如果找不到匹配的处理模块，在用户未定义相关错误处理视图的情况下，Django 将会调用默认的错误处理视图。

4.3　Django 路由的关联概念

Django 的路由使用有其特殊性，为此框架提供了多个概念用于辅助支持路由的使用，具体包含以下几个方面。

4.3.1　路由别名

路由别名是路由方法中特有的参数，用于给路由已有的 url 定义一个别名，使应用的其他模块能够通过该名称访问已定义的路由。

路由访问有两种形式：一种是在模板 html 页面通过模板标签 url 来调用，其形式如下：

```
{% url '路由别名' 参数 1, 参数 2... 参数 n  %}
```

另一种是通过在视图方法中使用 django.urls 包内的 reverse 方法实现，其形式如下：

```
reverse('路由别名')
```

路由别名的引入增强了 Django 路由模式的扩展性，用户可以通过只修改路由路径的方式达到快速调整已有模块功能的目的。

4.3.2　路径转换器

路径转换器实质就是一些特殊的类，用于 url 参数的类型转化。默认情况下，Django 框架提供了以下几种转换器。

❑ str：匹配除路径分隔符"/"外的字符串，返回为 string 类型。该转换器为系统默认的转换形式。

- ❏ int：匹配 0 或正整数，返回为 int 类型。
- ❏ slug：匹配由字母、数字、横杠及下划线组成的字符串。
- ❏ uuid：匹配 uuid 形式的字符串，该字符串必须包含连字符，并且字母必须为小写。
- ❏ path：匹配任何非空字符串，包括路径分隔符"/"。

除了上述内置的转换器外，用户还可根据需要自定义转换器。自定义转换器除了需要包含 regex 变量属性来存放按照正则表达式定义的转换规则，还需要包含以下方法：

- ❏ to_python(self, value) 方法，其中 value 是由类属性 regex 所匹配到的字符串，该方法将匹配到的字符串进行转换后传递到对应的视图函数（view）中。
- ❏ to_url(self, value) 方法，该方法将匹配到的字符串进行转换后传递到对应的 url 字符串中。

4.4 路由异常处理的 4 种形式

当路由发生异常时，Django 框架会触发异常处理视图方法。这些视图方法在框架中用 4 个特殊变量表示。默认情况下，异常变量指向框架本身定义的视图方法，返回相应的 Web 页面，用户可以根据需要自定义相关页面。

在用户自定义相关页面后，需要在根 url 的配置模块中设置相关异常变量的值。用于调用具体的自定义页面。

Django 框架包含如下异常变量：

- ❏ handler400：当用户发出的是无效请求（对应状态码：400）时，Django 框架将调用 handler400 变量指向的视图，它的默认值为"django.views.defaults.bad_request"。
- ❏ handler403：当用户的请求无权限（对应状态码：403）时，Django 框架将调用 handler403 变量指向的视图，它的默认值为"django.views.defaults.permission_denied"。
- ❏ handler404：当用户请求的 url 地址未找到（对应状态码：404）时，Django 框架将调用 handler404 变量指向的视图，它的默认值为"django.views.defaults.page_not_found"。
- ❏ handler500：如果服务器处理用户请求时发生了错误，Django 框架将调用 handler500 变量指向的视图，它的默认值是"django.views.defaults.server_error"。

4.5 创建路由 urlpattern 对象的方法

从 Django 路由的请求过程我们可以看出，创建符合需要的 urlpattern 是路由处理的核心。Django 框架提供了多种生成 urlpattern 对象的方法，下面分别来看看。

4.5.1 path() 方法

path() 方法是路由方法的基本方法，以下是 path() 方法原型：

```
path(route, view, kwargs=None, name=None)
```

该方法用于返回一个 urlpattern 对象，具有多个参数，具体如下。

❏ route：一般为字符串形式，表示一个匹配 url。这个字符串可以通过尖括号的形式来表示以关键字形式传递到具体的视图函数中，在尖括号中需要包含一类转换器标识用来限定相关 url 位置字符的传递形式。该参数为必填参数。

❏ view：表示一个路由所调用的对象，可以用特定的函数形式或者视图类的 as_view() 方法调用结果来体现，也可以设置为一个 django.urls.include() 对象。该参数为必填参数。

❏ kwargs：可以将任意个变量以字典的形式传递给目标视图函数。默认情况下该参数为 None，为非必填项。

❏ name：用于定义路由别名。默认情况下该参数为 None，为非必填项。

4.5.2 re_path() 方法

re_path() 方法引入了正则表达式的概念进行路由处理，以下是 re_path() 方法原型：

```
re_path(route, view, kwargs=None, name=None)
```

该方法用于返回一个 urlpattern 对象。该方法具有多个参数，具体如下。

❏ route：一般为与 Python 模块匹配的正则表达式。只有匹配了正则表达式，相关的正则表达式捕获组信息才会被传递给路由所调用的对象。该参数为必填参数。

❏ view：用来表示一个路由所调用的对象，可以用特定的函数形式或者视图类的 as_view() 方法调用结果来体现，也可以设置为一个 django.urls.include() 对象。该参数为必填参数。

❏ kwargs：可以将任意个变量以字典的形式传递给目标视图函数。默认情况下该参数为 None，为非必填项。

❏ name：用于定义路由别名。默认情况下该参数为 None，为非必填项。

4.5.3 include() 方法

在 Django 框架下，路由通过 include() 方法实现了不同工程之间的路由调用，以下是 include() 方法原型：

```
include(module, namespace=None)
include(pattern_list)
include((pattern_list, app_namespace), namespace=None)
```

该方法用于将不同模块的所有路径信息导入相关的 url 配置模块中，目的在于避免把所有视图函数都放到项目文件夹的根文件 urls.py 中，形成层级路由。该方法具有多种调用形式，不同形式具有不同的参数，具体如下。

❑ module：表示某个应用 url 的配置模块。

❑ namespace：表示包含 url 入口的实例命名空间。

❑ pattern_list：表示一个可迭代的 path() 或者 re_path() 实例序列。

❑ app_namesapceapp：表示包含 url 入口的应用命名空间。

4.5.4 register_converter() 方法

为使用户便于进行个性化设置，Django 框架采用了 register_converter() 方法来实现路由的自定义，以下是 register_converter() 方法的原型：

```
register_converter(converter, type_name)
```

该方法是注册一个自定义的转换器，用于路由设置。此方法具有两个参数，具体如下。

❑ converter：表示自定义的转换器类名称。

❑ type_name：表示需要用在路径模型中的转换器名称。

4.5.5 static() 方法

为增强对页面静态文件的调用支持，在路由文件中引入了 static() 方法来加载相关静态资源信息，以下是 static() 方法原型：

```
static.static(prefix, view=django.views.static.serve, **kwargs)
```

该方法是 Django 路由的辅助文件，其目的是在开发环境下为 url 的配置模块设置访问静态资源文件的路由。该方法具有多个参数，具体如下。

❑ prefix：静态文件的前缀，为实际存放静态资源文件的路径。

❑ view：调用静态文件的视图方法，默认为 django.views.static.serve。

❑ kwargs：调用静态文件时的相关变量信息。

4.5.6 url() 方法

作为路由方法的一种拓展形式，Django 框架中还可以使用 url() 方法进行路由设置，以下是 url() 方法原型：

```
url(regex, view, kwargs=None, name=None)
```

该方法会返回一个 urlpattern 对象。此方法具有多个参数，用法与 re_path() 方法一致。

总体而言，上述 6 个方法分属于两个不同的 Django 包，其中方法 url()、static() 属于
django.conf.urls 包，方法 path()、re_path()、include()、register_converter() 属于 django.urls
包。另外，对于通过 path()、re_path()、url() 方法设置的 url，其路由不会去匹配 get 或 post
参数或域名，例如对于 https://www.example.com/myapp/，regex 只尝试匹配 myapp/。对于
https://www.example.com/myapp/?page=3，regex 也只尝试匹配 myapp/。

4.6　路由使用示例讲解

本节将以不同形式的示例演示 Django 框架下路由的使用情况。

4.6.1　不同方式的路由设置

本节示例用于演示 path()、url()、re_path() 方法的使用情况，具体操作步骤如下。

1）在 Windows 系统命令行窗口执行如下命令，建立 Django 工程 demo1。

```
Django-admin startproject demo1
```

2）在工程的 demo1 子文件夹添加视图文件 views.py，添加内容如下：

```
from django.http import HttpResponse

def demo1(request):
    return HttpResponse("hello world")

def demo2(request,data):
    return HttpResponse(data)

def demo3(request,x,y):
    m=int(x)*y
    return HttpResponse("the product is :" + str(m))
```

3）修改 demo1 子文件内路由文件 urls.py，修改结果如下：

```
from django.contrib import admin
from django.urls import path,re_path
from django.conf.urls import url
from .views import *

urlpatterns = [
    path('admin/', admin.site.urls),

    path('path/',demo1),
    re_path(r'^repath\d+/$', demo1),
    url(r'^url\d+/$', demo1),

    path('pathA<str:data>/',demo2),
```

```
    re_path(r'^repathA(\d+)/$',demo2),
    re_path(r'^repathC(?P<data>\d+)/$', demo2),
    url(r'^urlA(\d+)/$',demo2),
    url(r'^urlC(?P<data>\d+)/$',demo2),

    path('pathB<str:x>/',demo3,kwargs = {"y":10}),
    re_path(r'^repathD(\d+)/$', demo3,kwargs = {"y":10}),
    re_path(r'^repathB(?P<x>\d+)/$', demo3,kwargs = {"y":10}),
    url(r'^urlB(?P<x>\d+)/$',demo3,kwargs = {"y":10}),
    url(r'^urlD(\d+)/$',demo3,kwargs = {"y":10}),

    path('pathM/', demo3, kwargs={"x":23,"y": 10}),
    re_path(r'^repathM/$', demo3, kwargs={"x":23,"y": 10}),
    url(r'^urlM/$', demo3, kwargs={"x":23,"y": 10}),
]
```

4）在 Windows 系统命令行窗口，先进入 demo1 工程文件夹，然后输入如下命令，启动 Web 服务。

```
python manage.py runserver
```

此时打开浏览器，在浏览器地址栏中输入地址 127.0.0.1:8000/path/，会出现如图 4-1 所示的页面。

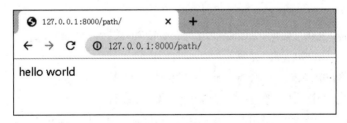

图 4-1　不同方式的路由设置页面浏览 1

输入以下四个地址：http://127.0.0.1:8000/repath1/、http://127.0.0.1:8000/repath23/、http://127.0.0.1:8000/url1/、http://127.0.0.1:8000/url23/，均会出现如图 4-1 所示的结果。

在浏览器地址栏中输入 http://127.0.0.1:8000/pathA45/，会出现如图 4-2 所示的结果。

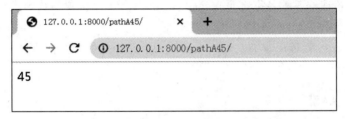

图 4-2　不同方式的路由设置页面浏览 2

输入以下四个地址：http://127.0.0.1:8000/repathA45/、http://127.0.0.1:8000/urlA45/、http://

127.0.0.1:8000/repathC45/、http://127.0.0.1:8000/urlC45/,均会出现如图 4-2 所示的结果。

在浏览器地址栏中输入 http://127.0.0.1:8000/pathB23/,会出现如图 4-3 所示的结果。

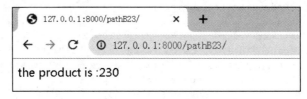

图 4-3   不同方式的路由设置页面浏览 3

输入以下四个地址:http://127.0.0.1:8000/repathB23/、http://127.0.0.1:8000/urlB23/、http://127.0.0.1:8000/repathD23/、http://127.0.0.1:8000/urlD23/,均会出现如图 4-3 所示的结果。

在浏览器地址栏中输入 http://127.0.0.1:8000/pathM/,会出现如图 4-4 所示的结果。

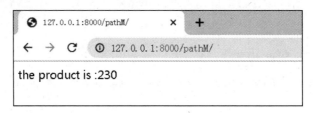

图 4-4   不同方式的路由设置页面浏览 4

输入 http://127.0.0.1:8000/repathM/ 或 http://127.0.0.1:8000/urlM/,出现的界面结果同输入 http://127.0.0.1:8000/pathM/ 时一致。

本例演示了通过 path、re_path、url 这三种方法设置 Django 路由的基本情况,并设置了三个视图方法与多个 url 模型实例。从上述示例可以看出:

1)三个函数值都设置了路由与视图参数,调用演示表明,path() 方法的 route 参数设置相对固定,设置后调用也只有一种 url 形式,而 re_path()、url() 这两种方式在设置的 regex 参数条件满足后,可以以多种 url 形式调用。

2)通过设置 route 参数或者 regex 参数,可以达到通过 url 进行参数传递的目的。相对而言,path() 方法只能采用关键字传参方式,在其设置 route 传递参数时,必须明确后台调用的视图方法中传递的参数名称;而 re_path()、url() 可采用位置参数形式传递相关的参数,也可采用关键字参数在 regex 中进行相应的设置。

3)通过 regex 设置传递参数,其结果形式为字符串。如将视图方法 demo3() 调整为如下形式:

```
def demo3(request,x,y):
    m= x*y
    return HttpResponse("the product is :" + str(m))
```

输入 http://127.0.0.1:8000/repathB23/ 出现的界面如图 4-5 所示,输入 http://127.0.0.1:

8000/pathB23/、http://127.0.0.1:8000/urlB23/、http://127.0.0.1:8000/repathD23/、http://127.0.0.1:8000/urlD23/ 出现的界面结果同输入 http://127.0.0.1:8000/pathB23/ 时一致。

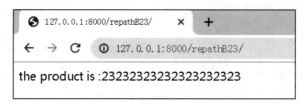

图 4-5 不同方式的路由设置页面浏览 5

4）path()、re_path()、url() 这三种方法都可以通过参数 kwargs 来设置一个或多个参数，与通过 route（或 regex）向视图传递数据相比，这种传递形式相对固化，用户在浏览器地址栏中无法干预。

4.6.2 以包含方式调用路由

本节通过示例演示使用 include() 方法实现路由的情况，具体操作如下：

1）在 Windows 系统命令行窗口建立 Django 工程 demo2。

```
Django-admin startproject demo2
```

2）通过 Windows 系统命令行窗口进入工程 demo2 的文件夹，分步执行如下两个操作。

```
python manage.py startapp app1
python manage.py startapp app2
```

3）在工程的 demo2 子文件夹中添加视图文件 views.py，添加内容如下：

```
from django.http import HttpResponse

def demo1(request):
    return HttpResponse("this is demo2 demo1")

def demo2(request):
    return HttpResponse("this is demo2 demo2")
```

4）在工程的 app1 子文件夹中修改视图文件 views.py，修改结果如下：

```
from django.http import HttpResponse

def demo1(request):
    return HttpResponse("this is app1 demo1")
```

5）在工程的 app1 子文件夹中添加视图文件 urls.py，添加内容如下：

```
from django.urls import path
```

```
from .views import *

urlpatterns = [
    path('demo1/', demo1),
]
```

6）在工程的 app2 子文件夹中修改视图文件 views.py，修改结果如下：

```
from django.http import HttpResponse

def demo1(request,x,y):
    m=int(x)+int(y)
    return HttpResponse("this is app2 demo1,result is " + str(m))
```

7）在工程的 app2 子文件夹中添加视图文件 urls.py，添加内容如下：

```
from django.urls import path
from .views import *

urlpatterns = [
    path('demo1/', demo1),
]
```

8）在工程的 demo2 子文件夹中修改视图文件 urls.py，修改结果如下：

```
from django.contrib import admin
from django.urls import path,include
from .views import *

localpatterns=[
    path('demo1/',demo1),
    path('demo2/',demo2),
]

urlpatterns = [
    path('admin/', admin.site.urls),

    path('demo2/',include(localpatterns)),
    path('app1/', include('app1.urls')),
    path('app2/<x>/', include('app2.urls'),kwargs={"y":10}),

]
```

9）在工程的 demo2 子文件夹中修改视图文件 settings.py 中的 INSTALLED_APPS 节点，修改结果如下：

```
INSTALLED_APPS = [
    'django.contrib.admin',
    'django.contrib.auth',
    'django.contrib.contenttypes',
    'django.contrib.sessions',
```

```
    'django.contrib.messages',
    'django.contrib.staticfiles',
    'app1',
    'app2'
]
```

10）在 Windows 系统命令行窗口进入工程 demo2 的文件夹，然后输入如下命令。

```
python manage.py runserver
```

此时打开浏览器，在浏览器地址栏中输入 http://127.0.0.1:8000/demo2/demo1/ 后按回车键，会出现如图 4-6 所示的页面。

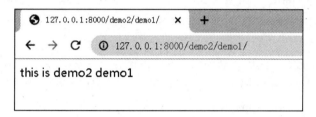

图 4-6　路由的包含示例页面浏览 1

在浏览器地址栏中输入 http://127.0.0.1:8000/demo2/demo2/ 后按回车键，会出现如图 4-7 所示的页面。

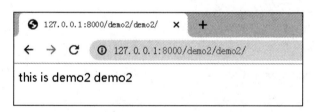

图 4-7　路由的包含示例页面浏览 2

在浏览器地址栏中输入 http://127.0.0.1:8000/app1/demo1/ 后按回车键，会出现如图 4-8 所示的页面。

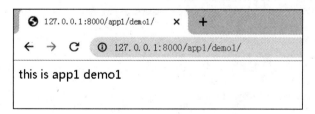

图 4-8　路由的包含示例页面浏览 3

在浏览器地址栏中输入 http://127.0.0.1:8000/app2/23/demo1/ 后按回车键，会出现如图 4-9 所示的页面。

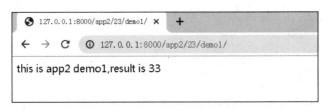

图4-9 路由的包含示例页面浏览4

本例在工程中定义了 app1 与 app2 两个应用，同时在已有工程 demo2 的路由配置文件中定义了 localpatterns 与 urlpatterns 两个路由配置集合。从上述示例可以看出：

1）在集合 urlpatterns 中嵌套调用了 localpatterns 路由集合，在路由配置集合参数 localpatterns 中设置了 demo2 应用的 demo1 视图方法与 demo2 视图方法，在实际调用时通过两级路由形式显示。

2）如果使用其他应用模块，需要在主模块的配置文件加载相关应用。

3）在调用 app1 的路由示例中使用了 include() 方法加载模块的方式，具体方式为应用名称（默认情况下在应用的 apps.py 中定义）+应用中路由设置的模块名称。

4）在调用 app2 的路由示例里，通过 route 参数、kwargs 参数分别传递了两个变量，这种情况下，需要在 app2 的应用中用所有相关视图方法定义两个变量名称。

4.6.3　路由别名的使用

本示例演示使用 include() 方法实现路由别名调用的情况，具体操作步骤如下：

1）在 Windows 系统命令行窗口建立 Django 工程 demo3。

```
Django-admin startporject demo3
```

2）通过 Windows 系统命令行窗口进入工程 demo3 的文件夹，执行如下操作。

```
python manage.py startapp app1
```

3）在工程的 demo3 子文件夹中添加视图文件 views.py，所添加的内容如下：

```python
from django.http import  HttpResponse
from django.shortcuts import render,redirect,reverse

def index(request):
    return  HttpResponse("this is demo3 index")

def test1(reqest):
    return redirect(reverse('index'))

def test2(reqest):
    return redirect(reverse('appspace:index'))

def test3(request):
    return render(request,'template1.html')
```

4）在工程的 app1 子文件夹中修改视图文件 views.py，代码如下：

```
from django.http import  HttpResponse

def index(request):
    return  HttpResponse("this is app1 index")
```

5）在工程的 app1 子文件夹中添加视图文件 urls.py，所添加的内容如下：

```
from django.urls import path
from .views import  *

urlpatterns = [
    path('index/',index,name="index"),
]
```

6）在工程的 demo3 子文件夹中修改视图文件 settings.py 中的 INSTALLED_APPS 节点，代码如下：

```
INSTALLED_APPS = [
    'django.contrib.admin',
    'django.contrib.auth',
    'django.contrib.contenttypes',
    'django.contrib.sessions',
    'django.contrib.messages',
    'django.contrib.staticfiles',
    'demo3',
    'app1',
]
```

7）在工程的 demo3 子文件夹中添加子文件夹 templates，在文件夹内添加 template1.html 文件，所添加的内容如下：

```
    <!DOCTYPE html>
<html lang="en">
<head>
    <meta charset="UTF-8">
    <title>demo3</title>
</head>
<body>
<h1>this is demo3 test3</h1>
<a href="{% url 'index' %} ">跳转 </a>

</body>
</html>
```

8）在工程的 demo3 子文件夹中修改视图文件 urls.py，代码如下：

```
from django.contrib import admin
from django.urls import path,include
```

```
from .views import  *

urlpatterns = [
    path('admin/', admin.site.urls),
    path('index/',index,name="index"),
    path('test1/',test1),
    path('test2/',test2),
    path('test3/',test3),
    path('app1/',include(('app1.urls','app1'), namespace='appspace')),
]
```

9）通过 Windows 系统命令行窗口进入 demo3 工程文件夹，然后输入如下命令，启动
Web 服务。

```
python manage.py runserver
```

此时打开浏览器，在浏览器地址栏中输入 http://127.0.0.1:8000/index/ 后按回车键，会
出现如图 4-10 所示的页面。

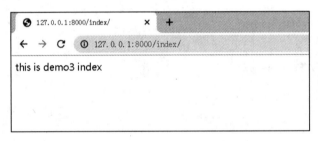

图 4-10　路由别名使用示例页面浏览 1

再在地址栏输入 http://127.0.0.1:8000/test1/ 后按回车键，会发现地址栏信息变为 http://
127.0.0.1:8000/index/，出现如图 4-11 所示的页面。

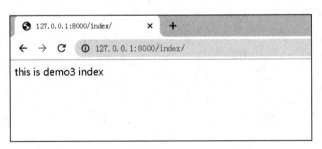

图 4-11　路由别名使用示例页面浏览 2

在地址栏输入 http://127.0.0.1:8000/test2/ 后按回车键，会发现地址栏信息变为 http://
127.0.0.1:8000/app1/index/，出现如图 4-12 所示的页面。

在地址栏输入 http://127.0.0.1:8000/test3/ 后按回车键，出现如图 4-13 所示的页面。

在上述页面中点击"跳转"链接，出现如图 4-14 所示的页面。

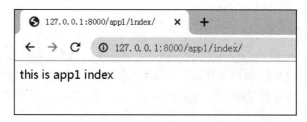

图4-12 路由别名使用示例页面浏览3

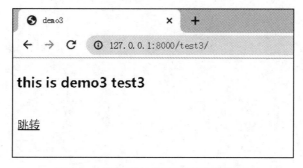

图4-13 路由别名使用示例页面浏览4

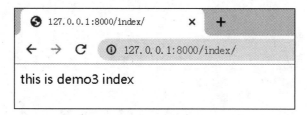

图4-14 路由别名使用示例页面浏览5

本例演示了路由别名的定义及使用情况，从上述示例可以看出：

1）在默认App的url配置文件中，定义了route参数为"url/"的url模型实例，该实例中使用了路由别名参数name，并将其赋值为"index"，用来进行后续的反射调用。

2）route参数为"test1/"的url模型实例在其视图方法test1中使用了路由别名值"index"，并引入了django.shortcuts包内的redirect()，reverse()方法用来做路径反射。

3）本例定义了route参数为"test3/"的url模型实例，用来演示在模板文件中如何使用路径别名进行地址跳转，在模板文件template1.html中使用了标签"url"，同时应用了路由别名值"index"。

4）本例还演示了include方法中命名空间的使用，命名空间的引入是为了避免不同应用中的路由使用了相同的名字而发生冲突，如本例在demo3与app1中均定义了路由别名为"index"的实例，为避免反射调用出错，在实际反射app1中的url实例时，采用了"命名空间名称：路由别名"这种方式调用（appspace:index）。

4.7　小结

本章介绍了 Django 路由的相关知识与概念，并展示了相关的示例。示例中涉及一些模板的运用，这些模板的具体知识会在后续章节详细阐述。另外，通过路由配置能够关联到视图方法，完成相关的请求与响应，有关 Django 的请求与响应机制及内部对象，将会在下一章展开阐述。

第 5 章 Chapter 5

视图应用详解：请求与响应

本章将会介绍 Django 的请求与响应机制，并阐述 Django 视图方法中请求与响应对象的属性及方法。

5.1 请求响应过程

一般而言，Web 请求与响应包含了如下过程：

1）客户端以 URL 方式发出请求；

2）服务器接收客户端发送的 URL 请求；

3）服务器解析请求的 URL，生成相关的反馈信息，一般以 HTML 形式体现；

4）生成 HTML 信息后，服务器将生成的 HTML 信息反馈给客户端；

5）客户端工具接收反馈信息，并进行解析；

6）解析完成后，在客户端展示。

不同的开发框架有不同的请求 / 响应处理机制，就 Django 框架而言，其核心在于引入了 Web 服务器网关接口（Python Web Server Gateway Interface，WSGI）处理机制。

在 Django 工程启动初始化后，会生成一个 WSGIHandler 实例（根据 setting 中的 WSGI_APPLICATION = 'dailyblog.wsgi.application' 调用函数），每次请求响应都会使用这个实例。具体而言，Django 请求与响应处理的基本流程大致如下：

1）用户通过浏览器请求一个页面。

2）通过 django.core.handlers.wsgi.WSGIRequest 创建一个 WSGIRequest 对象，接受 environ 参数来处理 request，然后生成一个 HttpRequest 实例。

3）请求到达 request 中间件，中间件对 request 请求做预处理或者直接返回一个 response 类型实例。

4）如果中间件未返回 response 实例，则框架根据 URLConf 信息结合请求的 URL 找到相应的 View。

5）如果存在对应的视图函数，则视图函数会根据传递的 request 实例做相应处理或直接返回 response 类型实例。

6）如果不存在对应的视图函数，则 Django 框架调用自身的异常处理模块，返回相应的 response 类型实例。

7）WSGIHandler 实例将接收的 response 实例返回到客户端浏览器展示给用户。

5.2 请求响应对象

当接收到用户页面请求时，Django 框架创建一个包含多个元数据的请求信息的 HttpRequest 对象。这个 HttpRequest 对象将会作为第一个必填参数传递到相应的视图函数中，而每个视图函数则必须返回一个 HttpResponse 对象。可以说，HttpRequest 对象与 HttpResponse 对象是 Django 请求响应机制的核心。在 Django 的 django.http 包中，定义了 HttpRequest 对象与 HttpResponse 对象及相应派生对象的属性与方法，以及与其关联的 QueryDict 对象的属性与方法。

5.2.1 HttpRequest 对象的属性

总体而言，HttpRequest 的属性大都是只读型的，只有个别属性为可读写的，主要属性如下所示。

（1）scheme
该属性表示请求的协议类型（一般为 http 或者 https），它属于字符串类型。

（2）body
该属性以字节数组的形式表示生成的 HTTP 请求原始数据信息。该类信息一般用于处理图片文件，相对而言，对应页面表单提交信息，一般使用 POST 方式获取。

（3）path
该属性以字符串的形式表示请求页面的全路径信息，但路径中不含有协议标识、IP 和端口。

（4）path_info
该属性与 path 属性类似，以字符串的形式表示获取具有 URL 扩展名的资源的附加路径信息，在某些情况下，路径被分割成脚本前缀和路径，这样可以使部署和测试更方便。

（5）method

该属性以字符串的形式表示请求使用的 HTTP 方法，这种方法一般返回为大写形式，常用值包括 GET 和 POST。

（6）encoding

该属性以字符串的形式表示表单提交的数据的编码形式，该值默认为 None，表示采用 DEFAULT_CHARSET 形式编码，可根据实际表单编码形式改写。改写后任何属性的访问（如阅读从 GET 或 POST）将使用新的编码形式。

（7）content_type

该属性以字符串的形式表示请求的 MIME 类型，该值通过解析请求头内的 CONTENT_TYPE 信息获取。

（8）content_params

该属性以字典键值对的形式展示通过解析请求头内 CONTENT_TYPE 信息获得的参数。

（9）GET

该属性以字典键值对的形式表示包含所有 HTTP 的 GET 参数的信息。

（10）POST

该属性以字典键值对的形式表示包含所有 HTTP 的 POST 参数的信息。该属性获取了来自表单数据的请求信息。如果需要获取原始数据信息，则需要 body 属性。另外，POST 属性也不包含文件上传的信息。

通过 POST 提交的请求有可能包含一个空的 POST 字典，也就是说，一个通过 POST 方法提交的表单可能不包含数据。因此，不应该使用 if request.POST 来判断是否使用了 POST 方法，而应该用 if request.method == "POST" 方式来判断。

（11）COOKIES

该属性以字典的形式体现在 Web 中使用的 cookies 信息。其中字典的键与值都为字符串形式。

（12）FILES

该属性以字典的形式体现上传的文件信息，其中以文件名称为字典中的键，以上传的文件内容为键对应的值。

只有在请求方式为 POST 并且请求表单形式为 "multipart/form-data" 时，该属性才有值，否则该属性为空字典项。

（13）META

该属性以字典项的形式展示请求的 HTTP 报文头部信息，客户端与服务端不同，相应的报文头信息会有所差异。一般而言，报文头信息包含以下几项：

❏ CONTENT_LENGTH：以字符串形式展示的请求内容的长度。

❏ CONTENT_TYPE：请求内容的 MIME 类型。

❏ HTTP_ACCEPT：返回时可以接收的内容类型。

❏ HTTP_ACCEPT_ENCODING：返回时可以接收的编码形式。

❏ HTTP_ACCEPT_LANGUAGE：返回时可以接收的语言形式。

❏ HTTP_HOST：客户端请求时用的服务端地址。

❏ HTTP_REFERER：所访问页面的前一个页面的 url。

❏ HTTP_USER_AGENT：客户端浏览器关联信息。

❏ QUERY_STRING：查询字符串。

❏ REMOTE_ADDR：客户端的 IP 地址。

❏ REMOTE_HOST：客户端的宿主名称。

❏ REMOTE_USER：用户认证方式。

❏ REQUEST_METHOD：请求方式（GET、POST）。

❏ SERVER_NAME：服务器名称。

❏ SERVER_PORT：服务器端口号。

（14）headers

该属性以字典的形式获取请求 headers 里面的内容，其中键名称不区分大小写。

（15）resolver_match

该属性以字符串的形式表示一个已解析的 URL 的 ResolverMatch 实例。只有在应用中存在 URL 解析操作时，该属性才会有值。

除了上述公共属性外，HttpRequest 对象还有一些属性信息需要在应用中设置才能使用。

（16）current_app

该属性以字符串的形式表示当前 App 的名字，默认情况下，模板标签 url 将使用该值做 reverse() 操作。

（17）urlconf

该属性以字符串的形式设置当前请求的根路由配置信息。该属性的设置将会覆盖配置文件中 ROOT_URLCONF 节点设置的信息，当该属性设置为 None 时，根路由信息将会从配置文件中 ROOT_URLCONF 节点获取。

另外，Django 默认加载的一些中间件会在请求上设置属性，具体如下。

❏ session：该属性通过 SessionMiddleware 中间件设置，表示当前的会话信息。

❏ site：该属性通过 CurrentSiteMiddleware 中间件设置，表示当前的站点信息。

❏ user：该属性通过 AuthenticationMiddleware 中间件设置，以 AUTH_USER_MODEL 的一个实例形式表示当前登录的用户信息。如果当前用户未登录，则以 Anonymous-User 的一个实例形式表示用户信息。

5.2.2 HttpRequest 对象的方法

HttpRequest 对象还有多种方法，其中主要的方法有以下几个。

（1）get_host()

该方法用于获取主机域名或者 IP 加端口号，当设置配置节点 USE_X_FORWARDED_HOST 为可用状态时，该方法从请求报文头中的 HTTP_X_FORWARDED_HOST 节点信息获取相关信息；如果未获取 HTTP_X_FORWARDED_HOST 节点信息，则从报文头中的 HTTP_HOST 节点信息获取相关信息；如果两者均没有获取到信息，则从 WSGIHandler 对象传递的环境变量中的 SERVER_NAME 与 SERVER_PORT 节点获取相关信息，并将之合并返回。

（2）get_port()

该方法用于获取请求的端口号，当设置配置节点 USE_X_FORWARDED_HOST 为可用状态时，该方法从请求报文头中的 HTTP_X_FORWARDED_HOST 节点信息获取相关信息；如果未获取 HTTP_X_FORWARDED_HOST 节点信息，则获取属性 META 的 SERVER_PORT 节点信息。

（3）get_full_path()

该方法用于获取路径信息以及关联的查询字符串信息。

（4）get_full_path_info()

该方法与 get_full_path 类似，只是获取的信息内容为 path_info，而非 path。

（5）build_absolute_uri(location=None)

该方法返回与参数 location 关联的绝对 URI，默认情况下 location 参数设置为 None，表示被设置为 get_full_path 方法调用结果。如果参数 location 已为绝对 URI，则返回值没有任何变化。

（6）get_signed_cookie(key, default=RAISE_ERROR, salt='', max_age=None)

该方法返回签名过的 Cookie 对应的值，如果签名不再有效则返回 django.core.signing. BadSignature 类型的错误。而如果设置 default 参数，当发生错误时返回 default 对应信息。

salt 参数用来提供对秘钥的附加保护，如果设置了 salt 参数，该方法将同时检测参数 max_age，max_age 参数用于检查 cookie 对应的时间戳，以确保 cookie 的时间不会超过 max_age 秒。

（7）is_secure()

该方法用于返回请求是否为安全的，采用 HTTPS 方式为安全，返回 True。

（8）accepts(mime_type)（Django 3.1 新增功能）

该方法用于判断请求是否接收参数 mime_type 所规定的类型报文头信息。一般而言，浏览器 morning 接收报文头信息类型为 */*，在这种情况下调用该方法时返回 True。

HttpRequest 对象还设计了与读取文件类似的方法来读取 HttpRequest 实例的方法，这使得以流式方式消费传入请求成为可能。具体方法如下。

- ❏ read(size=None)：该方法用于读取规定范围的请求内容信息。默认情况下读取全部内容信息。
- ❏ readline()：该方法用于按行读取请求内容信息。
- ❏ readlines()：该方法用于读取请求内容所有行，直到遇到结束符 EOF。

5.2.3 QueryDict 对象的方法

在 HttpRequest 对象中，属性 GET 和 POST 得到的都是 django.http.QueryDict 所创建的实例。这是一个 Django 自定义的类似字典的类，用来处理同一个键带多个值的情况。

在一个正常的请求 / 响应循环中，QueryDict 对象是不可变的。尽管 QueryDict 对象是字典的一个子类，但该类有其特殊方法，具体如下。

（1）__init__(query_string=None, mutable=False, encoding=None)

该方法用于根据传递的 query_string 变量信息初始化一个 QueryDict 实例对象，如果 query_string 变量传递信息不合规（不是页面请求的字符串形式，例如 x=1&y=2），则返回空字典项。

默认情况下，参数 mutable 为 False，表示初始化的实例不可修改，如果想要修改这个实例，需要定义参数 mutable 为 True。在实例化 QueryDict 对象时，会按照环境变量 DEFAULT_CHARSET 所设置信息来对请求字符串进行编码，如果需要特殊编码方式，则需要设置参数 encoding。

（2）fromkeys(iterable, value=", mutable=False, encoding=None)

该方法用于根据传递的参数建立一个 QueryDict 对象信息，其中参数 iterable 为迭代对象，用于建立生成 QueryDict 对象的键名称，而参数 value 用于生成 QueryDict 对象的键对应的值。

（3）__getitem__(key)

该方法用于获取指定键的值，传递参数为键名称信息，当指定键存在多个值时，返回最后一个值，如果指定键名称在 QueryDict 对象中不存在，则抛出 django.utils.datastructures.MultiValueDictKeyError 类型错误。

（4）__setitem__(key, value)

该方法用于给 QueryDict 对象设置相关键的值，需要注意的是这个 QueryDict 对象必须为可修改的。

（5）__contains__(key)

该方法用于判断 QueryDict 对象中是否存在某个键名称。

（6）get(key, default=None)

该方法与 __getitem__ 类似，用于获取某个键的值，所不同的是当指定键名称在 QueryDict 对象中不存在时，该方法返回 None 或者参数 default 指定的值。

（7）setdefault(key, default=None)

该方法用于给 QueryDict 对象设置相关键的值，其调用形式与 __setitem__ 一致。

（8）update(other_dict)

该方法用于根据传递的字典信息给已有的 QueryDict 对象添加键值信息，当存在键名称时，增加该键的元素。

（9）items()

该方法用于返回 QueryDict 对象的键值对信息，当某个键存在多个元素时，返回最后一个元素。

（10）values()

该方法用于返回 QueryDict 对象的所有键的值，当某个键存在多个元素时，返回其最后一个元素。

（11）copy()

该方法用于返回一个 QueryDict 对象的深度复制生成的 QueryDict 对象，并且生成对象可修改。

（12）getlist(key, default=None)

该方法用于返回键的集合信息，如果键不存在，则返回为空，或者返回 default 参数设置的信息。

（13）setlist(key, list_)

该方法用于给 QueryDict 对象的键设置一个列表信息。

（14）appendlist(key, item)

该方法用于给 QueryDict 对象某个键值追加一个元素。

（15）setlistdefault(key, default_list=None)

该方法与 setdefault 方法类似，不同之处在于该方法给某个键设置一个列表信息，默认情况下列表信息为空。

（16）lists()

该方法与 items 方法类似，不同之处在于该方法展示了键中所有值信息。

（17）pop(key)

该方法返回 QueryDict 对象指定键的所有值信息，并将该键从 QueryDict 对象中移除，如果键不存在，则会产生 KeyError 错误。

（18）popitem()

该方法用于以二元元组的形式随机返回从 QueryDict 对象获取的键及对应值列表信息，并将 QueryDict 对象中的该键相关信息剔除。如果 QueryDict 对象为空，则返回 KeyError 错误。

（19）dict()

该方法用于以字典的形式返回 QueryDict 对象值，当 QueryDict 对象的键存在多个元素时，返回最后一个元素。

（20）urlencode(safe=None)

该方法用于以查询字符串形式返回一个 QueryDict 对象的键值信息。

下面我们以一个简单示例演示如何使用 QueryDict 对象。

1）在 Windows 系统命令行窗口建立 Django 工程 demo1。

```
Django-admin startporject demo1
```

2）在 Windows 系统命令行窗口进入工程 demo1 的文件夹，执行如下操作：

```
E:\demo1>python manage.py shell
Python 3.7.4 (tags/v3.7.4:e09359112e, Jul  8 2019, 20:34:20) [MSC v.1916 64 bit
(AMD64)] on win32
    Type "help", "copyright", "credits" or "license" for more information.
>>> from django.http import QueryDict
>>> q=QueryDict('x=1&x=3&y=3')
>>> list(q.items())
[('x', '3'), ('y', '3')]
>>> list(q.values())
['3', '3']
```

在上述示例中，我们演示了 QueryDict 对象的使用。通过引入 django.http.QueryDict 类的方式就可以调用 QueryDict 对象，而通过 list 方法可以展示具体的 QueryDict 对象实例中的每个元素。

5.2.4　HttpResponse 对象的属性

作为与 HttpRequest 对象对应的一个对象，HttpResponse 对象也具有很多特有的属性与方法。HttpResponse 对象的主要属性如下。

（1）content

该属性以字节串形式表示要返回响应的内容，内容可以按照一定形式进行编码。

（2）charset

该属性以字符串形式返回响应信息的编码字符集。如果在 HttpResponse 初始化时没有设置，将会从请求的 content_type 读取，默认情况下该属性为 utf-8。

（3）status_code

该属性以数值形式返回响应的 HTTP 状态码。常见状态码信息如下。

❏ 200 OK：请求已成功，请求所希望的响应头或数据体将随此响应返回。出现此状态码表示是正常状态。

❏ 301 Moved Permanently：被请求的资源已永久移动到新位置，并且将来任何对此资源的引用都应该使用本响应返回的若干个 URI 之一。

❏ 302 Move Temporarily：请求的资源临时从不同的 URI 响应请求。由于这样的重定向是临时的，客户端应当继续向原有地址发送以后的请求。

❏ 304 Not Modified：如果客户端发送了一个带条件的 get 请求且该请求已被允许，而文档的内容（自上次访问以来或者根据请求的条件）并没有改变，则服务器应当返回这个状态码。

❏ 400 Bad Request：该信息包含以下两种含义，一是语义有误，当前请求无法被服务器理解。除非进行修改，否则客户端不应该重复提交这个请求。二是请求参数有误。

❏ 403 Forbidden：服务器已经理解请求，但是拒绝执行它。

❏ 404 Not Found：请求失败，请求所希望得到的资源未在服务器上发现。

❏ 405 Method Not Allowed：请求行中指定的请求方法不能用于请求相应的资源。

❏ 410 Gone：被请求的资源在服务器上已经不再可用，而且没有任何已知的转发地址。

❏ 500 Internal Server Error：服务器遇到了一个未曾预料的状况，导致它无法完成对请求的处理。

（4）reason_phrase

该属性以字符串的形式返回响应状态的解释，该属性与 status_code 密切相关。

（5）streaming

该属性以布尔值的形式响应信息是否采用字节流形式传输，默认为 False，表示不采用。该属性适用于需要中间件处理响应信息的情况。

（6）closed

该属性以布尔值的形式返回响应连接是否已关闭。

5.2.5 HttpResponse 对象的方法

HttpResponse 对象的方法主要有以下几种。

（1）__init__(content='b', content_type=None, status=200, reason=None, charset=None)

该方法为 HttpResponse 对象的构造方法，会根据传递内容构造 HttpResponse 对象。此方法具有多个参数，其中：content 参数可以为迭代器、字节串或者字符串形式，默认情况下，content_type 为空表示采用默认的字符集形式。状态码参数 status 传递响应的 HTTP 状态码，默认为 200 表示成功。原因参数 reason 传递响应状态的解释，字符集参数 charset 用来设置响应采用的字符集，如果不设置，则响应内容采用默认字符集。

（2）__setitem__(header, value)

该方法用来设置 HttpResponse 对象的报文标头信息。

（3）__delitem__(header)

该方法用来删除 HttpResponse 对象指定的报文标头信息，如果标头不存在则不做处理。标头信息不区分大小写。

（4）__getitem__(header)

该方法用来返回 HttpResponse 对象的指定标头的信息。

（5）has_header(header)

该方法用来判断 HttpResponse 对象中是否存在某个报文标头。

（6）setdefault(header, value)

该方法用来设置 HttpResponse 对象中的报文标头。

（7）set_cookie(key, value='', max_age=None, expires=None, path='/', domain=None, secure=False, httponly=False, samesite=None)

该方法用来为 HttpResponse 对象设置相应的 cookie 信息，参数 max_age 表示 cookie 持续的秒数，如果为 None，表示客户端浏览器未关闭，则 cookie 一直存在。

另外，该参数与参数 expires 相互影响。参数 expires 以字符串的形式表示 cookie 的到期时间，也可以用 datetime 形式表示。参数 path 以字符串的形式表示客户端回送 cookie 的路径，默认方式为 ' / '，表示该域名下的所有路径都将回送 cookie。参数 domain 以字符串形式表示 cookie 是否可进行跨域应用。参数 secure 以布尔形式表示是否采用安全模式发送 cookie，当设置为 True 时，表示只有采用 https 协议才发送 cookie，默认方式为 False。参数 httponly 以布尔形式表示是否允许以非 JavaScript 形式访问 cookie，默认方式为 False，表示允许以 JavaScript 形式访问 cookie。参数 samesite 规定以字符串形式表示跨站请求中是否允许传递 cookie，当该参数设置为 Strict 或 Lax 时，表示不允许浏览器发起跨站传递 cookie；该参数默认方式设置为 None（Django 3.1 新增功能），表示允许浏览器发起跨站传递 cookie。

（8）set_signed_cookie(key, value, salt='', max_age=None, expires=None, path='/', domain=None, secure=False, httponly=False, samesite=None)

该方法与 set_cookie 类似，只是需要进行相应的加密处理，其中，参数 salt 用来增加秘钥强度，其他参数取值及含义与 set_cookie 方法中的参数一致。

（9）delete_cookie(key, path='/', domain=None)

该方法用于删除 HttpResponse 对象关联 cookie 的指定键值信息，如果不存在键值，则不进行处理，相关参数取值及含义与 set_cookie 方法中的参数一致。

（10）close()

该方法用来关闭 HttpResponse 对象，一般由 WSGI 服务器直接调用。

（11）write(content)

该方法用来将 HttpResponse 对象视同类文件对象，写入相关信息。

（12）flush()

该方法用来刷新 HttpResponse 对象内容，将缓存区的内容写入报文中。

（13）tell()

该方法用来用指针方式读取 HttpResponse 对象。

（14）getvalue()

该方法用于按文件流方式获取 HttpResponse 对象的内容。

（15）readable()

该方法用来判断 HttpResponse 对象的内容是否可按文件流方式读取，一般为 False，表示不可读取。

（16）seekable()

该方法用来判断 HttpResponse 对象的内容是否可按文件流方式查找，一般为 False，表示不可查找。

（17）writable()

该方法用来判断 HttpResponse 对象的内容是否可按文件流方式写入，一般为 True，表示可写入。

（18）writelines(lines)

该方法用来在 HttpResponse 对象按流方式写入多行信息，行之间没有分隔符。

5.2.6　HttpResponse 对象的子类

为满足不同场景下的使用，Django 框架默认提供了多个 HttpResponse 对象的子类。

❑ HttpResponseRedirect：该子类用于重定向页面，该子类在应用时第一个参数必须传递为合法的 url 或者为相对路径信息（相对路径来自 URL 配置文件），该子类信息返回的 HTTP 状态码为 302。

❑ HttpResponsePermanentRedirect：该子类用于永久性重定向信息，类似 HttpResponseRedirect，但是重定向页面为永久性重定向，该了类信息返回的 HTTP 状态码为 301。

❑ HttpResponseNotModified：该子类用于返回"页面未修改，在构造时不需要添加参数"，其传递内容为空，表示自上次用户访问后页面信息未进行调整，该子类信息返回的 HTTP 状态码为 304。

❑ HttpResponseBadRequest：该子类信息返回的 HTTP 状态码为 400。

❑ HttpResponseNotFound：该子类信息返回的 HTTP 状态码为 404。

❑ HttpResponseForbidden：该子类信息返回的 HTTP 状态码为 403。

❑ HttpResponseNotAllowed：该子类信息返回的 HTTP 状态码为 405。

❑ HttpResponseGone：该子类信息返回的 HTTP 状态码为 410。

❑ HttpResponseServerError：该子类信息返回的 HTTP 状态码为 500。

❑ JsonResponse：该子类信息返回创建的 json 编码字符串。

5.3 请求响应示例

为增强对请求响应的认识，本节以一个 Django 工程来演示如何使用 Django 的 HttpRequest 对象，以及 HttpResponse 对象的属性与方法，该示例具体做法如下：

1）在 Windows 系统命令行窗口建立 Django 工程 demo1。

2）在工程的 demo1 子文件夹添加视图文件 views.py，内容如下。

```
from django.http import HttpRequest
from django.http import HttpResponse
from django.http import JsonResponse,HttpResponseRedirect,
    HttpResponsePermanentRedirect
from django.urls import reverse

def test1(request):
    ret ="reqeust method :" + request.method + "<br>"
    ret +="reqeust User-Agent :" + request.headers['User-Agent'] + "<br>"
    ret +="reqeust port :" + request.get_port() + "<br>"
    ret += "reqeust full path :" + request.get_full_path() + "<br>"
    ret += "reqeust full path info :" + request.get_full_path_info() + "<br>"

    return HttpResponse(ret)
def test2(request):
    response = HttpResponse()
    response.write("<h1>Request/Response</h1>")
    response.write("<p>this is request demo</p>")
    if(response.writable()):
        response.write("<p>this is able to write</p>")
    response.write("<p> the charset is : " + response.charset + "</p>")
    return response

def test3(request):
    return JsonResponse({"test":"json1"})

def test6(request):
    return HttpResponsePermanentRedirect(reverse("test1"))
```

```
def test5(request):
        return HttpResponseRedirect(reverse("test1"))
```

3）修改 demo1 子文件内路由文件 urls.py，内容如下。

```
from django.contrib import admin
from django.urls import path
from .views import *

urlpatterns = [
    path('admin/', admin.site.urls),
    path('test1/', test1,name='test1'),
    path('test2/', test2),
    path('test3/', test3),
    path('test6/', test6),
    path('test5/', test5),
]
```

4）通过 Windows 系统命令行窗口进入 demo1 工程文件夹，然后输入"runserver"命令启动该工程。此时打开浏览器，在浏览器地址栏中输入 127.0.0.1:8000/test1/，会出现如图 5-1 所示的页面。

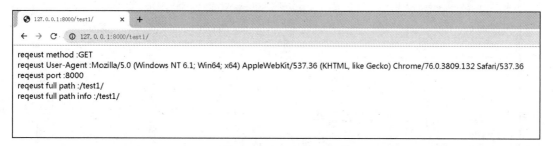

图 5-1　请求响应示例页面浏览 1

在浏览器地址栏中输入 127.0.0.1:8000/test2/，出现如图 5-2 所示的页面。

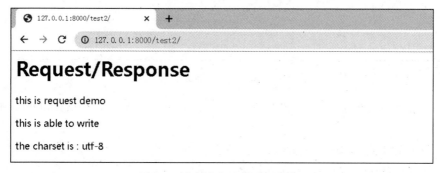

图 5-2　请求响应示例页面浏览 2

在浏览器地址栏中输入 127.0.0.1:8000/test3/，出现如图 5-3 所示的页面。

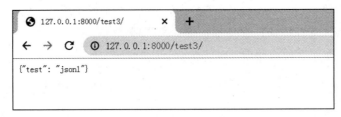

图 5-3　请求响应示例页面浏览 3

在浏览器地址栏中输入 127.0.0.1:8000/test5/，会出现与输入 127.0.0.1:8000/test1/ 时类似的界面。

打开开发者工具（本例采用 chrome 浏览器开发者工具），查看 127.0.0.1:8000/test5/ 的调用过程，会出现如图 5-4 所示的页面结果。

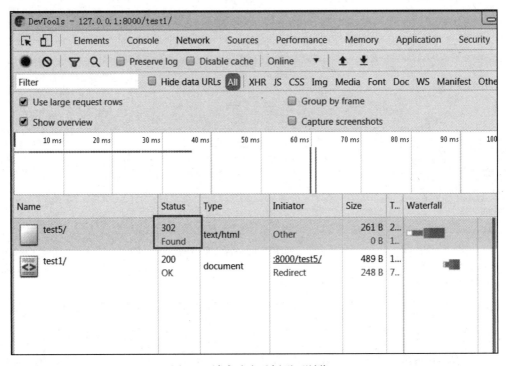

图 5-4　请求响应示例页面浏览 4

在浏览器地址栏中输入 127.0.0.1:8000/test6/，会出现与输入 127.0.0.1:8000/test1/ 时类似的界面。

打开开发者工具（本例采用 chrome 浏览器开发者工具），查看 127.0.0.1:8000/test6/ 的调用过程，会出现如图 5-5 所示的页面结果。

本例演示了请求与响应的一些相关调用。从上述示例可以看出：

1）在路由文件 urls.py 中除了工程默认加载的路由外，还建立了 5 个路由，分别为

test1、test2、test3、test5 与 test6，它们分别指向视图方法 test1()、test2()、test3()、test5() 与 test6()，其中 test1 还定义了路由别名 test1。

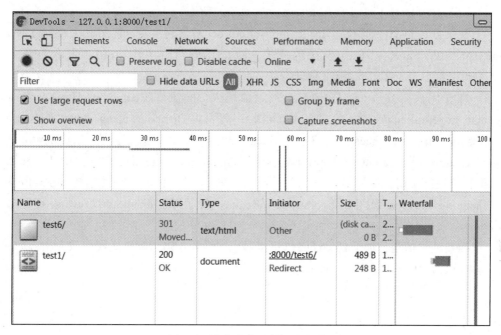

图 5-5　请求响应示例页面浏览 5

2）在视图文件 views.py 中，视图方法 test1() 演示了 HttpRequest 对象的使用。变量 request 实质为 HttpRequest 的实例。视图方法 test1() 调用了 HttpRequest 的 method 属性 获取请求对象的方法，结果为"GET"；调用了请求的 User-Agent 消息标头属性，结果 为" Mozilla/5.0 (Windows NT 6.1; Win64; x64) AppleWebKit/537.36 (KHTML, like Gecko) Chrome/76.0.3809.132 Safari/537.36"；调用了 get_port() 方法来获取端口号，结果为"8000" （本文采用了默认的端口号启动工程）；此外，还调用了 get_full_path() 与 get_full_path_ info() 来返回相关路径信息，在没有参数传入的情况下，这两个方法都返回结果"/test1/"。

3）需要注意的是视图方法 test1()，在获取了多个 HttpRequest 实例对象的属性方法结 果后，通过字符串拼接方式形成以 html 标签形式体现的字符串变量 ret，并将变量 ret 传递 到 HttpResponse 实例对象，最终方法 test1() 返回了 HttpResponse 实例，该实例自动解析了 html 标签，在浏览器展示页面中分行展示相关字符串信息。

4）视图方法 test2() 演示了 HttpResponse 响应对象的使用。该方法首先定义了 HttpResponse 实例对象 response，接着调用了 HttpResponse 对象的 write() 方法加载相关信 息；调用了 writable() 方法来做条件判断表达式，条件性增加了 response 的输出内容；另外， 本例还调用了 HttpResponse 对象的 charset 属性来获取相应的字符集信息，最终获取结果为 "utf-8"。

5）write() 方法同样对传递的字符串做了 html 解析，剔除了相应的 html 标签，在浏览器页面显示了除 html 标签以外的内容。

6）视图方法 test3() 演示了 JsonResponse 对象的使用。

7）视图方法 test5() 演示了 HttpResponseRedirect 对象的使用，视图方法 test6() 演示了 HttpResponsePermanentRedirect 对象的使用，而 test5 的调用状态为 301，表示临时跳转；test5 的调用状态为 302，表示永久跳转。

8）在使用视图方法 test1()、test2() 时，需引入 Django 的 django.http.HttpResponse 包与 django.http.HttpRequest 包，在使用 test3() 时，需引入 Django 的 django.http. JsonResponse 包 与 django.http.HttpRequest 包；在 使 用 test5() 时，需 引 入 Django 的 django.http. HttpResponseRedirect 包、django.urls.reverse 包与 django.http.HttpRequest 包，其中 django. urls. reverse 用于反射调用；在使用 test6() 时，需引入 Django 的 django.http. HttpResponseRedirect 包、django.urls.reverse 包与 django.http.HttpRequest 包，其中 django.urls.reverse 用于反射调用。

9）需要注意的是，如果要保证路由正常调用，需要在路由配置文件中引入相应的视图方法包名称，本例为"from .views import *"。

5.4　小结

本章讲解了请求与对象的属性与方法，并给出了相应的演示，对于请求响应对象 QueryDict 的使用，将在后续章节中进行详细的讲解和演示。

第 6 章 *Chapter 6*

视图应用详解：CBV

本章将讲述 CBV 相关概念以及常用的 CBV 类型。

6.1 基本概念

为便于视图的使用，Django 框架设计了多个概念类，用于实现视图调用的各项功能。

6.1.1 CBV

Django 视图是一个可调用对象，该对象可接受一个 request 对象作为参数，同时以一个 response 对象作为返回对象。这种调用对象可以是函数，而 Django 环境提供了某些特殊的类，使我们能够使用类作为一个可调用对象或一个视图，这种做法就是基于类视图（Class Based Views，CBV）的概念。

Django 的 url 会将一个请求分配给可调用的函数，而不是一个类。针对这个问题，CBV 提供了一个名称为 as_view 的类方法，来达到地址路由的目的。

相对于使用基于函数的视图而言，CBV 具有以下两个优点：

❑ 可针对不同的 HTTP 方法（如 GET、POST 等）用不同的函数处理，而不是通过很多 if 判断，提高了代码可读性。

❑ 利用面向对象的一些技术手段（如继承）来构建相关代码，提高了代码的复用性。

6.1.2 Mixin

Mixin 是 Python 使用的一种技术机制。一个类可以继承多个类，同样也可以引用多个混入（Mixin）类。混入类与引用混入的类之间是一种引用关系，两者均可独立存在。

混入类必须表示且只能表示一种功能，而不是某个对象。例如，类 django.views. generic.base.TemplateResponseMixin 就专门用于实现响应功能。

6.1.3 MRO

对于支持面向对象概念的编程语言来说，Python 定义的类可以继承多个类，而类实例使用的方法既可以是类本身定义的方法，也可以来自于某个继承的类，所以在使用方法调用时就需要对当前类和相关的继承类进行搜索，以确定方法所在的位置。不同的搜索方式会使查找类的顺序有所不同。这种查找类方法的顺序就是所谓的"方法解析顺序"（Method Resolution Order，MRO）。

6.2 常用的 CBV

在 Django 框架中，存在多个 CBV 集合，下面介绍一下常用的 CBV。

6.2.1 基础类

所谓基础类，换言之就是母版类，是指该类具有其他类的所有共有信息，具有一定的功能与属性特征。

1. View 类

View 类是 CBV 的核心基础类，是各种 CBV 业务类的基础类，该类全路径为 django. views.generic.base.View，具有基本属性 http_method_names，用来设置可针对的 HTTP 方法集合。

View 类有多种方法，具体如下。

❏ classmethod as_view(**initkwargs)：用来生成视图方法，接收 request 参数并返回 response 信息。

❏ setup(request, *args, **kwargs)：用来初始化视图方法，将传递的 request 参数解释为 HttpRequest 类型。

❏ dispatch(request, *args, **kwargs)：默认情况下，该方法用于检测 HTTP 方法，并分配一个匹配 HTTP 方法的函数，如将 get 匹配为 get()，post 匹配为 post()。

❏ http_method_not_allowed(request, *args, **kwargs)：当对于一个 HTTP 方法没有对应的函数支持时，该方法可进行一定的处理。

❏ options(request, *args, **kwargs)：该方法用于处理 HTTP 的 option 请求。

如果 View 类的实例对上述 4 个方法均有继承，则在调用时顺序如下：

setup() → dispatch() → http_method_not_allowed() → options()。

2. TemplateView 类

TemplateView 类将通过 URL 传递的内容信息做相应处理，并按照指定的模板文件生成页面，其全路径为 django.views.generic.base.TemplateView。其继承了如下类：

```
django.views.generic.base.TemplateResponseMixin
django.views.generic.base.ContextMixin
django.views.generic.base.View
```

TemplateView 类没有单独的属性信息，但继承了 TemplateResponseMixin 中的如下属性。

❏ template_name：模板名称，默认为 None。

❏ template_engine：模板引擎，默认为 None。

❏ response_class：模板响应类，默认为 TemplateResponse 类。

❏ content_type：内容类型，默认为 None。

同时它也继承了 ContextMixin 的 extra_context 属性，此属性表示附加内容信息，默认为 None。

该类还继承了 View 的 http_method_names 属性，此属性表示支持的 HTTP 方法，默认支持方法为 get、post、put、patch、delete、head、options、trace。

TemplateView 类也有多种方法，下面分别来看看。

```
get(self, request, *args, **kwargs)
```

该方法用于获取请求信息。

因其继承自 TemplateResponseMixin，所以具有如下方法：

```
render_to_response(self, context, **response_kwargs)    #用于展示模板数据。
get_template_names(self)    #获取模板名称。
```

又因其也继承自 ContextMixin，所以具有如下方法：

```
get_context_data(self, **kwargs)    #获取参数信息。
```

此外，TemplateView 类还继承了 View 的所有方法。

3. RedirectView 类

RedirectView 类用于重定向到一个指定的 url。其继承了如下类：

```
django.views.generic.base.View
```

该类具有如下属性信息：

❏ permanent：是否重定向做持久化处理，默认为 False。

❏ url：传递的 url，默认为 None。

❏ pattern_name：要重定向的 url 模式的名称，默认为 None。

❏ query_string：附加到重定向 url 的查询字符串，默认为 False，表示不用查询字符串。RedirectView 类继承了 View 类的所有方法，下面分别来看看。

```
get_redirect_url(self, *args, **kwargs)
```

该方法为基础方法，返回要重定向的 url。

```
get(self, request, *args, **kwargs)
```

该方法适配了 HTTP 的 get 方法，调用 get_redirect_url。

```
head(self, request, *args, **kwargs)
```

该方法适配了 HTTP 的 head 方法，调用 get_redirect_url。

```
post(self, request, *args, **kwargs)
```

该方法适配了 HTTP 的 post 方法，调用 get_redirect_url。

```
options(self, request, *args, **kwargs)
```

该方法适配了 HTTP 的 options 方法，调用 get_redirect_url。

```
delete(self, request, *args, **kwargs)
```

该方法适配了 HTTP 的 delete 方法，调用 get_redirect_url。

```
put(self, request, *args, **kwargs)
```

该方法适配了 HTTP 的 put 方法，调用 get_redirect_url。

```
patch(self, request, *args, **kwargs)
```

该方法适配了 HTTP 的 patch 方法，调用 get_redirect_url。

6.2.2　通用日期类

CBV 集合具有一个共同特点，就是全部与日期有关，其关联的数据库对象中必然有日期或时间属性信息。

1. ArchiveIndexView 类

ArchiveIndexView 类按照一定方式分页显示最近记录，如果没有特别设置，参数 allow_future 为 True，则不显示日期比当前日期更晚的记录。

该类的全路径为 django.views.generic.dates.ArchiveIndexView。其继承了如下类：

```
django.views.generic.list.MultipleObjectTemplateResponseMixin
django.views.generic.base.TemplateResponseMixin
django.views.generic.dates.BaseArchiveIndexView
django.views.generic.dates.BaseDateListView
django.views.generic.list.MultipleObjectMixin
```

```
django.views.generic.base.ContextMixin
django.views.generic.dates.DateMixin
django.views.generic.base.View
```

ArchiveIndexView 类具有 template_name_suffix 这一属性，此属性表示模板名称后缀，默认为 _archive。除此以外，因其具有如下继承关系，所以也拥有相应的属性。

1）继承自 TemplateResponseMixin，具有如下属性：

❏ template_name：模板名称，默认为 None。

❏ template_engine：模板引擎，默认为 None。

❏ response_class：模板响应类，默认为 TemplateResponse 类。

❏ content_type：内容类型，默认为 None。

2）继承自 BaseArchiveIndexView，具有 context_object_name 属性，该属性表示内容标识名称，默认为 latest。

3）继承自 BaseDateListView，具有如下属性：

❏ allow_empty：是否允许为空，默认为 False。

❏ date_list_period：日期显示周期，默认为 year。

4）继承自 MultipleObjectMixin，具有如下属性：

❏ queryset：查询结果集合，默认为 None。

❏ model：模型名称，默认为 None。

❏ paginate_by：规定每个分页可显示记录数，默认为 None。

❏ paginate_orphans：规定最后一个页面可包含的最大孤页记录，默认为 0。

❏ paginator_class：用于分页的类，默认情况下使用 django.core.paginator.Paginator 类。

❏ page_kwarg：页面切换的指定名称，默认名称为 page。

❏ ordering：排序方式，默认为 None。

5）继承自 ContextMixin，具有 extra_context 属性，它表示其他内容参数，默认为 None。

6）继承自 DateMixin，具有如下属性：

❏ date_field：日期字段，默认为 None。

❏ allow_future：是否允许未来日期信息，默认为 False。

此外，它还继承了 View 类的 http_method_names 属性。

下面来看一看 ArchiveIndexView 类拥有哪些方法。

1）继承自 MultipleObjectTemplateResponseMixin，具有如下方法：

```
get_template_names(self) # 用于获取模板名称
```

2）继承自 TemplateResponseMixin，具有如下方法：

```
render_to_response(self, context, **response_kwargs) # 用于显示模板页面
```

3）继承自 BaseArchiveIndexView，具有如下方法：

```
get_dated_items(self) # 用于获取日期记录项。
```

4）继承自 BaseDateListView，具有如下方法：

```
get(self, request, *args, **kwargs) # 用于获取相关信息。
get_ordering(self) ## 用于获取排序信息。
get_dated_queryset(self, **lookup) # 用于可获取查询结果集合，使用由 lookup 定义的查询参
```
数进行过滤。强制执行对查询集的任何限制，如 allow_empty 和 allow_future。
```
get_date_list_period(self) ## 用于获取日期列表信息。
get_date_list(self, queryset, date_type=None, ordering='ASC') # 用于返回 queryset
```
类型包含条目的 date_type 类型的日期列表。例如，get_date_list(qs, 'year') 将返回 qs 具有条目的年
份列表。

5）继承自 MultipleObjectMixin，具有如下方法：

```
get_queryset(self) # 用于获取结果集合。
paginate_queryset(self, queryset, page_size) # 用于获取分页结果集合。
get_paginate_by(self, queryset) # 用于获取分页信息。
get_paginator(self, queryset, per_page, orphans=0,allow_empty_first_page=True,
    **kwargs) # 用于条件获取分页信息。
get_paginate_orphans(self) # 用于获取孤页信息。
get_allow_empty(self) # 用于获取是否允许为空信息。
get_context_object_name(self, object_list) # 用于获取内容标识。
get_context_data(self, *, object_list=None, **kwargs) # 用于获取内容。
```

6）继承自 DateMixin，具有如下方法：

```
get_date_field(self) # 用于获取日期字段。
get_allow_future(self) # 用于获取是否允许未来信息。
uses_datetime_field(self) # 用于获取使用日期字段。
_make_date_lookup_arg(self, value) # 用于根据参数查询日期信息。
_make_single_date_lookup(self, date) # 用于根据日期信息查询结果。
```

2. YearArchiveView 类

YearArchiveView 类的作用为显示指定年份内的所有月份记录信息。

该类的全路径为 django.views.generic.dates.YearArchiveView。其继承了如下类：

```
django.views.generic.list.MultipleObjectTemplateResponseMixin
django.views.generic.base.TemplateResponseMixin
django.views.generic.dates.BaseYearArchiveView
django.views.generic.dates.YearMixin
django.views.generic.dates.BaseDateListView
django.views.generic.list.MultipleObjectMixin
django.views.generic.base.ContextMixin
django.views.generic.dates.DateMixin
django.views.generic.base.View
```

YearArchiveView 类具有 template_name_suffix 这一属性，此属性表示模板名称后缀，

默认为 _archive_year。除此以外，因其具有如下继承关系，所以也拥有相应的属性。

1）继承自 BaseYearArchiveView，具有如下属性。

❑ date_list_period：日期列表周期，默认为 month。

❑ make_object_list：是否生成记录列表，默认为 False。

2）继承自 YearMixin，具有如下属性：

❑ year_format：年份格式，默认为 %Y。

❑ year：年份标识，默认为 None。

对于该类继承自 MultipleObjectTemplateResponseMixin、TemplateResponseMixin、Base-DateListView、MultipleObjectMixin、ContextMixin、DateMixin、View 的属性信息，请参见 ArchiveIndexView 类。

下面来看一下 YearArchiveView 类基于继承关系所拥有的方法。

1）继承自 BaseYearArchiveView，具有如下方法：

```
get_dated_items(self) # 用于获取生成日期列表信息。
get_make_object_list(self) # 用于获取是否生成记录列表标志。
```

2）继承自 YearMixin，具有如下方法：

```
get_year_format(self) # 用于获取年份标识信息。
```

同样，继承自 MultipleObjectTemplateResponseMixin、TemplateResponseMixin、Base-DateListView、MultipleObjectMixin、ContextMixin、DateMixin、View 的方法信息参见 ArchiveIndexView 类。

3. MonthArchiveView 类

MonthArchiveView 类的作用为在指定月份内显示记录信息。

该类的全路径为 django.views.generic.dates.MonthArchiveView。其继承了如下类：

```
django.views.generic.list.MultipleObjectTemplateResponseMixin
django.views.generic.base.TemplateResponseMixin
django.views.generic.dates.BaseMonthArchiveView
django.views.generic.dates.YearMixin
django.views.generic.dates.MonthMixin
django.views.generic.dates.BaseDateListView
django.views.generic.list.MultipleObjectMixin
django.views.generic.base.ContextMixin
django.views.generic.dates.DateMixin
django.views.generic.base.View
```

MonthArchiveView 类具有 template_name_suffix 这一属性，该属性表示模板名称后缀，默认为 _archive_month。除此以外，因其具有如下继承关系，所以也拥有相应的属性。

1）继承自 BaseMonthArchiveView，具有 date_list_period 属性，表示日期列表周期，

默认为 day。

2）继承自 YearMixin，具有如下属性。

❑ year_format：年份格式，默认为 %Y。

❑ year：年份标识，默认为 None。

3）继承自 MonthMixin，具有如下属性。

❑ month_format：月份格式，默认为 %b。

❑ month：月份标识，默认为 None。

对于该类继承自 MultipleObjectTemplateResponseMixin、TemplateResponseMixin、Base-DateListView、MultipleObjectMixin、ContextMixin、DateMixin、View 的属性信息，请参见 ArchiveIndexView 类。

下面来看一下 MonthArchiveView 类基于继承关系所拥有的方法。

1）继承自 BaseMonthArchiveView，具有如下方法：

```
get_dated_items(self) #用于获取生成日期列表信息。
```

2）继承自 YearMixin，具有如下方法：

```
get_year_format(self) #用于获取年份标识信息。
```

3）继承自 MonthMixin，具有如下方法：

```
get_month_format(self) #用于获取日期格式。
get_month(self) #用于获取月份信息。
get_next_month(self,date) #用于获取下月信息。
get_previous_month(self,date) #用于获取上月信息。
_get_next_month(self,date) #私有方法，用于获取下月信息。
_get_current_month(self,date) #私有方法，用于获取当月信息。
```

同样，继承自 MultipleObjectTemplateResponseMixin、TemplateResponseMixin、Base-DateListView、MultipleObjectMixin、ContextMixin、DateMixin、View 的方法信息参见 ArchiveIndexView 类。

4. WeekArchiveView 类

WeekArchiveView 类的作用为在指定星期内显示分页信息。

该类的全路径为 django.views.generic.dates.MonthArchiveView。其继承了如下类：

```
django.views.generic.list.MultipleObjectTemplateResponseMixin
django.views.generic.base.TemplateResponseMixin
django.views.generic.dates.BaseWeekArchiveView
django.views.generic.dates.YearMixin
django.views.generic.dates.WeekMixin
django.views.generic.dates.BaseDateListView
django.views.generic.list.MultipleObjectMixin
django.views.generic.base.ContextMixin
```

```
django.views.generic.dates.DateMixin
django.views.generic.base.View
```

WeekArchiveView 类具有 template_name_suffix 这一属性，该属性表示模板名称后缀，默认为 _archive_week。除此以外，因其具有如下继承关系，所以也拥有相应的属性。

1）继承自 YearMixin，具有如下属性：

❏ year_format：年份格式，默认为 %Y。

❏ year：年份标识，默认为 None。

2）继承自 WeekMixin，具有如下属性：

❏ week_format：星期格式，默认为 %U。

❏ week：星期标识，默认为 None。

对于继承自 MultipleObjectTemplateResponseMixin、TemplateResponseMixin、BaseDate-ListView、MultipleObjectMixin、ContextMixin、DateMixin、View 的属性信息请参见 Archive-IndexView 类。

下面来看一下 WeekArchiveView 类基于继承关系所拥有的方法。

1）继承自 BaseWeekArchiveView，具有如下方法：

```
get_dated_items(self) #用于根据请求获取生成日期列表信息。
```

2）继承自 YearMixin，具有如下方法：

```
get_year_format(self) #用于获取年份标识信息。
```

3）继承自 WeekMixin，具有如下方法：

```
get_week_format(self) #用于获取星期格式。
get_week(self) #用于获取显示数据的星期信息。
get_next_week(self, date) #用于获取下一个有效的星期信息。
get_previous_week(self, date) #用于获取上一个有效的星期信息。
_get_next_week(self, date) #私有方法，用于获取下一个有效的星期信息。
_get_current_week(self, date) #私有方法，用于获取当前的星期信息。
_get_weekday(self, date) #私有方法，用于获取工作日信息。
```

同样，继承自 MultipleObjectTemplateResponseMixin、TemplateResponseMixin、BaseDate-ListView、MultipleObjectMixin、ContextMixin、DateMixin、View 的方法信息参见 Archive-IndexView 类。

5. DayArchiveView 类

DayArchiveView 类的作用为在指定天内显示分页信息。

该类的全路径为 django.views.generic.dates.DayArchiveView。其继承了如下类：

```
django.views.generic.list.MultipleObjectTemplateResponseMixin
django.views.generic.base.TemplateResponseMixin
django.views.generic.dates.BaseDayArchiveView
```

```
django.views.generic.dates.YearMixin
django.views.generic.dates.MonthMixin
django.views.generic.dates.DayMixin
django.views.generic.dates.BaseDateListView
django.views.generic.list.MultipleObjectMixin
django.views.generic.base.ContextMixin
django.views.generic.dates.DateMixin
django.views.generic.base.View
```

DayArchiveView 类具有 template_name_suffix 这一属性，该属性表示模板名称后缀，默认为 _archive_day。除此以外，因其具有如下继承关系，所以也拥有相应的属性。

1）继承自 YearMixin，具有如下属性。

❏ year_format：年份格式，默认为 %Y。

❏ year：年份标识，默认为 None。

2）继承自 MonthMixin，具有如下属性：

❏ month_format：月份格式，默认为 %b。

❏ month：月份标识，默认为 None。

3）继承自 DayMixin，具有如下属性。

❏ day_format：天格式，默认为 %d。

❏ day：天标识，默认为 None。

对于继承自 MultipleObjectTemplateResponseMixin、TemplateResponseMixin、BaseDate-ListView、MultipleObjectMixin、ContextMixin、DateMixin、View 的方法信息，请参见 ArchiveIndexView 类。

下面来看一下 DayArchiveView 类基于继承关系所拥有的方法。

1）继承自 BaseDayArchiveView，具有如下方法：

```
get_dated_items(self) #用于获取数据信息。
_get_dated_items(self, date) #用于获取指定日期数据信息。
```

2）继承自 YearMixin，具有如下方法：

```
get_year_format(self) #用于获取年份标识信息。
```

3）继承自 MonthMixin，具有如下方法：

```
get_month_format(self) #用于获取月份格式。
get_month(self) #用于获取月份信息。
get_next_month(self, date) #用于获取下月信息。
get_previous_month(self, date) #用于获取上月信息。
_get_next_month(self, date) #私有方法，用于获取下月信息。
_get_current_month(self, date) #私有方法，用于获取当月信息。
```

4）继承自 DayMixin，具有如下方法：

```
get_day(self) #用于获取当天信息。
get_next_day(self, date) #用于获取下一天信息。
get_previous_day(self, date) #用于获取上一天信息。
_get_next_day(self, date) #私有方法，用于获取下一天信息。
_get_current_day(self, date) #私有方法，用于获取当天信息。
```

同样，继承自 MultipleObjectTemplateResponseMixin、TemplateResponseMixin、Base-DateListView、MultipleObjectMixin、ContextMixin、DateMixin、View 的方法信息参见 Day-ArchiveView 类。

6. TodayArchiveView 类

TodayArchiveView 类的作用为显示当天数据信息。

该类全路径为 django.views.generic.dates.TodayArchiveView。其继承了如下类：

```
django.views.generic.list.MultipleObjectTemplateResponseMixin
django.views.generic.base.TemplateResponseMixin
django.views.generic.dates.BaseTodayArchiveView
django.views.generic.dates.BaseDayArchiveView
django.views.generic.dates.YearMixin
django.views.generic.dates.MonthMixin
django.views.generic.dates.DayMixin
django.views.generic.dates.BaseDateListView
django.views.generic.list.MultipleObjectMixin
django.views.generic.base.ContextMixin
django.views.generic.dates.DateMixin
django.views.generic.base.View
```

TodayArchiveView 类具有 template_name_suffix 这一属性，该属性代表模板名称后缀，默认为 _archive_day。

除此以外，继承自 MultipleObjectTemplateResponseMixin、TemplateResponseMixin、BaseDayArchiveView、YearMixin、MonthMixin、DayMixin、BaseDateListView、Multiple-ObjectMixin、ContextMixin、DateMixin、View 的属性信息参见 DayArchiveView 类。

下面来看一下 TodayArchiveView 类基于继承关系所拥有的方法。

继承自 BaseTodayArchiveView，具有如下方法：

```
get_dated_items(self) #获取数据信息。
```

同样，继承自 MultipleObjectTemplateResponseMixin、TemplateResponseMixin、Base-DayArchiveView、YearMixin、MonthMixin、DayMixin、BaseDateListView、Multiple-ObjectMixin、ContextMixin、DateMixin、View 的方法信息参见 DayArchiveView 类。

7. DateDetailView 类

DateDetailView 类的作用为显示包含日期字段的单条记录。

该类的全路径为 django.views.generic.dates.DateDetailView。其继承了如下类：

```
django.views.generic.detail.SingleObjectTemplateResponseMixin
django.views.generic.base.TemplateResponseMixin
django.views.generic.dates.BaseDateDetailView
django.views.generic.dates.YearMixin
django.views.generic.dates.MonthMixin
django.views.generic.dates.DayMixin
django.views.generic.dates.DateMixin
django.views.generic.detail.BaseDetailView
django.views.generic.detail.SingleObjectMixin
django.views.generic.base.View
```

该类具有如下属性：

DateDetailView 类具有 template_name_suffix 属性，该属性表示模板名称后缀，默认为 _archive_day。除此以外，因其具有如下继承关系，所以也拥有相应的属性。

1）继承自 SingleObjectTemplateResponseMixin，具有 template_name_field 属性，该属性表示模板字段名称，默认为 None。

2）继承自 SingleObjectMixin，具有如下属性。

❏ model：模型名称，默认为 None。

❏ queryset：结果集合，默认为 None。

❏ slug_field：可以访问的短网址字符串字段名称，默认为 slug。

❏ context_object_name：对象名称，默认为 None。

❏ slug_url_kwarg：可以访问的短网址字符串变量，默认为 slug。

❏ pk_url_kwarg：可访问的网址主键参数名称，默认为 pk。

❏ query_pk_and_slug：是否设置按照短网址或者主键来获取结果集合，默认为 False。

对于继承自 TemplateResponseMixin、YearMixin、MonthMixin、DayMixin、View 的属性信息请参见 DayArchiveView 类。

下面来看一下 DateDetailView 类基于继承关系所拥有的方法。

1）继承自 SingleObjectTemplateResponseMixin，具有如下方法：

```
get_template_names(self) # 获取模板字段名称。
```

2）继承自 BaseDateDetailView，具有如下方法：

```
get_object(self, queryset=None) # 获取结果集合。
```

3）继承自 BaseDateDetailView，具有如下方法：

```
get(self, request, *args, **kwargs) # 根据请求获取信息。
```

4）继承自 SingleObjectMixin，具有如下方法：

```
get_queryset(self) # 获取结果集合。
get_slug_field(self) # 获取短网址字段。
get_context_object_name(self, obj) # 获取内容对象名称。
```

```
get_context_data(self, **kwargs) # 获取内容数据。
```

同样，继承自 TemplateResponseMixin、YearMixin 、MonthMixin 、DayMixin、View 的方法信息参见 DayArchiveView 类。

6.2.3 编辑类

该集合类的特点在于提供相关数据库单个对象的具体信息，便于数据库单个对象的调整。

1. FormView

FormView 类的作用为按照表单形式展现数据信息。

该类的全路径为 django.views.generic.edit.FormView。其继承了如下类：

```
django.views.generic.base.TemplateResponseMixin
django.views.generic.edit.BaseFormView
django.views.generic.edit.FormMixin
django.views.generic.base.ContextMixin
django.views.generic.edit.ProcessFormView
django.views.generic.base.View
```

以下是 FormView 类基于继承关系具有的属性。

1）继承自 TemplateResponseMixin，具有如下属性。

❑ template_name：模板名称，默认为 None。

❑ template_engine：模板引擎，默认为 None。

❑ response_class：模板响应类，默认为 TemplateResponse 类。

❑ content_type：内容类型，默认为 None。

2）继承自 FormMixin，具有如下属性。

❑ initial：表单初始字典信息，默认为 {}。

❑ form_class：表单相关的实例类，默认为 None。

❑ success_url：查询成功后的 url，默认为 None。

❑ prefix：生成前缀的表单，默认为 None。

3）继承了 ContextMixin 的如下属性。

❑ extra_context：附加内容信息，默认为 None。

此外，它还继承了 View 的 http_method_names 属性，该属性表示支持的 HTTP 方法，默认支持方法为 get、post、put、patch、delete、head、options、trace。

下面来看一下 FormView 类具有的方法。

```
get(self, request, *args, **kwargs) # 用于根据请求获取响应信息。
```

除了上述方法，FormView 类基于继承关系，还拥有相应的方法。

1）继承自 TemplateResponseMixin，具有如下方法：

```
render_to_response(self, context, **response_kwargs) # 将模板数据展示。
get_template_names(self) # 获取模板名称。
```

2）继承自 ContextMixin，具有如下方法：

```
get_context_data(self, **kwargs) # 获取参数信息。
```

3）继承自 FormMixin，具有如下方法：

```
get_initial(self) # 获取初始的字典信息。
get_prefix(self) # 获取表单前缀信息。
get_form_class(self) # 获取表单的类。
get_form(self, form_class=None) # 获取表单信息。
get_form_kwargs(self) # 获取表单变量。
get_success_url(self) # 获取查询成功后的 url。
form_valid(self, form) # 当表单信息有效时，重定向到 get_success_url 方法结果。
form_invalid(self, form) # 当表单信息无效时，返回一个响应结果。
get_context_data(self, **kwargs) # 获取数据信息。
```

4）继承自 ProcessFormView，具有如下方法：

```
get(self, request, *args, **kwargs) # 获取 get 信息。
post(self, request, *args, **kwargs) # 获取 post 信息。
put(self, *args, **kwargs) # 获取 put 信息。
```
此外，它还继承了 View 的所有方法。

2. CreateView

CreateView 类的作用为生成创建一个对象的表单。

该类的全路径为 django.views.generic.edit.CreateView。其继承了如下类：

```
django.views.generic.detail.SingleObjectTemplateResponseMixin
django.views.generic.base.TemplateResponseMixin
django.views.generic.edit.BaseCreateView
django.views.generic.edit.ModelFormMixin
django.views.generic.edit.FormMixin
django.views.generic.base.ContextMixin
django.views.generic.detail.SingleObjectMixin
django.views.generic.edit.ProcessFormView
django.views.generic.base.View
```

CreateView 类具有 template_name_suffix 属性，该属性表示模板名称后缀，默认为 _form。除此以外，因其具有如下继承关系，所以也拥有相应的属性。

1）继承自 SingleObjectTemplateResponseMixin，具有如下属性：

❑ template_name_field：模板名称字段，默认为 None。

❑ template_name_suffix：模板名称后缀 _detail。

2）继承自 ModelFormMixin，具有如下属性：

❏ fields：字段，默认为 None。

3）继承自 SingleObjectTemplateResponseMixin，具有如下属性：

❏ template_name_field：模板名称字段，默认为 None。

❏ template_name_suffix：模板名称后缀 '_detail'。

4）继承自 SingleObjectMixin，具有如下属性：

❏ model：模型名称，默认为 None。

❏ queryset：结果集合，默认为 None。

❏ slug_field：可以访问的短网址字符串字段名称，默认为 'slug'。

❏ context_object_name：对象名称，默认为 None。

❏ slug_url_kwarg：可以访问的短网址字符串变量，默认为 'slug'。

❏ pk_url_kwarg：可访问的网址主键参数名称，默认为 'pk'。

❏ query_pk_and_slug：是否设置按照短网址或者主键来获取结果集合，默认为 False。

对于继承自 TemplateResponseMixin、FormMixin、ContextMixin、ProcessFormView、View 的参数信息，请参见 FormView 类。

下面来看一下 CreateView 类基于继承关系拥有的方法。

1）继承自 SingleObjectTemplateResponseMixin，具有如下方法：

```
get_template_names(self) # 获取模板名称。
```

2）继承自 BaseCreateView，具有如下方法：

```
get(self, request, *args, **kwargs) # 根据 get 请求响应信息。
post(self, request, *args, **kwargs) # 根据 post 请求响应信息。
```

3）继承自 ModelFormMixin，具有如下方法：

```
get_form_class(self) # 获取表单的类。
get_form_kwargs(self) # 获取表单变量。
get_success_url(self) # 获取查询成功后的 url。
form_valid(self, form) # 当表单信息有效时，重定向到 get_success_url 方法结果。
```

4）继承自 SingleObjectMixin，具有如下方法：

```
get_queryset(self) # 获取结果集合。
get_slug_field(self) # 获取短网址字段。
get_context_object_name(self, obj) # 获取内容对象名称。
get_context_data(self, **kwargs) # 获取内容数据。
```

同样，继承自 TemplateResponseMixin、FormMixin、ContextMixin、ProcessFormView、View 的方法信息参见 FormView 类。

3. UpdateView

UpdateView 类的作用为生成更新一个对象的表单。

该类全路径为 django.views.generic.edit.UpdateView。其继承了如下类：

```
django.views.generic.detail.SingleObjectTemplateResponseMixin
django.views.generic.base.TemplateResponseMixin
django.views.generic.edit.BaseUpdateView
django.views.generic.edit.ModelFormMixin
django.views.generic.edit.FormMixin
django.views.generic.base.ContextMixin
django.views.generic.detail.SingleObjectMixin
django.views.generic.edit.ProcessFormView
django.views.generic.base.View
```

UpdateView 类具有 template_name_suffix 属性，该属性表示模板名称关联后缀，默认采用 _form。

除此以外，继承自 SingleObjectTemplateResponseMixin、TemplateResponseMixin、Model-FormMixin、FormMixin、ContextMixin、SingleObjectMixin、ProcessFormView、View 的参数信息见 CreateView 类。

UpdateView 类继承自 BaseUpdateView，具有如下方法：

```
get(self, request, *args, **kwargs) # 获取 get 信息。
post(self, request, *args, **kwargs) # 获取 post 信息。
```

同样，继承自 SingleObjectTemplateResponseMixin、TemplateResponseMixin、Model-FormMixin、FormMixin、ContextMixin、SingleObjectMixin、ProcessFormView、View 的方法信息参见 CreateView 类。

4. DeleteView

DeleteView 类的作用为生成删除一个对象的表单。

该类的全路径为 django.views.generic.edit.DeleteView。其继承了如下类：

```
django.views.generic.detail.SingleObjectTemplateResponseMixin
django.views.generic.base.TemplateResponseMixin
django.views.generic.edit.BaseDeleteView
django.views.generic.edit.DeletionMixin
django.views.generic.detail.BaseDetailView
django.views.generic.detail.SingleObjectMixin
django.views.generic.base.ContextMixin
django.views.generic.base.View
```

DeleteView 类具有 template_name_suffix 属性，该属性表示模板名称关联后缀，默认采用 _confirm_delete。

除此以外，因其继承自 DeletionMixin，所以也具有 success_url 属性，该属性表示处理成功返回的 url，默认采用 None。

对于继承自 SingleObjectTemplateResponseMixin、TemplateResponseMixin、SingleObj-ectMixin、ContextMixin、View 的属性信息，请见 CreateView 类。

下面来看一下 DeleteView 类基于继承关系拥有的方法。

1）继承自 DeletionMixin，具有如下方法：

```
delete(self, request, *args, **kwargs) # 删除相关记录信息。
post(self, request, *args, **kwargs) # 提交相关信息。
get_success_url(self) # 获取处理成功后调用的 url 信息。
```

2）继承自 BaseDetailView，具有如下方法：

```
get(self, request, *args, **kwargs) # 获取相关信息。
```

同样，继承自 SingleObjectTemplateResponseMixin、TemplateResponseMixin、Single-ObjectMixin、ContextMixin、View 的方法信息参见 CreateView 类。

6.2.4　显示类

显示类这个集合用于显示数据库对象的信息。

1. DetailView

DetailView 类的作用为生成一个对象的明细表单。

该类的全路径为 django.views.generic.detail.DetailView。其继承了如下类：

```
django.views.generic.detail.SingleObjectTemplateResponseMixin
django.views.generic.base.TemplateResponseMixin
django.views.generic.detail.BaseDetailView
django.views.generic.detail.SingleObjectMixin
django.views.generic.base.ContextMixin
django.views.generic.base.View
```

DetailView 类继承自 SingleObjectTemplateResponseMixin、TemplateResponseMixin、Base-DetailView、SingleObjectMixin、ContextMixin、View 的属性信息和方法信息参见 DeleteView 类。

2. ListView

ListView 类的作用为生成列表显示多个对象的表单。

该类的全路径为 django.views.generic.list.ListView。其继承了如下类：

```
django.views.generic.list.MultipleObjectTemplateResponseMixin
django.views.generic.base.TemplateResponseMixin
django.views.generic.list.BaseListView
django.views.generic.list.MultipleObjectMixin
django.views.generic.base.View
```

以下是 ListView 类基于继承关系拥有的属性。

继承自 MultipleObjectTemplateResponseMixin，具有 template_name_suffix 属性，此属性表示模板名称后缀，默认为 _list。

继承自 TemplateResponseMixin、ContextMixin、MultipleObjectMixin、View 的属性信息参见 DeleteView 类。

下面是 ListView 类基于继承关系拥有的方法。

1）继承自 MultipleObjectTemplateResponseMixin，具有如下方法：

```
get_template_names(self) #用于获取模板名称。
```

2）继承自 BaseListView，具有如下方法：

```
get(self, request, *args, **kwargs) #用于根据请求获取响应信息。
```

除此以外，该类继承自 TemplateResponseMixin、ContextMixin、MultipleObjectMixin、View 的方法信息参见 ArchiveIndexView 类。

6.3　CBV 运用示例

本节将以多个示例演示不同类型的 CBV 的使用。为了便于演示，本节将会用到模型与模板，并连接 MySQL 数据库。为使工程正常运行，需要事先安装用于访问 MySQL 数据库的包，在 CMD 窗口模式下，可采用如下命令完成。

```
Pip install mysqlclient
```

6.3.1　基础类使用示例

基础类中含有 View、TemplateView、RedirectView 三种形式，其中 View 为所有 CBV 的基类，功能相对单一，此处不再给出相关示例。这里主要针对 TemplateView、RedirectView 这两种形式做示例演示。

1. TemplateView 示例

TemplateView 示例的具体做法如下：

1）在 Windows 系统命令行窗口建立 Django 工程 demo1。

2）修改工程内同名 App（demo1）的配置文件（名称为 settings.py），为 INSTALLED_APPS 节点增加 "demo1" 应用，具体修改如下。

```
INSTALLED_APPS = [
    'django.contrib.admin',
    'django.contrib.auth',
    'django.contrib.contenttypes',
    'django.contrib.sessions',
    'django.contrib.messages',
    'django.contrib.staticfiles',
    'demo1',
]
```

修改配置文件的 DATABASES 节点，具体如下。

```
DATABASES = {
    'default': {
        'ENGINE': 'django.db.backends.mysql',
        'NAME': 'app',                    # 数据库实例名称
        'USER': 'app',                    # 数据库登录用户名称
        'PASSWORD': 'app',                # 数据库登录用户密码
        'HOST': 'localhost',              # 数据库地址
        'PORT':3306,                      # 数据库端口
    },
}
```

修改 DATABASES 节点时一定要注意让缩进对应起来，否则将无法通过编译。

3）通过 pycharm 进入 Python 工程，在 demo1 子文件夹内添加模型文件 model.py，内容如下。

```
from django.db import models

class Book(models.Model):
    bookname = models.CharField(max_length=200,primary_key=True)
    author = models.CharField(max_length=20, null=True)
    publisthdate=models.DateField()

    class Meta:
        db_table = 'Book'
```

4）在工程的 demo1 子文件夹内添加视图文件 views.py，内容如下。

```
from django.views.generic.base import TemplateView
from .model import *

class demo1(TemplateView):

    template_name = "template1.html"
    extra_context={'extinfo':' 图书列表 '}

    def get_context_data(self, **kwargs):
        context = super().get_context_data(**kwargs)
        context['arts'] = Book.objects.all()
        return context
```

5）在工程的 demo1 子文件夹内添加默认模板文件夹 templates，并在 templates 内添加模板文件 template1.html，内容如下。

```
<!DOCTYPE html>
<html lang="en">
<head>
    <meta charset="UTF-8">
    <title> 图书列表 </title>
```

```
</head>
<body>
<h1>{{extinfo}}</h1>
<hr>

{% for art in arts %}
<li>书名: {{art.name}};   作者: {{art.author}};  
    发布日期: {{art.publishdate}} </li>
{% endfor %}

</body>
</html>
```

6）修改 demo1 子文件内路由文件 urls.py，内容如下。

```
from django.contrib import admin
from django.urls import path
from .views import *

urlpatterns = [
    path('demo1/',demo1.as_view()),
    path('admin/', admin.site.urls),
]
```

7）通过 Windows 系统命令行窗口进入 demo1 工程文件夹，然后输入如下命令。

```
python manage.py makemigrations demo1
```

生成相关的 Python 脚本文件后再输入如下命令，生成数据库表（生成时，需要确认数据库中没有相应的数据库表）。

```
python manage.py migrate
```

8）进入数据库，添加相关的数据库表 book 中的记录，如图 6-1 所示。

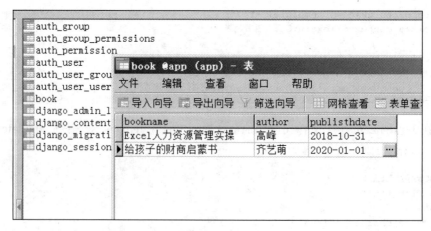

图 6-1　数据库表 book 相关记录

9）通过 Windows 系统命令行窗口进入 demo1 工程文件夹，然后输入"python manage. py runserver"命令运行该工程。此时打开浏览器，在浏览器地址栏中输入 127.0.0.1:8000/ demo1/，会出现如图 6-2 所示的页面。

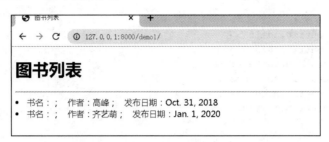

图 6-2　基础类示例页面

本例演示了 TemplateView 的使用，从上述示例可以看出：

1）为方便数据展示，本例定义了一个模型类 Book，该类继承于 django.db. models. Model。

2）通过 Django 的框架命令 makemigrations 与 migrate 生成了与模型类 Book 相关联的数据库表 book。

3）定义了 demo1 路由，该路由指向了名称为 demo1 的 CBV。作为 TemplateView 的继承类，demo1 的使用属性 template_name 指定了对应的模板文件，该属性属于必要信息，如果没有设置该属性，并且没有使用方法 get_template_names，则会提示如下错误：

```
TemplateResponseMixin requires either a definition of 'template_name' or an implementation of 'get_template_names()'
```

4）demo1 使用方法 get_context_data 加载了相应的数据库数据，定义了 arts 变量，用来向页面传递数据库数据；demo1 还使用属性 extra_context 指定了附加信息，定义了 extinfo 变量以向页面传递附加信息。

5）本例采用了模板文件路径查找模式，默认情况下，Django 工程在配置文件中会设置 django.template.backends.django.DjangoTemplates 为模板引擎，该引擎的默认模板文件路径为应用路径下（本例为 demo1）的 templates 文件夹。

6）在模板文件 template1.html 中，使用了模板变量 extinfo 与 arts 来展示页面；并通过模板的循环标签完成了页面数据的分行展示。

2. RedirectView 示例

RedirectView 的主要目的是重定向视图，这与 HttpResponseRedirect 方法类似。而 RedirectView 作为一类 CBV，其特点在于可与 model 友好地结合使用，便于模板显示与后台数据库操作。

RedirectView 示例的具体做法如下：

1）在 Windows 系统命令行窗口建立 Django 工程 demo2。

2）修改工程内同名 App（demo2）的配置文件（名称为 settings.py），将 INSTALLED_ APPS 节点增加到"demo2"应用中，具体修改为如下。

```
INSTALLED_APPS = [
    'django.contrib.admin',
    'django.contrib.auth',
    'django.contrib.contenttypes',
    'django.contrib.sessions',
    'django.contrib.messages',
    'django.contrib.staticfiles',
    'demo2',
]
```

修改配置文件的 DATABASES 节点：

```
DATABASES = {
    'default': {
        'ENGINE': 'django.db.backends.mysql',
        'NAME': 'app',                          # 数据库实例名称
        'USER': 'app',                          # 数据库登录用户名称
        'PASSWORD': 'app',                      # 数据库登录用户密码
        'HOST': 'localhost',                    # 数据库地址
        'PORT':3306,                            # 数据库端口
    },
}
```

3）通过 pycharm 进入 Python 工程，在 demo2 子文件夹内添加模型文件 models.py，内容如下。

```
from django.db import models

class Article(models.Model):
    articleid=models.IntegerField(primary_key=True)
    title = models.CharField(max_length=200)
    author= models.CharField(max_length=100)
    readtimes=models.IntegerField()

    class Meta:
        db_table = 'Article'
```

4）在工程的 demo2 子文件夹内添加视图文件 views.py，内容如下。

```
from django.shortcuts import get_object_or_404
from django.views.generic.base import RedirectView
from django.views.generic.detail import DetailView
from .models import Article


class ArticleRedirectView(RedirectView):
```

```
        permanent = True
        query_string = True
        pattern_name = 'articledetail'

        def get_redirect_url(self, *args, **kwargs):
            article = get_object_or_404(Article, **kwargs)
            article.readtimes+=1
            article.save()
            return super().get_redirect_url(*args, **kwargs)
class ArticleDetailView(DetailView):
    model = Article
    template_name = "article_detail.html"
    pk_url_kwarg='articleid'
    context_object_name='detail'
```

5）在工程的 demo2 子文件夹内添加默认模板文件夹 templates，并在 templates 内添加模板文件 article_detail.html，内容如下。

```
<!DOCTYPE html>
<html lang="en">
<head>
    <meta charset="UTF-8">
    <title>文章明细</title>
</head>
<body>
<h1>{{detail.title }}</h1>
<p>作者：{{detail.author }}</p>
<p>浏览次数：{{detail.readtimes }}</p>

</body>
</html>
```

6）修改 demo2 子文件内路由文件 urls.py，具体如下。

```
from django.contrib import admin
from django.urls import path
from .views import *

urlpatterns = [
    path('total/<int:articleid>/',ArticleRedirectView.as_view()),
    path('detail/<int:articleid>/', ArticleDetailView.as_view(), name=
        "articledetail"),
    path('admin/', admin.site.urls),
]
```

7）通过 Windows 系统命令行窗口进入 demo2 工程文件夹，然后输入如下命令，生成相关的 Python 脚本文件。

```
python manage.py makemigrations demo2
```

再输入如下命令，生成数据库表（生成时，需要确认数据库中没有相应的数据库表）。

```
python manage.py migrate
```

8）进入数据库，添加相关的数据库表 article 中的记录，如图 6-3 所示。

图 6-3　增加 article 记录

9）通过 Windows 系统命令行窗口进入 demo1 工程文件夹，然后通过"runserver"命令运行工程，此时打开浏览器，在浏览器地址栏中输入 127.0.0.1:8000/detail/1/，会出现如图 6-4 所示的页面结果。

图 6-4　RedirectView 示例页面浏览

本例演示了在 RedirectView 与列表类中的 DetailView 这两种形式下 CBV 的使用。其中，RedirectView 的继承类为 ArticleRedirectView，DetailView 的继承类为 ArticleDetail-View，通过此示例可以看出：

1）为方便数据展示，本例定义了一个模型类 Article，该类继承于 django.db. models. Model。

2）通过 Django 的框架命令 makemigrations 与 migrate，本例生成了与模型类 Article 相关联的数据库表 article。

3）在本示例中，ArticleRedirectView 使用或设置了多个属性，具体如下：

❑ 使用属性 permanent，将其设置为 True，表示页面调转为永久性重定向形式。该属性默认为 False，表示页面为临时性重定向形式，两者在页面的响应状态上有所区别，永久性重定向形式的页面响应状态码为 301。

❑ 设置了属性 query_string 为 True，表示需要通过 url 来传递相关参数。

❑ 通过设置属性 pattern_name 来确定重定向的路由，该参数需要在路由文件中定义相应的别名，通过别名进行路由的反向映射。

❑ 使用 get_redirect_url 进行相应的数据处理与参数传递。get_redirect_url 会将数据库表 article 中对应记录的阅读次数加 1，然后将相关参数传递到重定向的 url 中。

❑ 使用属性 model 将模板与 Article 模型关联，并使用属性 template_name 设置了该继承类所调用模板的文件名称。

❑ 使用属性 pk_url_kwarg 设置了传递参数的形参标识名称，如果不进行视图属性 pk_url_kwarg 设置，则会出现下示类似的错误。

```
AttributeError at /detail/1/
Generic detail view ArticleDetailView must be called with either an object pk or
    a slug in the URLconf.
```

❑ 指定属性 context_object_name 为 datail，并在模板文件 article_detail.html 中使用该项信息用于传递数据库信息。如果不设置该项属性，则在模板文件中使用默认的 object 来传递默认数据库信息。

4）本例采用了模板文件路径查找模式。默认情况下，Django 工程会在配置文件中设置 django.template.backends.django.DjangoTemplates 为模板引擎，该引擎默认的模板文件路径为应用路径下（本例为 demo2）的 templates 文件夹。

5）在模板文件 article_detail.html 中，使用了模板变量 datail 展示页面，通过模板的变量字段属性完成页面数据的展示。

6.3.2　通用日期类使用示例

日期类中含有 ArchiveIndexView、YearArchiveView、MonthArchiveView、WeekArchiveView、DayArchiveView、TodayArchiveView 这六种形式，其中 ArchiveIndexView 为所有日期类的基类，其他日期类的使用形式与 ArchiveIndexView 的大同小异。

ArchiveIndexView 示例具体做法如下：

1）在 Windows 系统命令行窗口建立 Django 工程 demo3。

2）修改工程内同名 App（demo3）的配置文件（名称为 settings.py），将 INSTALLED_APPS 节点增加 "demo3" 应用，具体修改如下。

```
INSTALLED_APPS = [
    'django.contrib.admin',
```

```
        'django.contrib.auth',
        'django.contrib.contenttypes',
        'django.contrib.sessions',
        'django.contrib.messages',
        'django.contrib.staticfiles',
        'demo3',
]
```

修改配置文件的 DATABASES 节点：

```
DATABASES = {
    'default': {
        'ENGINE': 'django.db.backends.mysql',
        'NAME': 'app',                        # 数据库实例名称
        'USER': 'app',                        # 数据库登录用户名称
        'PASSWORD': 'app',                    # 数据库登录用户密码
        'HOST': 'localhost',                  # 数据库地址
        'PORT':3306,                          # 数据库端口
    },
}
```

3）通过 pycharm 进入 Python 工程，在 demo3 子文件夹内添加模型文件 model.py，内容如下。

```
from django.db import models

class Article(models.Model):
    title = models.CharField(max_length=200)
    pub_date = models.DateField()

    class Meta:
        db_table = 'Article'
```

4）在工程的 demo3 子文件夹内添加视图文件 views.py，内容如下。

```
from django.views.generic.dates import ArchiveIndexView
from .model import  *

class myArchive(ArchiveIndexView):
    model = Article
    date_field = 'pub_date'
    allow_future=True
    template_name = 'article_archive.html'
```

5）在工程的 demo3 子文件夹内添加默认模板文件夹 templates，在 templates 内添加模板文件 article_archive.html，内容如下。

```
<!DOCTYPE html>
<html lang="en">
<head>
```

```html
    <meta charset="UTF-8">
    <title>文章列表</title>
</head>
<body>
<ul>
    {% for article in latest %}
        <li>{{ article.pub_date }}: {{ article.title }}</li>
    {% endfor %}
</ul>
</body>
</html>
```

6）修改 demo3 子文件内路由文件 urls.py，内容如下。

```python
from django.contrib import admin
from django.urls import path
from .views import *

urlpatterns = [
    path('archive/',myArchive.as_view()),
    path('admin/', admin.site.urls),
]
```

7）通过 Windows 系统命令行窗口进入 demo3 工程文件夹，然后输入如下命令，生成相关的 Python 脚本文件。

```python
python manage.py makemigrations demo3
```

再输入如下命令，生成数据库表（生成时，需要确认数据库中没有相应的数据库表）。

```python
python manage.py migrate
```

8）进入数据库，添加相关的数据库表 article 中的记录，结果如图 6-5 所示。

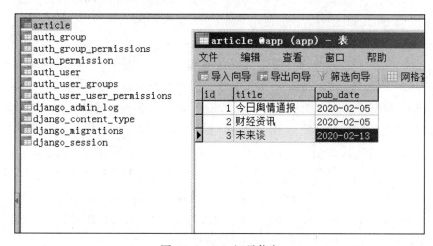

图 6-5   article 记录信息

9）通过 Windows 系统命令行窗口进入 demo3 工程文件夹，然后输入"runserver"命令运行该工程。此时打开浏览器，在浏览器地址栏中输入 127.0.0.1:8000/archive/，出现如图 6-6 所示的浏览页面。

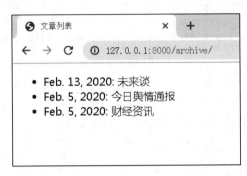

图 6-6　ArchiveIndexView 示例页面浏览

本例演示了 ArchiveIndexView 的使用，从示例可以看出：

1）为方便数据展示，本例定义了一个模型类 Article，该类继承于 django.db. models. Model。

2）通过 Django 的框架命令 makemigrations 与 migrate，本例生成了与模型类 Article 相关联的数据库表 article。

3）使用属性 template_name 指明了相关的 html 模板页面，如果不使用该字段，需要在 templates 文件夹中添加 demo3 文件夹，并将文件 article_archive.html 从 templates 文件夹中移动到 templates 文件夹下的 demo3 文件夹中。

4）使用属性 allow_future 来表明可以显示日期为未来的记录数据（当前时间为 2020 年 2 月 10 日），如果不指定该属性，将不在页面上显示 2020 年 2 月 13 日的记录。

5）默认情况下，ArchiveIndexView 属性 context_object_name 的值标识为 latest，所以在模板 article_archive.html 中，我们使用 latest 作为参数传递。

6）在使用 ArchiveIndexView 时，需要明确指出 date_field 属性所指向的 model 字段，且注意含有日期字段的对应的数据库表中必须有数据，如果没有数据，则在调试模式下加载模板页面时会有异常"No articles available"出现。此外，在使用 ArchiveIndexView 类时，需要同时加载 Django 默认的 django.contrib.auth 与 django.contrib.contenttypes 应用，如果屏蔽了这两个应用，则在使用 ArchiveIndexView 类时会在调试模式下出现如下错误。

```
RuntimeError: Model class django.contrib.contenttypes.models.ContentType doesn't
declare an explicit app_label and isn't in an application in INSTALLED_APPS.
```

7）采用了模板文件路径查找模式。默认情况下，Django 工程在配置文件中设置 django.template.backends.django.DjangoTemplates 为模板引擎，该引擎默认的模板文件路径为应用路径下（本例为 demo3）的 templates 文件夹。

8）在模板文件 article_archive.html 中，使用了模板默认变量 latest 展示页面，通过模板的循环标签完成页面数据的分行展示。

6.3.3 显示类使用示例

相对而言，显示类是比较实用的 CBV，它里面含有 DetailView、ListView 这两种形式。DetailView 描述具体某个 model 的明细内容，在之前的 RedirectView 示例中已有相关示例展示。本节重点展示 ListView 的示例。

ListView 主要用于展示数据库的记录，其目的在于将数据库的记录以一定方式列示在模板页面。该示例具体做法如下：

1）在 Windows 系统命令行窗口建立 Django 工程 demo4。

2）修改工程内同名 App（demo4）的配置文件（名称为 settings.py），为 INSTALLED_APPS 节点增加 "demo4" 应用，具体修改如下。

```
INSTALLED_APPS = [
    'django.contrib.admin',
    'django.contrib.auth',
    'django.contrib.contenttypes',
    'django.contrib.sessions',
    'django.contrib.messages',
    'django.contrib.staticfiles',
    'demo4',
]
```

修改配置文件的 DATABASES 节点：

```
DATABASES = {
    'default': {
        'ENGINE': 'django.db.backends.mysql',
        'NAME': 'app',                        # 数据库实例名称
        'USER': 'app',                        # 数据库登录用户名称
        'PASSWORD': 'app',                    # 数据库登录用户密码
        'HOST': 'localhost',                  # 数据库地址
        'PORT':3306,                          # 数据库端口
    },
}
```

3）通过 pycharm 进入 Python 工程，在 demo4 子文件夹添加模型文件 model.py，内容如下。

```
from django.db import models

class Enterprise(models.Model):
    ranking = models.IntegerField(primary_key=True)
    business_name=models.CharField(max_length=500)
    annualincome=models.FloatField()
```

```
location=models.CharField(max_length=100)

    class Meta:
        db_table = 'Enterprise'
```

4）在工程的 demo4 子文件夹添加视图文件 views.py，内容如下。

```
from django.views.generic import ListView
from .model import *

class enterprise_list(ListView):
    model = Enterprise
    template_name = "Enterpriselist.html"
    context_object_name='enterprise'
    paginate_by=12
    paginate_orphans=4
    page_kwarg='mypage'
```

5）在工程的 demo4 子文件夹内添加默认模板文件夹 templates，在 templates 内添加模板文件 Enterpriselist.html，内容如下。

```
<!DOCTYPE html>
<html lang="en">
<head>
    <meta charset="UTF-8">
    <title>2020 年世界企业 100 强 </title>
    <style type="text/css">
        .table{border-collapse:collapse; font-size:18px; height:28px;line-
            height:28px;  text-align:center;}
        .table tr th.th_border{border-right:solid 1px #FFF;border-left:solid 1px
            #36F;}
        .table tr td{border:solid 1px #36F;width:150px;}
        .p{text-align:center;}
        a:link {
        color:#3C3C3C;
        text-decoration:underline;
        }
        a:visited {
        color:#0000FF;
        text-decoration:none;
        }
        a:hover {
        color:#FF00FF;
        text-decoration:none;
        }
        a:active {
        color:#D200D2;
        text-decoration:none;}
    </style>
</head>
```

```html
<body>
<h1>2020 年世界企业 100 强 </h1>
<table align="center"  border="0" class="table" cellpadding="1" cellspacing="0">
    <tr>
        <th> 排名 </th>
        <th style="width:350px;"> 企业名称 </th>
        <th style="width:200px;text-align:right"> 当年营业收入（万元）</th>
        <th> 所在国家 </th>
    </tr>
    {% for en in enterprise %}
    <tr>
        <td>{{en.ranking}}</td>
        <td style="width:350px;">{{en.business_name}}</td>
        <td style="width:200px;text-align:right">{{en.annualincome}}</td>
        <td>{{en.location}}</td>
    </tr>
    {% endfor %}
</table>
<p class="p">
    {% if page_obj.has_previous %}
    <a href="{% url 'enterprise' %}?page={{ page_obj.previous_page_number }}">
        上一页 </a>
    {% else %}
    <a href="#"> 上一页 </a>
    {% endif %}
     

    {% for page in page_obj.paginator.page_range %}
    {% if page == page_obj.number %}
    <a style="color:" href="{% url 'enterprise' %}?mypage={{ page }}">{{
        page }}</a>
    {% else %}
    <a href="{% url 'enterprise' %}?mypage={{ page }}">{{ page }}</a>
    {% endif %}
     
    {% endfor %}
     

    {% if page_obj.has_next %}
    <a href="{% url 'enterprise' %}?mypage={{ page_obj.next_page_number }}">
        下一页 </a>
    {% else %}
    <a href="#"> 下一页 </a>
    {% endif %}
</p>
</body>
</html>
```

6）修改 demo4 子文件内的路由文件 urls.py，内容如下。

```python
from django.contrib import admin
```

```
from django.urls import path
from .views import *

urlpatterns = [
    path('enterprise/',enterprise_list.as_view(),name='enterprise'),
    path('admin/', admin.site.urls),
]
```

7）通过 Windows 系统命令行窗口进入 demo4 工程文件夹，然后输入以下命令，生成相关的 Python 脚本文件。

```
python manage.py makemigrations demo4
```

再输入以下命令，生成数据库表（生成时，需要确认数据库中没有相应的数据库表）。

```
python manage.py migrate
```

8）进入数据库，添加相关的数据库表 enterprise 中的记录。这里我们添加了 2020 年的世界企业前 100 强相关数据，其形式如图 6-7 所示。

	ranking	business_name	annualincome	location
auth_group	1	沃尔玛(WALMART)	523964	美国
auth_group_permission	2	中国石油化工集团公司(SINOPEC GROUP)	407008.8	中国
auth_permission	3	国家电网公司(STATE GRID)	383906	中国
auth_user	4	中国石油天然气集团公司(CHINA NATIONAL PETROLEUM)	379130.2	中国
auth_user_groups	5	荷兰皇家壳牌石油公司(ROYAL DUTCH SHELL)	352106	荷兰
auth_user_user_permis	6	沙特阿美公司(SAUDI ARAMCO)	329784.4	沙特阿拉伯
django_admin_log	7	大众公司(VOLKSWAGEN)	282760.2	德国
django_content_type	8	英国石油公司(BP)	282616	英国
django_migrations	9	亚马逊(AMAZON.COM)	280522	美国
django_session	10	丰田汽车公司(TOYOTA MOTOR)	275288.3	日本
enterprise	11	埃克森美孚(EXXON MOBIL)	264938	美国
	12	苹果公司(APPLE)	260174	美国
	13	CVS Health公司(CVS HEALTH)	256776	美国
	14	伯克希尔-哈撒韦公司(BERKSHIRE HATHAWAY)	254616	美国
	15	联合健康集团(UNITEDHEALTH GROUP)	242155	美国
	16	麦克森公司(MCKESSON)	231051	美国
	17	嘉能可(GLENCORE)	215111	瑞士
	18	中国建筑集团有限公司(CHINA STATE CONSTRUCTION ENGINEERING)	205839.4	中国
	19	三星电子(SAMSUNG ELECTRONICS)	197704.6	韩国
	20	戴姆勒股份公司(DAIMLER)	193346.1	德国
	21	中国平安保险(集团)股份有限公司(PING AN INSURANCE)	184280.3	中国
	22	美国电话电报公司(AT&T)	181193	美国
	23	美源伯根公司(AMERISOURCEBERGEN)	179589.1	美国
	24	中国工商银行(INDUSTRIAL & COMMERCIAL BANK OF CHINA)	177068.8	中国
	25	道达尔公司(TOTAL)	176249	法国
	26	鸿海精密工业股份有限公司(HON HAI PRECISION INDUSTRY)	172868.5	中国
	27	托克集团(TRAFIGURA GROUP)	171474.1	新加坡
	28	EXOR集团(EXOR GROUP)	162753.5	荷兰
	29	Alphabet公司(ALPHABET)	161857	美国

图 6-7　添加 2020 年的世界企业前 100 强相关数据形式

9）通过 Windows 系统命令行窗口进入 demo4 工程文件夹，然后输入"runserver"命令运行该工程。此时打开浏览器，在浏览器地址栏中输入 127.0.0.1:8004/enterprise/，会出现如图 6-8 所示的界面。

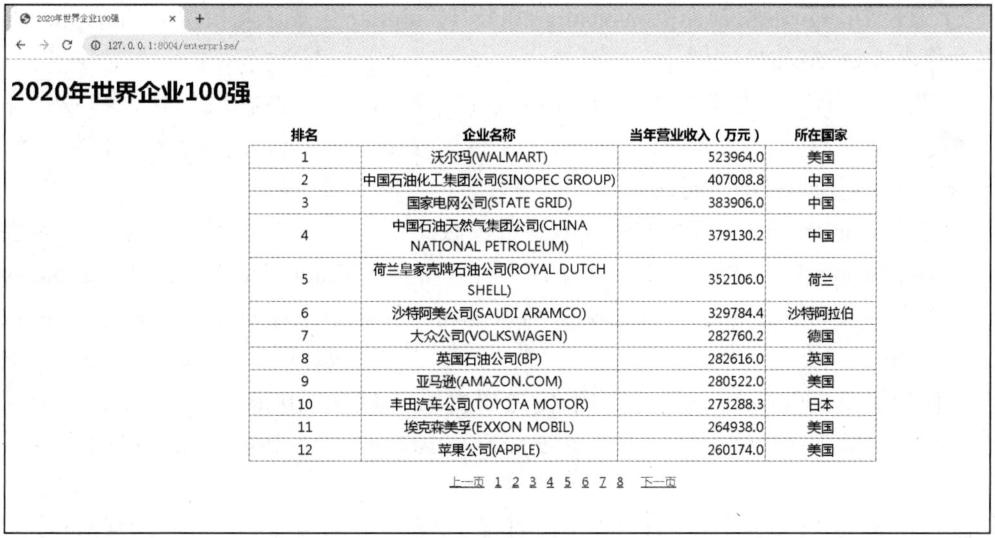

图 6-8 列表浏览 1

当点击"8"的页面按钮时，会出现如图 6-9 所示的界面。

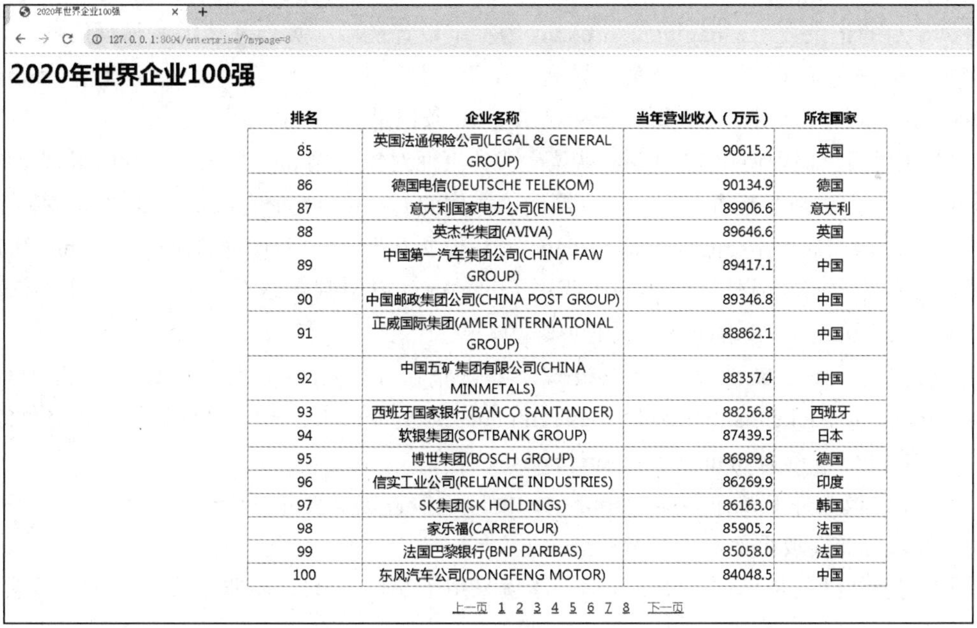

图 6-9 列表浏览 2

本例演示了 ListView 的使用，从示例可以看出：

1）为方便数据展示，本例定义了一个模型类 Enterprise，该类继承于 django.db. models.Model。

2）通过 Django 的框架命令 makemigrations 与 migrate 生成了与模型类 Enterprise 相关联的数据库表 enterprise。

3）作为 ListView 的继承类，enterprise_list 使用 model 属性将模板文件与数据库对应表关联。该属性为必须属性，若没有设置该属性则无法运行相关的路由指令。此外，enterprise_list 还使用了如下属性：

- 使用 template_name 属性指明了具体的模板文件名称，如果不设置此属性，需要在 templates 文件夹中添加 demo4 文件夹，并将文件 Enterpriselist.html 从 templates 文件夹中移动到 templates 文件夹下的 demo4 文件夹中，且要将其改名为 enterprise_list.html。
- 使用 context_object_name 指明了传递到模板页面 Enterpriselist.html 的内容对象名称，如果不设置该属性，则要在 Enterpriselist.html 页面中使用 object_list 作为默认的内容对象名称。
- 使用 page_kwarg 属性设置页面传递的参数名称，默认情况下，该参数为 page，如果不设置该参数，在模板页面进行跳转设置时，就需要将所有的 mypage 替换为 page。

4）对于大量的列表信息，ListView 与 ArchiveIndexView 类似，都可进行分页处理，在示例中使用了属性 paginate_by、paginate_orphans 用于分页处理，其中 paginate_by 用来设置每页显示的记录数目，paginate_orphans 则特定设置最后一页合并显示的孤页信息。就如本例中，根据每页 12 条记录分页，最后一个页面原本应显示 4 条记录，而设置 paginate_orphans 为"4"后，则在第 8 页面合并显示了 16 条记录。

5）在模板页面中使用 ListView 默认生成的页面对象实例 page_obj，并调用了该实例的 has_previous 方法判断是否有上一页，调用该实例的 previous_page_number 属性来返回上一页的页码，调用属性 paginator.page_range 来获取页码列表，调用属性 page_obj.number 获取当前分页的页码。另外，该实例还调用了 has_next 方法判断是否有下一页，调用该实例的 next_page_number 来返回下一页的页码。

6）采用了模板文件路径查找模式，默认情况下，Django 工程在配置文件中设置 django.template.backends.django.DjangoTemplates 为模板引擎，该引擎默认的模板文件路径为应用路径下（本例为 demo4）的 templates 文件夹。

7）在模板文件 Enterpriselist.html 中，使用了模板定义变量 enterprise 展示页面，通过模板的循环标签完成页面数据的分行展示。

8）需要注意的是，在启动工程时，本例采用了端口 8004，而非默认的 8000，事实上，用户可自定义任何允许的没有应用的端口号。

6.3.4 编辑类使用示例

与列表类类似，编辑类也是比较实用的一类 CBV。编辑类中含有 FormView、CreateView、UpdateView、DeleteView 这四种形式。下面就以一个示例来描述 CreateView（创建表记录）、DeleteView（删除表记录）这两类 CBV 的使用方法。具体做法如下：

1）在 Windows 系统命令行窗口建立 Django 工程 demo5。

2）修改工程内同名 App（demo5）的配置文件（名称为 settings.py），为 INSTALLED_APPS 节点增加 "demo5" 应用，具体修改如下。

```
INSTALLED_APPS = [
    'django.contrib.admin',
    'django.contrib.auth',
    'django.contrib.contenttypes',
    'django.contrib.sessions',
    'django.contrib.messages',
    'django.contrib.staticfiles',
    'demo5',
]
```

修改配置文件的 DATABASES 节点：

```
DATABASES = {
    'default': {
        'ENGINE': 'django.db.backends.mysql',
        'NAME': 'app',                          # 数据库实例名称
        'USER': 'app',                          # 数据库登录用户名称
        'PASSWORD': 'app',                      # 数据库登录用户密码
        'HOST': 'localhost',                    # 数据库地址
        'PORT':3306,                            # 数据库端口
    },
}
```

3）通过 pycharm 进入 Python 工程，在 demo5 子文件夹添加模型文件 model.py，内容如下。

```
from django.db import models

class Book(models.Model):
    name=models.CharField(max_length=50,primary_key=True)
    price=models.FloatField()
    author=models.CharField(max_length=100)
    class Meta:
        db_table='Book'
```

4）在工程的 demo5 子文件夹添加视图文件 views.py，内容如下。

```
from .model import *
from django.views.generic import ListView
from django.views.generic.edit import  DeleteView,CreateView


class book_list(ListView):
```

```
    model = Book
    template_name = "booklist.html"

class deletebook(DeleteView):
    model = Book
    template_name = "deleteview.html"
    success_url = '/book_list/'

class addbook(CreateView):
    model = Book
    template_name = "addbook.html"
    success_url = '/book_list/'
    fields = ['name','price','author']
```

5）在工程的 demo5 子文件夹内添加默认模板文件夹 templates，在 templates 内添加模板文件 booklist.html，内容如下。

```html
<!DOCTYPE html>
<html lang="en">
<head>
    <meta charset="UTF-8">
    <title>书籍列表</title>
</head>
<body>
<table>
    {% for book in object_list %}
    <tr>
        <td style="width:100px">{{book.name}}</td>
        <td style="width:100px">{{book.price}}</td>
        <td style="width:100px">{{book.author}}</td>
        <td style="width:100px"><a href="{% url 'deletebook' book.name %}">删除
            </a></td>
    </tr>
    {% endfor %}
    <hr>

</table>
    <a href="{% url 'addbook'  %}">增加</a>
</body>
</html>
```

在 templates 内添加模板文件 deleteview.html，内容如下。

```html
<!DOCTYPE html>
<html lang="en">
<head>
    <meta charset="UTF-8">
    <title>删除书籍</title>
</head>
<body>
```

```html
<form method="post">
    {% csrf_token %}
    删除书籍 "{{ object.name}} " 吗 ?
    <input type="submit" value=" 提交 "/>
</form>


</body>
</html>
```

在 templates 内添加模板文件 addbook.html，内容如下。

```html
<!DOCTYPE html>
<html lang="en">
<head>
    <meta charset="UTF-8">
    <title>添加书籍 </title>
</head>
<body>
<form method="post">
    {% csrf_token %}
    <table>
        {{ form }}
    </table>
    <input type="submit" value=" 提交 "/>
</form>

</body>
</html>
```

6）修改 demo5 子文件内的路由文件 urls.py，内容如下。

```python
from django.contrib import admin
from django.urls import path
from .views import *

urlpatterns = [
    path('addbook/', addbook.as_view(), name='addbook'),
    path('deletebook/<str:pk>/', deletebook.as_view(), name='deletebook'),
    path('book_list/', book_list.as_view()),
    path('admin/', admin.site.urls),
]
```

7）通过 Windows 系统命令行窗口进入 demo5 工程文件夹，然后输入"runserver"命令，生成相关的 Python 脚本文件。

```
python manage.py makemigrations demo5
```

再输入以下命令，生成数据库表（生成时，需要确认数据库中没有相应的数据库表）。

```
python manage.py migrate
```

8）进入数据库，添加相关的数据库表 book 中的记录，如图 6-10 所示。

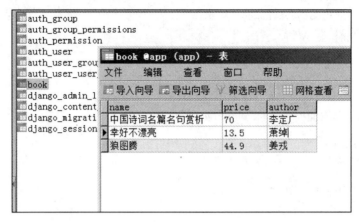

图 6-10　数据库表 book 中的记录

9）通过 Windows 系统命令行窗口进入 demo5 工程文件夹，然后输入"runserver"命令运行工程。此时打开浏览器，在浏览器地址栏中输入 127.0.0.1:8000/book_list/，会出现如图 6-11 所示的界面。

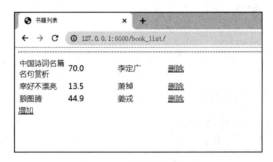

图 6-11　图书列表界面

点击"增加"按钮，出现"添加书籍"界面，如图 6-12 所示。

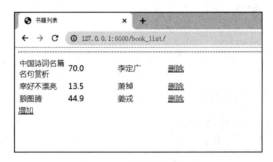

图 6-12　添加书籍

点击"删除"按钮，出现"删除书籍"界面，如图 6-13 所示。

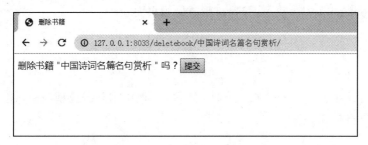

图 6-13　删除书籍

在"添加书籍"界面或"删除书籍"界面点击"提交"按钮后，均回到书籍列表页面。

本例演示了列表类中的 CreateView 与 DeleteView 这两种形式的 CBV 的使用。基于演示需要，本例还使用了 ListView 这个 CBV，其中 ListView 的继承类为 book_list，CreateView 的继承类为 addbook，DeleteView 的继承类为 deletebook。从示例可以看出：

1）为方便数据展示，本例定义了一个模型类 Book，该类继承于 django.db. models. Model。

2）通过 Django 的框架命令 makemigrations 与 migrate 生成了与模型类 Article 相关联的数据库表 book。

3）book_list、addbook、deletebook 均使用了如下两种属性，一种是 model 属性，用来关联相关的数据库表，这个属性是编辑类 CBV 必须参数。另一种是 template_name 属性，用来设置各自关联的模板文件，如果不设置这个参数，对于 book_list 而言，默认情况下，框架会寻找 templates 文件夹下的 demo5 文件夹中名称为 book_list.html 的模板文件；对于 addbook 而言，默认情况下，框架会寻找 templates 文件夹下的 demo5 文件夹中名称为 book_form.html 的模板文件；对于 deletebook 而言，默认情况下框架会寻找 templates 文件夹下的 demo5 文件夹中名称为 book_confirm_delete.html 的模板文件。

4）addbook、deletebook 还使用了 success_url 属性，用来设置在成功进行相关操作后跳转的页面（本例中为跳转回到的列表页面）。

5）addbook 还会使用 fields 属性设置显示 model 定义的字段。

6）本例中各类 CBV 都没有设置 context_object_name 属性。在默认情况下，ListView 使用 object_list 作为传递的内容对象名称，而 DeleteView 使用 object 作为传递的内容对象名称。

7）采用了模板文件路径查找模式。默认情况下，Django 工程在配置文件中设置 django.template.backends.django.DjangoTemplates 为模板引擎，该引擎默认的模板文件路径为应用路径下（本例为 demo5）的 templates 文件夹。

8）在模板文件 booklist.html 中，使用了 ListView 模板默认变量 object_list 展示页面，通过模板的循环标签完成页面数据的分行展示；在模板文件 deleteview.html 中，使用了

DeleteView 模板默认变量 object 展示页面，通过变量的属性标签完成页面数据的展示；在模板文件 addbook.html 中，使用了 Form 形式展示页面。

6.4　小结

本章详细介绍了各类 CBV 的方法与属性，在示例中用到了模型与模板，后续章节将围绕二者的用法展开描述。

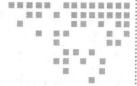

第 7 章 *Chapter 7*

模型应用详解

Django 的一个重要特色就是采用了 MVT 的工作模式，其中 M 指模型（model）。每个模型都为有关数据定义了资源，模型包含了存储数据所用的字段及行为信息。一般而言，每个模型都是对一张数据库表的映射。

在 Django 框架中，每个模型都是基于 django.db.models.Model 的一个子类。模型所包含的一个或多个类属性又被称为模型字段，表示一个数据库表中的字段。

Django 框架还针对几类数据库（MySQL、Sqlite、Oracle、PostgreSQL）提供了根据模型自动生成数据库对象的 API。

7.1 模型字段

对于模型而言，模型字段是其中必需的字段。一个 Django 模型至少需要设置一个模型字段。需要注意的是，模型字段的命名不能与 Django 框架中模型的接口方法名称冲突，一些常用的接口方法有 clean、save 与 delete 等。

设置模型字段有如下三个目的：与数据库中不同类型的表字段对应；生成相对应的网页控件（如列表控件、文本控件）；提供基本的校验机制，用于数据库表的生成。

从本质而言，Django 使用的所有模型字段的基类均为 django.db.models.Field，该类属于 django.db.models.query_utils.RegisterLookupMixin 的子类，模型基类包含很多属性信息，如果不特别说明，一般属性均是可选的。

下面来了解一下常用的模型字段属性。

（1）null

该属性默认为 False。当字段传值为空时，如果设置为 True，Django 将存放一个 null 到数据库字段。该属性一般影响数据库的非字符型属性（如数值型、日期型）。

（2）blank

该属性默认为 Flase，用于设置字段是否可以不填写，显示为空。如果设置为 True，在页面中该字段为必填项，该属性与页面验证关联。

（3）choices

该属性用于设置由元素为 2-tuples 的序列（list 或者 tuple）作为字段的选择项。当字段设置该属性时，该字段将根据设置的选择进行相关验证，在网页中会生成类似 <select><option ...>...</select> 形式的标签。元组的第一个元素用于数据库存储，元组的第二个元素用于页面显示。

（4）db_column

该属性用于设置该字段在数据库表中的列名称。如果不设置该属性，默认情况下，数据库表中列名与字段名称一致。在数据库中列名称会以引号标识所有字段，因此该属性可被设置为数据库保留字段。

（5）db_index

该属性用于设置该字段是否作为索引，默认为 Fasle。当设置为 True 时，该字段将被创建为数据库索引。

（6）db_tablespace

该属性用于设置为字段创建数据库索引时使用的数据库表空间，默认为 False。

使用此属性需要设置属性 db_index 为 True，同时还需要相关的数据库支持表空间索引。

当设置属性 db_index 为 True 时，如果不设置属性 db_tablespace，则 Django 框架将根据如下顺序确定创建索引所使用的表空间：

1）配置文件中的 DEFAULT_INDEX_TABLESPACE 参数设置值。

2）配置文件中的 db_tablespace 参数设置值。

3）数据库默认的索引表空间。

4）数据库默认的表空间。

如果数据库不支持表空间管理，该属性设置无效。

（7）default

该属性用于设置字段默认使用的值，可以为一个值，也可以设置为一个调用方法（结果为确定值），不能为一个可变对象。当字段设置为外键时，需要设置指向外键的具体字段。该属性在创建数据库新记录并且给属性所在字段赋值时应用。

（8）editable

该属性用于设置该字段是否可被编辑，默认为 True。当设置为 False 时，Django 的

admin 应用中或其他模板应用中无法显示该字段。

（9）error_messages

该属性用于设置当某些验证出错时的警示信息，一般以字典形式体现，字段的键值一般可包含如下信息：null、blank、invalid、invalid_choice、unique 与 unique_for_date。

（10）help_text

该属性用于设置字段在页面显示时的辅助信息。

（11）primary_key

该属性用于设置字段是否为主键，默认为 False。如果模型中所有字段都未设置该属性为 True，则默认情况下，Django 框架将自动添加一个自增字段。如果设置该属性为 True，则默认情况下属性 null 被设置为 False，属性 unique 被设置为 True。

（12）unique

该属性用于设置字段在数据库中是否具有唯一性，默认为 False。该属性在 ManyToManyField 与 OneToOneField 这两类字段中不适用。设置此属性后，Django 将自动在数据库中建立相应的索引，不必再专门设置属性 db_index。

（13）unique_for_date

该属性用于设置字段日期唯一，适用于 DateField 与 DateTimeField 这两类字段。

（14）unique_for_month

该属性与 unique_for_date 类似，不同的是该属性要求月份唯一。

（15）unique_for_year

该属性与 unique_for_date 类似，不同的是该属性要求年份唯一。

（16）verbose_name

该属性用于设置字段在页面的显示名称。如果不对该属性进行设置，页面显示为字段名称。

（17）validators

该属性用于设置字段的验证列表。

7.2 模型基本字段

根据定义来源的不同，可将模型字段分为内嵌字段与自定义字段。而就内嵌字段而言，根据具体应用范围的不同，模型字段又分为基本字段与关联字段，而基本字段根据具体应用目的又可分为如下类型。

1. 自增字段 AutoField

AutoField 字段的使用形式如下：

```
AutoField(**options)
```

它属于整数字段的一个特殊类型，其中数据会根据表中记录数目自动追加，通常该字段在数据库表中表现为表的主键。在 Django 定义的字段中，必须有一个主键字段，如果没有设置主键字段，则会自动添加一个自增字段，并将其设置为主键字段。该字段取值范围为 $1 \sim 2147483647(2^{31}-1)$。

2. 大自增字段 BigAutoField

BigAutoField 字段的使用形式如下：

```
BigAutoField(**options)
```

其与自增字段类似，不同的是其整数类型为64位整数，取值范围为 $1 \sim 9223372036854775807（2^{63}-1）$。

3. 大整数字段 BigIntegerField

BigIntegerField 字段的使用形式如下：

```
BigIntegerField(**options)
```

其为 64 位的整型数值，取值范围为 $-9223372036854775808(-2^{63}) \sim 9223372036854775807$ $(2^{63}-1)$。默认情况下，这个字段在网页中会生成类似 <input type= "text" ...> 形式的标签。

4. 二进制字段 BinaryField

BinaryField 字段的使用形式如下：

```
BinaryField(max_length=None, **options)
```

用于存储原始二进制数据，这个字段可赋予类型为 bytes、bytearray 与 memoryview 的数据。默认情况下，该字段的编辑属性（editable）为 False。该字段具有一个可选的附加属性 max_length，用来设置该字段可存放的最长字节数。

5. 布尔字段 BooleanField

BooleanField 字段的使用形式如下：

```
BooleanField(**options)
```

该字段又称为 True/False 字段，它在网页中会生成类似 <input type="checkbox" ...> 形式的标签。默认情况下，该字段值为 None。

6. 字符字段 CharField

CharField 字段的使用形式如下：

```
CharField(max_length=None, **options)
```

该字段适用于任意长度的字符串，它在网页中会生成类似 <input type="text" ...> 形式的标签。该字段必须接收一个附加属性 max_length 来设置字符串最大长度。

7. 日期字段 DateField

DateField 字段的使用形式如下：

```
DateField(auto_now=False, auto_now_add=False, **options)
```

该字段实质为一个 Python 中的 datetime.date 的实例，它具有两个可选的附加属性：属性 auto_now 表示是否每次修改时改变时间，在设置该字段为 True 后，每次执行模型的保存方法时均会修改该字段内容；属性 auto_now_add 表示创建时是否表示时间。

属性 auto_now 与 auto_now_add 是一对互斥属性，不能同时设置。另外，当设置了属性 auto_now 或 auto_now_add 为 True 时，相对于设置属性的 editable 值为 False，设置属性 blank 为 True。

此字段在网页中会生成类似 <input type="text" ...> 形式的标签。

8. 日期时间字段 DateTimeField

DateTimeField 字段的使用形式如下：

```
DateTimeField(auto_now=False, auto_now_add=False, **options)
```

该字段实质为一个 Python 中的 datetime.datetime 的实例，它具有与 DateField 类似的两个可选附加属性。

9. 十进制字段 DecimalField

DecimalField 字段的使用形式如下：

```
DecimalField(max_digits=None, decimal_places=None, **options)
```

该字段适用于固定精度的十进制小数，实质为一个 Python 的 Decimal 实例。它具有两个必须的附加属性：属性 max_digits 表示最大的位数，必须大于或等于小数点位数；属性 max_digits 表示小数点位数，精度。

当字段的属性 localize 设置为 False 时，此字段在网页中会生成类似 <input type= "number" ...> 形式的标签，否则字段在网页中会生成类似 <input type="text" ...> 形式的标签。

10. 持续时间字段 DurationField

DurationField 字段的使用形式如下：

```
DurationField(**options)
```

该类型可以存储一定期间的时间长度，类似 Python 中的 timedelta。在不同的数据库实现中有不同的表示方法，如 PostgreSQL 的类型为 interval。该字段常用于时间之间的加减运算。

11. 邮件字段 EmailField

EmailField 字段的使用形式如下：

```
EmailField(max_length=254, **options)
```

其本质也是字符字段，max_length 具有默认值 254。使用这个字段的好处是可以使用 Django 内置的 EmailValidator 进行邮箱地址合法性验证。

12. 文件路径字段 FileField

FileField 字段的使用形式如下：

```
FileField(upload_to=None, max_length=100, **options)
```

其本质也是字符字段，属性 max_length 具有默认值 100，属性 upload_to 具有默认值 None，用来存放上传文件的名称信息。

该字段具有两个属性：属性 upload_to 用来提供设置上传路径与上传文件名称；属性 storage 用来设置存储处理器和存放提取文件。

13. 文件路径字段 FilePathField

FilePathField 字段的使用形式如下：

```
FilePathField(path='', match=None, recursive=False, max_length=100, **options)
```

其本质也是字符字段，属性 max_length 具有默认值 100，用来选择文件系统下某个目录路径信息。

该字段具有一个必须附加属性 PATH，用来指明一个目录的绝对路径。该字段还有一些可选的附加属性，具体如下。

❏ match 属性：一个正则表达式字符串，用来过滤文件名称，只有符合条件的文件才出现在文件选择列表中。

❏ recursive 属性：用来表示是否包含 PATH 指定路径下的子目录，该值默认为 False。

❏ allow_files 属性：用来指定是否包含指定位置的文件，该值默认为 False，该项与 allow_folders 必须有一个是 True。

❏ allow_folders 属性：用来指定是否包含指定位置的文件夹。

默认情况下，FilePathField 实例在数据库中的对应列是 varchar(100)。和其他字段一样，用户可以利用 max_length 参数改变字段的最大长度。

14. 浮点型字段 FloatField

FloatField 字段的使用形式如下：

```
FloatField(**options)
```

该字段在 Python 中使用 float 实例来表示一个浮点数。

当字段的属性 localize 被设置为 False 时，此字段在网页中会生成类似 <input

type="number" ...> 形式的标签，否则字段在网页中会生成类似 <input type="text" ...> 形式的标签。

15. 广义 IP 地址字段 GenericIPAddressField

GenericIPAddressField 字段的使用形式如下：

```
GenericIPAddressField(protocol='both', unpack_ipv4=False, **options)
```

以字符串形式（比如 "193.0.3.30" 或者 "2a02:42fe::4"）表示 IP4 或者 IP6 地址字段。字段在网页中会生成类似 <input type="text" ...> 形式的标签。

该字段还有一些可选的附加属性，具体如下。

❏ protocol 属性：用来验证输入协议的有效性。默认值是 both，也就是 IPv4 或者 IPv6。该项不区分大小写。

❏ unpack_ipv4 属性：用来解释 IPv4 映射的地址 。例如 " ::ffff:193.0.3.1"，如果启用该选项，该地址将被解释为 193.0.3.1，默认是禁止的。只有当 protocol 被设置为 "both" 时才可以启用。

16. 图形文件字段 ImageField

ImageField 字段的使用形式如下：

```
ImageField(upload_to=None, height_field=None, width_field=None, max_length=100,
    **options)
```

该字段继承于 FileField 字段，其本质也是字符字段。属性 max_length 具有默认值 100；属性 upload_to、height_field、width_field 具有默认值 None，用来存放上传图片文件的名称信息。

该字段具有如下两个附加属性。

❏ height_field 属性：用来存放图片的长度信息。

❏ width_field 属性：用来存放图片的宽度信息。

17. 整数字段 IntegerField

IntegerField 字段的使用形式如下：

```
IntegerField(**options)
```

该字段的取值范围是 -2147483648（-2^{31}）$\sim$ 2147483647（$2^{31}-1$）。该字段不同于数据库的支持情况，采用 Django 内置的 MinValueValidator 与 MaxValueValidator 进行数据的合法性验证。

当字段的属性 localize 被设置为 False 时，此字段在网页中会生成类似 <input type="number" ...> 形式的标签，否则字段在网页中会生成类似 <input type="text" ...> 形式的标签。

18. JSON 字段 JSONField

JSONField 字段的使用形式如下：

```
JSONField(encoder=None, decoder=None, **options
```

该字段用于存放 Json 编码信息，具有以下两个属性。

❑ encoder 属性：用来存放编码器信息。

❑ decoder 属性：用来存放解码器信息（Django 3.1 新增功能）。

19. 空值布尔字段 NullBooleanField

NullBooleanField 字段的使用形式如下：

```
NullBooleanField(**options)
```

该字段可以包含空值的布尔类型，相当于设置了 null=True 的 BooleanField。该字段未来可能会被替换。

20. 正整数字段 PositiveBigIntegerField

PositiveBigIntegerField 字段的使用形式如下：

```
PositiveBigIntegerField(**options)
```

该 字 段 和 PositiveIntegerField 相 似， 但 字 段 值 必 须 是 非 负 数。 取 值 范 围 为 0 ～ 9223372036854775807（$2^{63}-1$）(Django 3.1 新增功能)。

21. 正整数字段 PositiveIntegerField

PositiveIntegerField 字段的使用形式如下：

```
PositiveIntegerField(**options)
```

该字段和 IntegerField 相似，但字段值必须是非负数，取值范围是 0 ～ 2147483647（$2^{31}-1$）。

22. 短正整数字段 PositiveSmallIntegerField

PositiveSmallIntegerField 字段的使用形式如下：

```
PositiveSmallIntegerField(**options)
```

该字段与 PositiveIntegerField 类似，但数值的取值范围较小，为 0 ～ 32767（$2^{15}-1$）。

23. 短标签字段 SlugField

SlugField 字段的使用形式如下：

```
SlugField(max_length=50, **options)
```

Slug 是一个新闻术语，是指某个事件的短标签。它只能由字母、数字、下划线或连字符组成。通常情况下，它被用作网址的一部分。其本质也是字符字段，max_length 具有默认值 50。该字段会自动设置 Field.db_index to True。

基于其他字段的值来自动填充 Slug 字段是很实用的。例如，在 Django 的管理后台中使用 prepopulated_fields 来实现这一点。可采用 Django 内置的 validate_slug 或 validate_unicode_slug 进行数据的合法性验证。

该字段的可选属性 allow_unicode 用来设置是否允许 Unicode 字符，默认情况下该属性为 False。

24. 短自增字段 SmallAutoField

SmallAutoField 字段的使用形式如下：

```
SmallAutoField(**options)
```

该字段与 AutoField 类似，但数值的取值范围较小，为 0 ～ 32767（$2^{15}-1$）。

25. 小整数字段 SmallIntegerField

SmallIntegerField 字段的使用形式如下：

```
SmallIntegerField(**options)
```

该字段与 IntegerField 类似，但数值的取值范围较小，为 $-32768(-2^{15})$ ～ $32767(2^{15}-1)$。

26. 文本字段 TextField

TextField 字段的使用形式如下：

```
TextField(**options)
```

该字段是大文本字段。字段在网页中会生成类似 <textarea>...</textarea> 形式的标签。

27. 时间字段 TimeField

TimeField 字段的使用形式如下：

```
TimeField(auto_now=False, auto_now_add=False, **options)
```

该字段使用 Python 的 datetime.time 实例来表示时间。它和 DateField 接受同样的自动填充的参数，只作用于小时、分和秒。此字段在网页中会生成类似 <input type="text" ...> 形式的标签。

28. URL 字段 URLField

URLField 字段的使用形式如下：

```
URLField(max_length=200, **options)
```

该字段是一个用于保存 URL 地址的字符串类型。和所有 CharField 子类一样，URLField 接受可选的 max_length 参数，该参数默认值是 200。可采用 Django 内置的 URLValidator 进行数据的合法性验证。

此字段在网页中会生成类似 <input type="text" ...> 形式的标签。

29. UUID 字段 UUIDField

UUIDField 字段的使用形式如下：

```
UUIDField(**options)
```

该字段用于保存通用唯一识别码（Universally Unique Identifier）的字段。使用 Python 的 UUID 类，在 PostgreSQL 数据库中保存为 uuid 类型，其他数据库中则为 char(32)。这个字段与 AutoField 类似，可用于主键。

7.3 模型的元数据

所谓模型元数据，是指模型中不为字段的其他内容信息。元数据通过在模型类内部定义内部类 class Meta 形式实现。元数据有以下几个。

（1）abstract

该属性用于定义当前的模型是否抽象模型类，默认该属性为 False。当该属性为 True 时，模型类不能生成到数据库。

（2）app_label

该属性用于指明模型归属于哪个应用。默认情况下，app_label 表示模型所在的应用模块。

（3）db_table

该属性用于定义在数据库显示的表名称。如果该属性未定义，则 Django 框架根据模型所在的应用与模型名称自动生成数据库表名称，生成形式为"应用名称 _ 模型类名称"。

在数据库中列名称会以引号标识表名称，因此该属性可被设置为数据库保留字。由于 Oracle 数据库的表名称具有长度限制（不大于 30 字符），因此在连接 Oracle 数据库时，如果生成名称过长，Django 框架会自动缩减表名称。

（4）db_tablespace

该属性用于定义这个 model 所使用的数据库表空间。如果不设置属性 db_tablespace，则 Django 框架将根据如下顺序确定创建表所使用的表空间：

1）配置文件中的 db_tablespace 参数设置值。

2）数据库默认的表空间。

如果数据库不支持表空间管理，该属性设置无效。

（5）default_related_name

该属性用于设置其他模型对象关联到本模型时的访问名称，默认情况下该名称为

"<model_name>_set"。

由于一个字段的反转名称应该是唯一的，当你给模型设计子类时，要格外小心。为了规避名称冲突，名称的一部分应该含有 '%(app_label)s' 和 '%(model_name)s'，它们会被应用标签的名称和模型的名称替换，二者都是小写的。

（6）get_latest_by

该属性用于设置按照一定方式排序所引用的排序内的字段名称或字段名称列表。默认情况下，模型使用 Manager's latest() 与 earliest() 方法时，将根据该属性的值获取相应结果。

（7）managed

该属性用于设置该模型是否可通过 Django 框架 migrate 到数据库中，默认该属性为 True。如果是 False，Django 框架就不会为当前模型创建和删除数据表。

（8）order_with_respect_to

该属性设置关联的排序字段，字段一般类型为 ForeignKey。该属性一般不能与 ordering 同时使用。

（9）ordering

该属性用于设置返回的记录结果集是按照哪个字段排序的。该属性由一个字符串的元组或列表组成，每个元素均为模型中的一个字段。当字段名前面有 "-" 时，将使用降序排列；字段名前面没有 "-" 时，将使用升序排列。

（10）permissions

该属性用于设置模型的可用权限信息，其形式为二元元组形式（permission_code, human_readable_permission_name），主要是为了在 Django Admin 管理模块下使用。

（11）default_permissions

该属性用于设置模型的默认权限属性，其形式为元组形式，默认为 add、change、delete、view，主要是为了在 Django Admin 管理模块下使用。

（12）proxy

该属性用于设置该模型是否为代理，默认为 False，一般用于模型嵌套。

（13）indexes

该属性用于设置模型采用索引列表。

（14）unique_together

该属性用于设置唯一的组合字段，以列表形式体现，列表元素为字段名称。

（15）verbose_name

该属性用于定义页面显示时的模型名称。

（16）verbose_name_plural

该属性用于定义页面显示时模型名称的复数表示。

7.4 模型关联字段

在模型中有几个特殊字段，表示不同表之间的关联关系，具体如下。

（1）ForeignKey

该字段表示不同模型之间多对一的关系，需要两个位置变量：第一个变量为关联的模型类，第二个变量为 on_delete。on_delete 有多个可选择的值，具体如下所示。

- ❑ CASCADE：级联删除，也就是当删除主表的数据时，从表中的数据也随着一起删除。
- ❑ PROTECT：阻止关联删除，发生关联删除时引起 ProtectedError。
- ❑ RESTRICT：阻止关联删除，发生关联删除时引起 RestrictedError。
- ❑ SET_NULL：把外键设置为 null，前提是字段的 null 属性设置为 True。
- ❑ SET_DEFAULT：把外键设置为默认值，前提是字段设置为默认值。
- ❑ SET()：根据定义的函数确定外键值。
- ❑ DO_NOTHING：不采取任何行动。

（2）ManyToManyField

该字段表示不同模型之间多对多的关系。

（3）OneToOneField

该字段表示不同模型之间 1 对 1 的关系，与 ForeignKey 具有类似的位置变量。

7.5 模型使用示例

本节将以多个示例演示各类模型的使用。

7.5.1 常用模型字段的使用

下面会构建一个模型示例，展示同一模型在不同数据库中生成脚本的差异。

具体做法如下：

1）在 Windows 系统命令行窗口建立 Django 工程 demo1。

2）修改工程内同名 App（demo1）的配置文件（名称为 settings.py），为 INSTALLED_APPS 节点增加 "demo1" 应用。按照第 6 章的形式修改配置文件的 DATABASES 节点（连接 MySQL 数据库）。

3）通过 pycharm 进入 Python 工程，在 demo1 子文件夹内添加模型文件 models.py。

```
from django.db import models

class modeldemo(models.Model):
    Field1=models.AutoField(primary_key=True)
    Field2=models.CharField(max_length=100)
    Field3 = models.BigIntegerField()
```

```
Field4 = models.BinaryField()
Field5 = models.BooleanField()
Field6 = models.DateField()
Field7 = models.DateTimeField()
Field8 = models.DecimalField(decimal_places=6,max_digits=10 )
Field9 = models.DurationField()
Field10 = models.EmailField()
Field11 = models.FilePathField()
Field12 = models.FloatField()
Field13 = models.GenericIPAddressField()
Field14 = models.IntegerField()
Field15 = models.NullBooleanField()
Field16 = models.PositiveIntegerField()
Field17 = models.PositiveSmallIntegerField()
Field18 = models.SlugField()
Field19 = models.SmallIntegerField()
Field20 = models.TextField()
Field21 = models.TimeField()
Field22 = models.URLField()
Field23 = models.UUIDField()
```

4）在 Windows 系统命令行窗口，先进入 demo1 工程文件夹，然后输入"makemigra-tions"命令，生成相关的 Python 脚本文件，再输入以下命令：

```
python manage.py showmigrations
```

结果如下：

```
admin
    [X] 0001_initial
    [X] 0002_logentry_remove_auto_add
    [X] 0003_logentry_add_action_flag_choices
auth
    [X] 0001_initial
    [X] 0002_alter_permission_name_max_length
    [X] 0003_alter_user_email_max_length
    [X] 0004_alter_user_username_opts
    [X] 0005_alter_user_last_login_null
    [X] 0006_require_contenttypes_0002
    [X] 0007_alter_validators_add_error_messages
    [X] 0008_alter_user_username_max_length
    [X] 0009_alter_user_last_name_max_length
    [X] 0010_alter_group_name_max_length
    [X] 0011_update_proxy_permissions
contenttypes
    [X] 0001_initial
    [X] 0002_remove_content_type_name
```

```
demo1
    [X] 0001_initial
sessions
    [X] 0001_initial
```

5）在 demo1 工程文件夹中输入以下命令：

```
python manage.py sqlmigrate demo1 0001_initial
```

生成的 MySQL 语句如下：

```
CREATE TABLE `demo1_modeldemo` (
`Field1` integer AUTO_INCREMENT NOT NULL PRIMARY  KEY,
`Field2` varchar(100) NOT NULL,
`Field4` bigint NOT NULL,
`Field5` longblob NOT NULL,
`Field6` bool NOT NULL,
`Field7` date NOT NULL,
`Field8` datetime(6) NOT NULL,
`Field9` numeric(10, 6) NOT NULL,
`Field10` bigint NOT NULL,
`Field11` varchar(254) NOT NULL,
`Field12` varchar(100) NOT NULL,
`Field13` double precision NOT NULL,
`Field14` char(39) NOT NULL,
`Field16` integer NOT NULL,
`Field17` bool NULL,
`Field18` integer UNSIGNED NOT NULL,
`Field19` smallint UNSIGNED NOT NULL,
`Field20` varchar(50) NOT NULL,
`Field22` smallint NOT NULL,
`Field23` longtext NOT NULL,
`Field24` time(6) NOT NULL,
`Field25` varchar(200) NOT NULL,
`Field26` char(32) NOT NULL);
CREATE INDEX `demo1_modeldemo_Field20_473ef952` ON `demo1_modeldemo` (`Field20`)
```

6）修改工程内同名 App（demo1）的配置文件（名称为 settings.py），修改的 DATAB-ASES 节点如下（连接 postgreSQL 数据库）：

```
DATABASES = {
    'default': {
        'ENGINE': 'django.db.backends.postgresql',
        'NAME': 'postgres',      # 数据库实例名称
        'USER': 'postgres',      # 数据库登录用户名称
        "HOST":'localhost',      # 数据库登录用户密码
        'PORT':5432,             # 数据库端口
        "PASSWORD": '123455',    # 数据库登录用户密码
    }
}
```

7）进入 demo1 工程文件夹，然后输入以下命令：

```
python manage.py sqlmigrate demo1 0001_initial
```

生成的 PostgreSQL 语句如下：

```
CREATE TABLE "demo1_modeldemo"
(
"Field1" serial NOT NULL PRIMARY KEY,
"Field2" varchar(100) NOT NULL,
"Field3" bigint NOT NULL,
"Field4" bytea NOT NULL,
"Field5" boolean NOT NULL,
"Field6" date NOT NULL,
"Field7" timestamp with time zone NOT NULL,
"Field8" numeric(10, 6) NOT NULL,
"Field9" interval NOT NULL,
"Field10"varchar(254) NOT NULL,
"Field11" varchar(100) NOT NULL,
"Field12" double precision NOT NULL,
"Field13" inet NOT NULL,
"Field14" integer NOT NULL,
"Field15" boolean NULL,
"Field16" integer NOT NULL CHECK ("Field16" >= 0),
"Field17" smallintNOT NULL CHECK ("Field17" >= 0),
"Field18" varchar(50) NOT NULL,
"Field19" smallint NOT NULL,
"Field20" text NOT NULL,
"Field21" time NOT NULL,
"Field22" varchar(200) NOT NULL,
"Field23" uuid NOT NULL
);
CREATE INDEX "demo1_modeldemo_Field18_266effe2" ON "demo1_modeldemo" ("Field18");
CREATE INDEX "demo1_modeldemo_Field18_266effe2_like" ON "demo1_modeldemo"
    ("Field18" varchar_pattern_ops);
COMMIT;
```

8）修改工程内同名 App（demo1）的配置文件（名称为 settings.py），修改的 DATAB-ASES 节点如下（连接 Oracle 数据库）：

```
DATABASES = {
    'default': {
        'ENGINE': 'django.db.backends.oracle',
        'NAME': 'orcl',                    # 数据库实例名称
        'USER': 'test',                    # 数据库登录用户名称
        'PASSWORD': 'test',                # 数据库登录用户密码
        'HOST': "localhost",               # 数据库端口
        'PORT': '1521',                    # 数据库端口
    }
}
```

9）进入 demo1 工程文件夹，输入以下命令：

```
python manage.py sqlmigrate demo1 0001_initial
```

生成的 Oracle 语句如下：

```
CREATE TABLE "DEMO1_MODELDEMO"
(
"FIELD1" NUMBER(11) GENERATED BY DEFAULT ON NULL AS IDENTITY NOT NULL PRIMARY KEY,
"FIELD2" NVARCHAR2(100) NULL,
"FIELD3" NUMBER(19) NOT NULL,
"FIELD4" BLOB NULL,
"FIELD5" NUMBER(1) NOT NULL CHECK ("FIELD5" IN (0,1)),
"FIELD6" DATE NOT NULL,
"FIELD7" TIMESTAMP NOT NULL,
"FIELD8" NUMBER(10, 6) NOT NULL,
"FIELD9" INTERVAL DAY(9) TO SECOND(6) NOT NULL,
"FIELD10" NVARCHAR2(254) NULL,
"FIELD11" NVARCHAR2(100) NULL,
"FIELD12" DOUBLE PRECISION NOT NULL,
"FIELD13" VARCHAR2(39) NOT NULL,
"FIELD14" NUMBER(11) NOT NULL,
"FIELD15" NUMBER(1) NULL CHECK ("FIELD15" IN (0,1)),
"FIELD16" NUMBER(11) NOT NULL CHECK ("FIELD16" >= 0),
"FIELD17" NUMBER(11) NOT NULL CHECK ("FIELD17" >= 0),
"FIELD18" NVARCHAR2(50) NULL,
"FIELD19" NUMBER(11) NOT NULL,
"FIELD20" NCLOB NULL,
"FIELD21" TIMESTAMP NOT NULL,
"FIELD22" NVARCHAR2(200) NULL,
"FIELD23" VARCHAR2(32) NOT NULL
);
CREATE INDEX "DEMO1_MODE_FIELD18_266EFFE2" ON "DEMO1_MODELDEMO" ("FIELD18");
```

10）修改工程内同名 App（demo1）的配置文件（名称为 settings.py），修改的 DATAB-ASES 节点如下（连接 SQLite 数据库）：

```
DATABASES = {
    'default': {
        'ENGINE': 'django.db.backends.sqlite3',
        'NAME': os.path.join('e:\sqlite3.sqlite3'),
    }
}
```

11）进入 demo1 工程文件夹，输入以下命令：

```
python manage.py sqlmigrate demo1 0001_initial
```

生成的 SQLite 语句如下：

```
CREATE TABLE "demo1_modeldemo"
(
```

```
"Field1" integer NOT NULL PRIMARY KEY AUTOINCREMENT,
"Field2" varchar(100) NOT NULL,
"Field3" bigint NOT NULL,
"Field4" BLOB NOT NULL,
"Field5" bool NOT NULL,
"Field6" date NOT NULL,
"Field7" datetime NOT NULL,
"Field8" decimal NOT NULL,
"Field9" bigint NOT NULL,
"Field10" varchar(254) NOT NULL,
"Field11" varchar(100) NOT NULL,
"Field12" real NOT NULL,
"Field13" char(39) NOT NULL,
"Field14" integer NOT NULL,
"Field15" bool NULL,
"Field16" integer unsigned NOT NULL CHECK ("Field16" >= 0),
"Field17" smallint unsigned NOT NULL CHECK ("Field17" >= 0),
"Field18" varchar(50) NOT NULL,
"Field19" smallint NOT NULL,
"Field20" text NOT NULL,
"Field21" time NOT NULL,
"Field22" varchar(200)NOT NULL,
"Field23" char(32) NOT NULL
);
CREATE INDEX "demo1_modeldemo_Field18_266effe2" ON "demo1_modeldemo" ("Field18");
COMMIT;
```

本例演示了同一模型在不同数据库中的应用。从示例中可以看出，对于不同的数据库，同样的模型字段生成的数据库类型不同，并且数据库的索引页有所差异。

另外，对于不同的数据库，Django 框架可能需要不同的插件。其中，MySQL、MariaDB 的安装命令为

```
Pip install mysqlclient
```

PostgreSQL 的安装命令为

```
Pip install psycopg2
```

Oracle 的安装命令为

```
Pip install cx-Oracle
```

7.5.2 模型属性的应用

对于一个模型字段而言，其属性根据其作用可分为两类：一类应用于前台页面，如blank、choices、editable、error_messages、help_text、verbose_name、validators；一类应用于后台数据库，如 null、db_column、db_index、db_tablespace、default、primary_key、unique、unique_for_date、unique_for_month、unique_for_year。

本节构建了一个模型示例，展示模型属性的应用。具体做法如下：

1）在 Windows 系统命令行窗口建立 Django 工程 demo2。

2）修改工程内同名 App（demo2）的配置文件（名称为 settings.py），为 INSTALLED_APPS 节点增加 "demo2" 应用。修改配置文件的 DATABASES 节点如下（连接 PostgreSQL 数据库）：

```
DATABASES = {
    'default': {
        'ENGINE': 'django.db.backends.postgresql',
        'NAME': 'postgres',       # 数据库实例名称
        'USER': 'postgres',       # 数据库登录用户名称
        "HOST":'localhost',       # 数据库登录用户密码
        'PORT':5432,              # 数据库端口
        "PASSWORD": '123455',     # 数据库登录用户密码
    }
}
```

3）通过 pycharm 进入 Python 工程，在 demo2 子文件夹内添加模型文件 models.py。

```
from django.db import models

class modeldemo(models.Model):
    choice1=[
        ('one','English'),
        ('two','maths'),
        ('three','music')
    ]
    Field1=models.CharField(blank=True,null=True,editable=True,help_text='this is
        Field1',verbose_name='字段1',db_column='dbField1',max_length=100)
    Field2=models.DateField(default='2020-1-1')
    Field3=models.IntegerField(default=10)
    Field4=models.CharField(max_length=20,choices=choice1,default='one')
    Field5=models.CharField(max_length=20,db_index=True,db_tablespace='temp',def
        ault="field5",unique_for_date="Field2")
    Field6=models.CharField(max_length=20,null=False,error_messages={'null':'字
        段6不能为空'},default="field5")
```

4）通过 pycharm 进入 Python 工程，在 demo2 子文件夹内添加文件 admin.py，内容如下：

```
from django.contrib import admin
from .models import modeldemo

admin.site.register(modeldemo)
```

5）进入 demo2 工程文件夹，输入 "makemigrations" 命令，生成相应的 Python 建库脚本。

6）在 demo2 工程文件夹中输入 "migrate" 命令，实现数据库表的生成（生成时，需要确认数据库中没有相应的数据库表）。

7）在 demo2 工程文件夹中输入如下命令：

```
python manage.py  createsuperuser
```

根据提示创建用户名称为 abc、密码为 abc 的 Admin 模块的超级用户，相关信息如下：

```
Username (leave blank to use 'demopc'): abc
Email address: abc@a.com
Password:
Password (again):
The password is too similar to the username.
This password is too short. It must contain at least 8 character
This password is too common.
Bypass password validation and create user anyway? [y/N]: y
Superuser created successfully.
```

8）在 demo2 工程文件夹中输入"runserver"命令运行工程。打开浏览器，在地址栏中输入 http://127.0.0.1:8000/admin/，填写相应的用户名、密码，按"回车"键，展示如图 7-1 所示的页面。

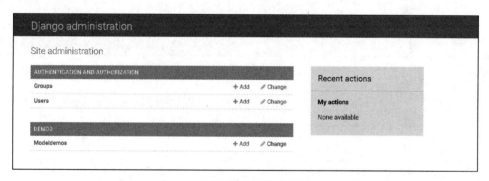

图 7-1 模型属性使用示例页面 1

点击 modeldemos 的"Add"按钮，进入添加 modeldemo 的页面（如图 7-2 所示），输入相关信息。

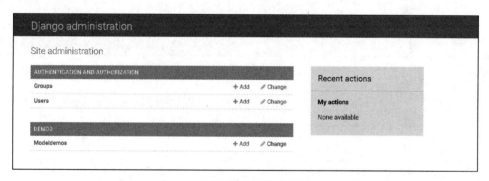

图 7-2 模型属性使用示例页面 2

输入完成后点击"save and add another"按钮，出现如下提示页面：

The modeldemo "modeldemo object (1)" was added successfully. You may add another modeldemo below.

再输入相关信息，如图 7-3 所示。

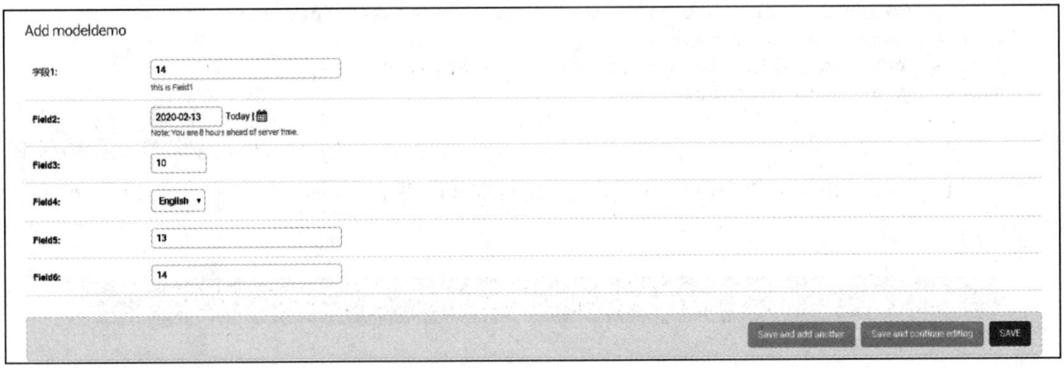

图 7-3　模型属性使用示例页面 3

输入完成后点击"save and add another"按钮，出现如图 7-4 所示的页面。

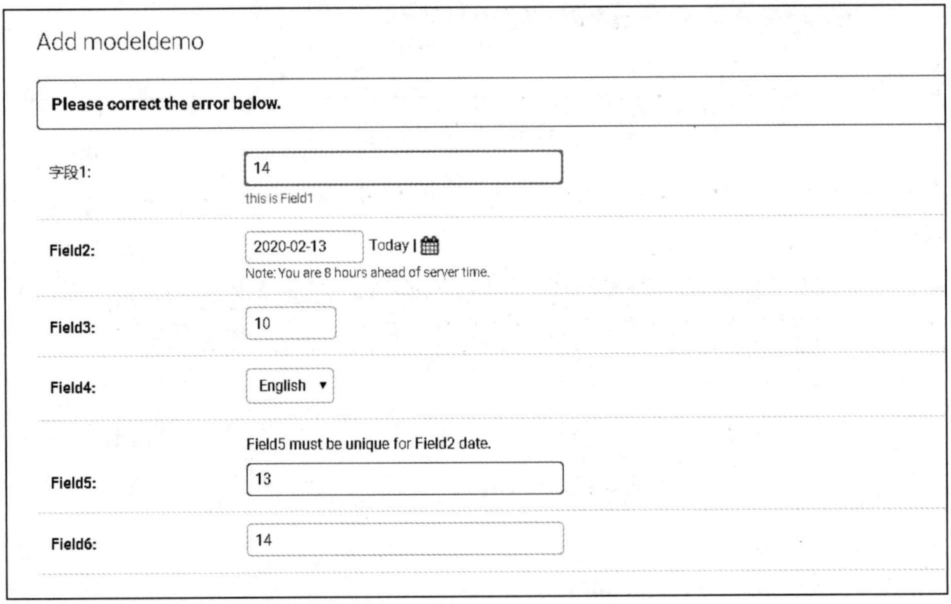

图 7-4　模型属性使用示例页面 4

最后，输入相关信息，如图 7-5 所示。

输入完成后点击"save and add another"按钮，出现如图 7-6 所示页面。

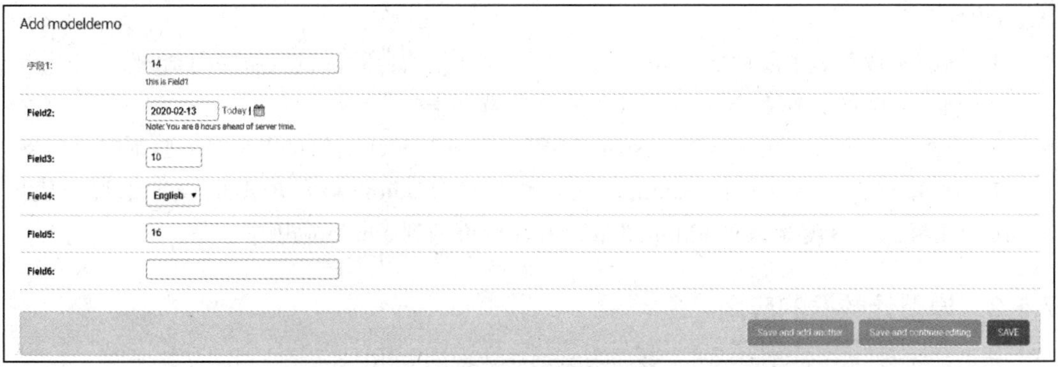

图 7-5　模型属性使用示例页面 5

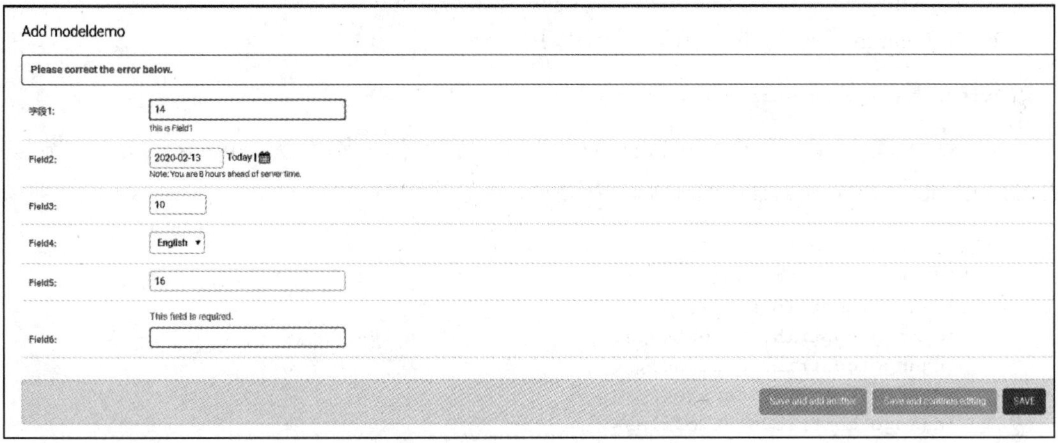

图 7-6　模型属性使用示例页面 6

本例演示了模型属性的使用，并连接了 PostgreSQL 数据库，为便于说明，需要事先在 PostgreSQL 数据库中建立了 temp 表空间。从示例可以看出：

1）字段 Field1 使用了属性 db_column，该属性作用于数据库，后台数据库中该字段显示为 dbField1。它还使用了属性 help_text 用于前台提示信息，使用了属性 verbose_name 用于显示前台字段名称信息。

2）字段 Field5 使用了属性 db_index、db_tablespace 与 unique_for_date，这个设置有两重意义：一是在后台数据库中建立基于字段的 Field5 的索引，并且该索引表空间为 temp；二是在前台建立联合校验机制，当新输入的对象中 Field2 与 Field5 的值同时存在于数据库中的某条记录时，将无法保存，相当于在前台建立了联合唯一索引。

3）字段 Field1、Field4、Field5、Field6 都设置了属性 max_length，该属性对于字符型字段而言是必须设置的属性，它也有两重意义：一是在后台建立字符字段时设置长度；二是在前台做相应的长度校验，当输入长度达到限制值时，将无法输入，例如 Field5 最多输入 20 个字符。

4）所有字段都做了属性 default 的设置，该属性是前台默认显示需要用到的。

5）Field4 设置了属性 choices 用于显示下拉选项信息。

6）Field6 设置了属性 error_messages 用于当字段的 Field6 信息提交时的验证提示信息。

7）使用了 Django 默认的 admin 应用模块，通过 admin 显示模型的设置情况。使用 admin 应用模块时，需要添加 admin 文件，并注册模型到 admin 应用中。

7.5.3 模型元数据的应用

本节通过构建一个模型示例，来展示模型元数据的应用。

具体做法如下：

1）在 Windows 系统命令行窗口建立 Django 工程 demo3。

2）在 Django 工程 demo3 中建立一个应用 App。

```
Python manage.py startapp demotest
```

3）修 改 工 程 内 同 名 App（demo3）的 配 置 文 件（名 称 为 settings.py），在 节 点 INSTALLED_APPS 内增加 "demo3" 与 "demotest" 应用：

```
INSTALLED_APPS = [
    'django.contrib.admin',
    'django.contrib.auth',
    'django.contrib.contenttypes',
    'django.contrib.sessions',
    'django.contrib.messages',
    'django.contrib.staticfiles',
    'demo3',
    'demotest'
]
```

采用与上一节一样的方式修改配置文件的 DATABASES 节点（连接 PostgreSQL 数据库）。

4）通过 pycharm 进入 Python 工程，在 demo3 子文件夹添加模型文件 models.py。

```
from django.db import models

class modelmetademo(models.Model):
    Field1=models.CharField(max_length=100)
    Field2=models.DateField()
    Field3=models.IntegerField()
    Field4=models.CharField(max_length=20)
    Field5 = models.CharField(max_length=20)

    class Meta:
        db_table = 'dbDemo'
```

```
        db_tablespace='temp'
        app_label='demotest'
        ordering=[
            'Field1',
            'Field4'
        ]
        permissions = (
            ("change_demo", "修改演示"),
            ("delete_demo", "查看演示"),
            ("publish_demo", "发布演示"),
        )
        unique_together=('Field1','Field5')
        verbose_name='演示'
        verbose_name_plural='演示集合'
```

5）通过 pycharm 进入 Python 工程，在 demo3 子文件夹添加文件 admin.py，内容如下：

```
from django.contrib import admin
from .models import modelmetademo

admin.site.register(modelmetademo)
```

6）通过 Windows 系统命令行窗口进入 demo3 工程文件夹，然后输入以下命令：

```
python manage.py makemigrations demotest
python manage.py migrate
```

7）进入数据库，添加相关的数据库表 dbDemo 中的记录，结果如图 7-7 所示。

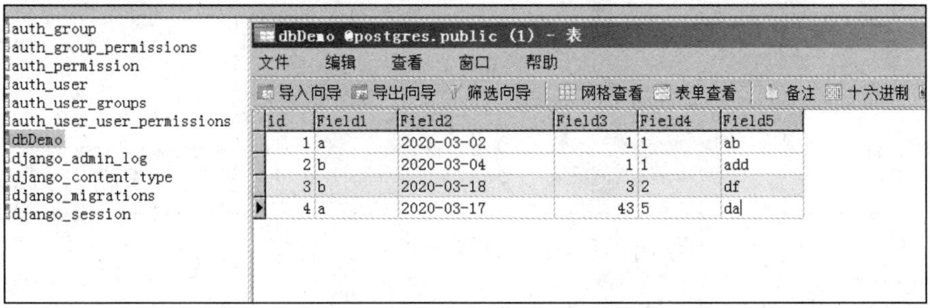

图 7-7　dbDemo 表信息

8）在 demo3 工程文件夹中输入以下命令：

```
python manage.py  createsuperuser
```

根据提示创建用户名称为 abc、密码为 abc 的 Admin 模块的超级用户。

9）在 demo2 工程文件夹中输入"runserver"命令运行工程。打开浏览器，在地址栏中输入 http://127.0.0.1:8000/admin/，填写相应的用户名、密码，按"回车"键，出现如图 7-8 所示的页面。

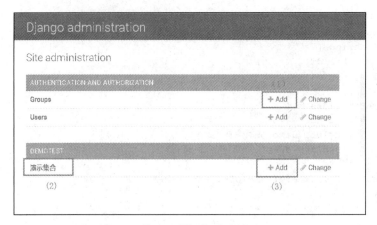

图 7-8　模型元数据使用示例页面 1

在上述页面，进行下列操作：

点击"Groups"右边的"Add"按钮，出现如图 7-9 所示的页面。

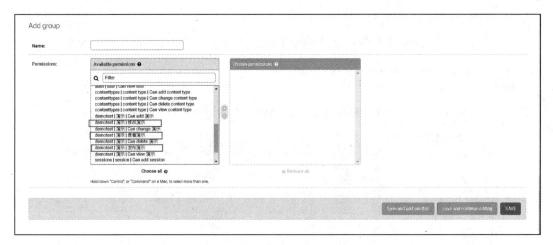

图 7-9　模型元数据使用示例页面 2

点击"演示集合"区域，出现如图 7-10 所示的页面。

点击"演示集合"右边的"Add"按钮，出现如图 7-11 所示的页面。

本例演示了元数据属性的应用，从示例可以看出：

1）连接 PostgreSQL 数据库时，为便于演示说明，需要事先在数据库中建立 temp 表空间。

2）使用了元数据属性 db_table，该属性作用于数据库，后台数据库中建立的数据库表名称为 dbDemo。

3）使用了元数据属性 db_tablespace，该属性作用于数据库，后台数据库中建立的数据库表所使用的表空间为 temp。

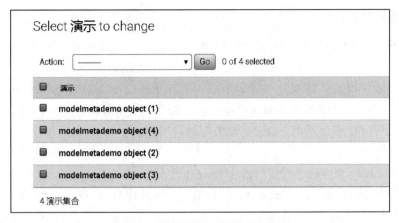

图 7-10   模型元数据使用示例页面 3

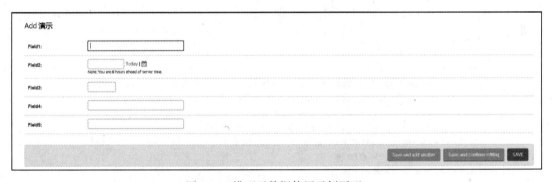

图 7-11   模型元数据使用示例页面 4

4）使用了元数据属性 app_label，该属性用于 model 所调用的 App，尽管 model 定义在了 demo3 的应用中，但由于属性 app_label 定义为 demotest，所以在生成数据库的脚本时指向了 demotest。

5）使用了元数据属性 ordering，该属性用于前台页面显示排序，如在图 7-10 所示的操作页面中，页面的排序顺序为 1、4、2、3，就是先按 Field1 排序，再按 Field4 排序。

6）将 permissions 与 admin 应用相结合，在图 7-9 所示的页面中，能够看到添加的几个权限。

7）使用了属性 unique_together，该属性作用于数据库，建立了联合索引。

8）使用了属性 verbose_name，该属性用于前台表名称显示，在图 7-11 所示的页面中显示表名称为"演示"。

9）使用了属性 verbose_name_plural，该属性用于前台表集合名称显示，在图 7-8 所示的页面显示表集合名称为"演示集合"。

10）使用了 django 默认的 admin 应用模块，通过 admin 显示模型的设置情况、使用 admin 应用模块时，需要添加 admin 文件，并注册模型到 admin 应用中。

7.5.4 关联字段的应用

只有涉及多个模型并且在模型之间有相应关系时，才会使用关联字段。一般而言，关联关系包含一对一、一对多、多对多三种形式。对于 Django 框架而言，一对一字段用 OneToOneField 字段形式体现，一对多字段一般在子模型中以 ForeignKey 字段形式体现，多对多字段在其中一个模型中以 ManyToManyField 字典形式体现。

本节构建了一个模型示例，展示关联数据的应用。

具体做法如下：

1）在 Windows 系统命令行窗口建立 Django 工程 demo4。

2）修改工程内同名 App（demo4）的配置文件（名称为 settings.py），为 INSTALLED_APPS 节点增加"demo4"应用。再如前节一样，修改配置文件的 DATABASES 节点（连接 PostgreSQL 数据库）。

3）通过 pycharm 进入 Python 工程，在 demo4 子文件夹内添加模型文件 models.py。

```python
from django.db import models

class Publisher(models.Model):
    name = models.CharField(max_length=30)
    address = models.CharField(max_length=50)
    city = models.CharField(max_length=60)
    state_province = models.CharField(max_length=30)
    country = models.CharField(max_length=50)
    website = models.URLField()
class Author(models.Model):
    first_name = models.CharField(max_length=30)
    last_name = models.CharField(max_length=40)
    email = models.EmailField()
class Book(models.Model):
    title = models.CharField(max_length=100)
    authors = models.ManyToManyField(Author)
    publisher = models.ForeignKey(Publisher,on_delete=models.CASCADE)
    publication_date = models.DateField()

    def authors_list(self):
        return ','.join([i.first_name for i in self.authors.all()])
```

4）通过 pycharm 进入 Python 工程，在 demo4 子文件夹内添加文件 admin.py，内容如下：

```python
from django.contrib import admin
from .models import *

admin.site.register(Publisher)

class BookAdmin(admin.ModelAdmin):
    list_display = ['title','publisher','publication_date','authors_list']
```

```
admin.site.register(Book,BookAdmin)
```

```
admin.site.register(Author)
```

5）在 Windows 系统命令行窗口进入 demo4 工程文件夹，然后输入"makemigrations"与"migrate"命令，生成相应的数据库信息。

6）在 demo4 工程文件夹中输入以下命令：

```
python manage.py  createsuperuser
```

根据提示创建用户名称为 abc、密码为 abc 的 Admin 模块的超级用户。

7）在 demo2 工程文件夹中输入"runserver"命令运行工程。再打开浏览器，在地址栏中输入 http://127.0.0.1:8000/admin/，填写相应的用户名、密码，按"回车"键，出现如图 7-12 所示的页面。

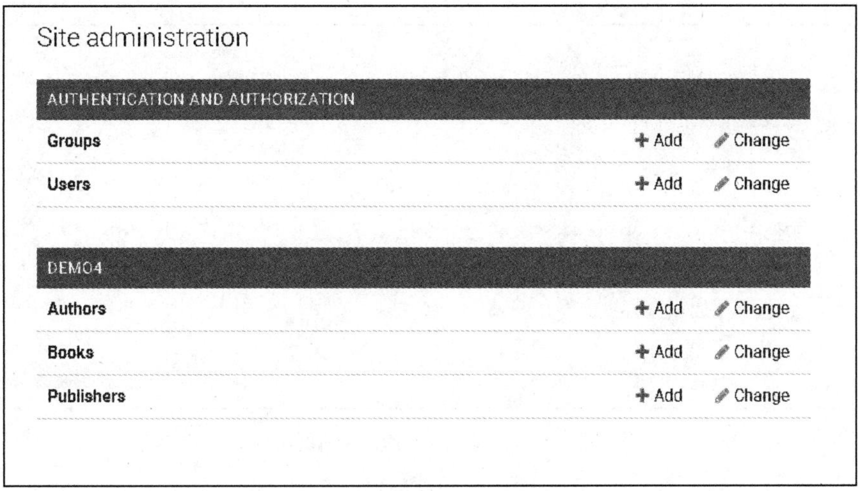

图 7-12 关联字段使用示例页面 1

首先点击"Authors"模型的"Add"按钮，添加 Author 对象，如图 7-13 所示。

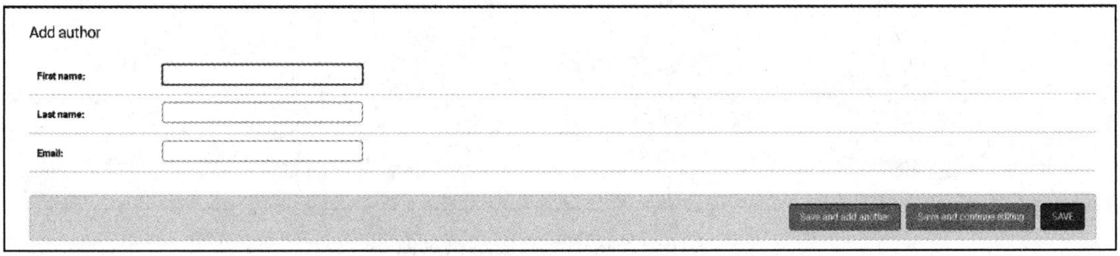

图 7-13 关联字段使用示例页面 2

其次点击"Publishers"模型的"Add"按钮，添加 Publisher 对象，如图 7-14 所示。

图 7-14　关联字段使用示例页面 3

最后点击"Book"模型的"Add"按钮，添加 Book 对象，如图 7-15 所示。

图 7-15　关联字段使用示例页面 4

添加多条记录完成后，点击"Book"模型的"change"按钮，查看 Book 对象，如图 7-16 所示。

图 7-16　关联字段使用示例页面 5

接着，点击"Publishers"模型的"change"按钮，查看 Publisher 对象，再点击"Publisher object（2）"对象进入 Publisher 对象明细页，如图 7-17 所示。

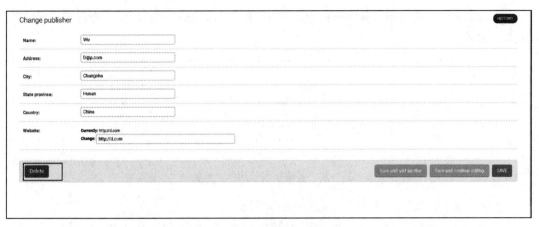

图 7-17 关联字段使用示例页面 6

在 Publisher 对象明细页面点击 "Delete" 按钮，如图 7-18 所示。

Are you sure?

Are you sure you want to delete the publisher "Publisher object (2)"? All of the following related items will be deleted:

Summary

- Publishers: 1
- Books: 2
- Book-author relationships: 2

Objects

- Publisher: Publisher object (2)
    - Book: Book object (2)
        - Book-author relationship: Book_authors object (2)
    - Book: Book object (3)
        - Book-author relationship: Book_authors object (3)

Yes, I'm sure   No, take me back

图 7-18 关联字段使用示例页面 7

点击 "Yes，I'm sure" 按钮，回到 Publisher 列表页面，如图 7-19 所示。

Select publisher to change

Action: _____ ▼ Go   0 of 1 selected

☐ **PUBLISHER**

☐ Publisher object (1)

1 publisher

图 7-19 关联字段使用示例页面 8

从 admin 模块的 Home 页面再次点击 Book 模型的"change"按钮，查看 Book 对象，如图 7-20 所示。

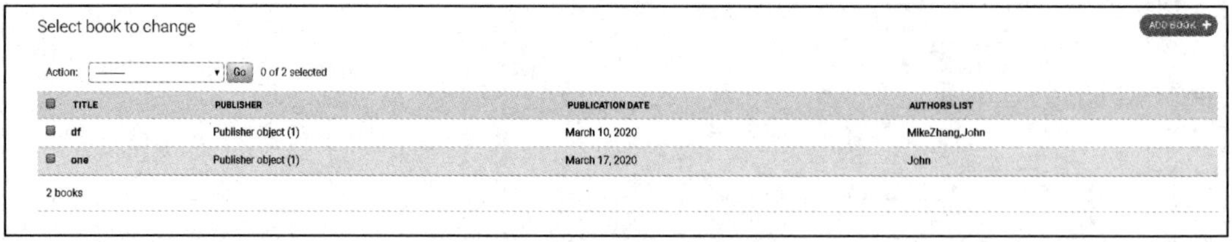

图 7-20   关联字段使用示例页面 9

本例演示了关联字段的使用，从示例可以看出：

1）使用了 Django 默认的 admin 应用模块，通过 admin 显示模型的设置情况。使用 admin 应用模块时，需要添加 admin 文件，并注册模型到 admin 应用中。

2）使用了 Publisher、Author 与 Book 三个模型，其中模型 Author 与 Book 之间为多对多关系，通过在 Book 定义 ManyToManyField 字段来实现其关联关系；模型 Publisher 与 Book 之间为一对多关系，通过在 Book 定义 ForeignKey 字段来实现其关联关系。

3）Book 模型中为展示与 Author 之间的多对多关系，定义了方法 authors_list，并在前台列表页面展示该列表信息。

4）Book 定义的 ForeignKey 字段设置了级联删除关系，当删除了 Publisher 的一个对象时，对应的 Book 中的对象也会被删除。

5）定义外键和一对一关系的时候需要加 on_delete 选项，此参数可以避免两个表里的数据不一致问题，不然会报以下错误。

```
TypeError: __init__() missing 1 required positional argument: 'on_delete']
```

7.6 小结

本章介绍并演示了模型的多种使用方法，在演示示例中，使用了多个数据库的设置。有关数据库设置的参数含义及其使用方法将在下一章中展开阐述。

数据库相关配置

本章将针对如何使用 Django 框架配置数据库展开讲解，并且会就一些数据库访问场景进行示例演示。

8.1　数据库配置参数介绍

Django 框架中一般需要使用配置文件（一般为 settgins.py，通过 manage.py 加载）进行数据库的参数配置。在配置文件中存在多个配置参数，可用于对 Django 环境的数据库访问进行相关配置。

8.1.1　数据库配置参数 DATABASES

DATABASES 是在 Django 环境配置中对数据库进行配置的核心参数，可通过它对各类数据库的连接使用进行配置。

DATABASES 包含了所有可用于 Django 的数据库配置信息，它会返回一个字典集合。默认情况下，该参数返回的是空字典数据。这个字典集合内部表现为一种嵌套的字典形式，每个字典集合的键值表示一个要连接的数据库标识，每个字典集合的键值以字典形式体现具体数据库的可选配置项。

设置这个参数时，需要设定一个默认的数据库标识，一般以 default 形式体现。例如，参数可设置成如下形式，用来连接 SQLite 数据库。

```
DATABASES = {
    'default': {
```

```
        'ENGINE': 'django.db.backends.sqlite3',
        'NAME': os.path.join('e:\sqlite3.sqlite3'),
    }
}
```

1. 必须配置项

针对不同的数据库，该节点会有不同的配置项。具体说来，在 DATABASES 参数内必须使用的配置项包含以下几项。

（1）ENGINE

该配置项是数据库配置中的一个必须项，用来设置连接特定数据库的工作引擎。目前 Django 支持多种数据库，分别是 MariaDB、MySQL、PostgreSQL、Oracle 与 SQLite3。该配置项以字符串形式体现，默认情况下其为空。用户可根据需要通过完全限定路径的方式（如上面示例所示）设置该参数。

（2）NAME

该配置项用于设置所使用的数据库的名称标志，其以字符串形式体现，默认情况下为空，在不同的数据库中该参数的指向有所区别。其中，SQLite 指向相关的 SQLite 文件名称，Oracle 指向数据库实例名称。

另外，对于 MariaDB、MySQL、PostgreSQL、Oracle 这些数据库而言，在 DATABASES 参数节点内还必须使用 USER 和 PASSWORD 配置项参数。

❑ USER：该参数用于设置连接数据库的用户名称，以字符串形式返回，默认情况下该配置项为空。

❑ PASSWORD：该参数用于设置连接数据库的用户密码，以字符串形式返回，默认情况下该配置项为空。

如果数据库与 Django 工程所运行的服务器地址不一致，那么对于 MariaDB、MySQL、PostgreSQL、Oracle 这些数据库而言，在 DATABASES 参数内还需要使用 HOST 配置项，该配置项也以字符串形式体现，默认为空，表示本地服务器，也就是说设置 HOST='localhost' 与不设置 HOST 结果是一致的。

若用户在搭建数据库时使用了非默认的端口信息，对 MariaDB、MySQL、PostgreSQL、Oracle 这些数据库而言，在 DATABASES 参数节点内还需要使用 PORT 选择配置项，该配置项也以字符串形式体现，默认为空，表示数据库的默认端口。例如，对于 MySQL 而言，设置 PORT 为空与设置 PORT=' 3306' 等价；而对于 Oracle 来说，PORT 为空与设置 PORT=' 1521' 等价。

2. 辅助配置项

通过使用上述配置项，Django 框架即可以正常地连接相关数据库，也可以进行常规的数据增、删、查、改操作。在 DATABASES 参数内还提供了其他一些辅助配置项，便于

Django 工程更精细地进行数据库操作。

（1）ATOMIC_REQUESTS

该配置项用于设置在数据库建立连接后，每个视图方法发起的数据库请求是否自动提交，其以布尔值形式返回，默认情况下为 True。

（2）AUTOCOMMIT

该配置项用于设置是否自动提交，它以布尔值形式返回，默认情况下为 True。

（3）CONN_MAX_AGE

该配置项用于设置数据库连接的持续时间，以数值形式返回，默认情况下该配置项的值为 0，标识请求结束就关闭连接。

（4）OPTIONS

该配置项用于设置连接数据库的附加参数，以字典形式返回，默认情况下该配置项为空。

此外，对于 PostgreSQL 数据库，还有如下两个特别的选择配置项可以使用。

❑ TIME_ZONE：该配置项用于设置数据库的时区，以字符串形式返回，默认情况下该配置项为 None，字符串需要按照 Django 内置的语言标识（参见 Django 3.0 中相关说明）设置。该配置项设置后如需生效，还要同时设置 Django 的语言设置参数 USE_TZ 为 True。

❑ DISABLE_SERVER_SIDE_CURSORS：该配置项用于设置是否允许视图方法的数据库对象进行遍历操作，其以布尔值形式返回，默认情况下该配置项为 False。当该配置项设置为 True 时，将无法正常使用 QuerySet.iterator() 方法遍历数据。

8.1.2　数据库指标表空间参数 DEFAULT_INDEX_TABLESPACE

DEFAULT_INDEX_TABLESPACE 在 Django 环境设置中用于设置创建数据库索引对象时使用的默认的索引表空间，该参数以字符形式返回（由于只有 Oracle、PostgreSQL 具有索引表空间概念，因此该参数也仅在连接 Oracle、PostgreSQL 数据库时生效），默认情况下该参数为空，表示数据库存储采用内置默认的索引表空间。

8.1.3　数据库空间参数 DEFAULT_TABLESPACE

DEFAULT_TABLESPACE 在 Django 环境设置中用于设置数据库表或视图对象默认的表空间，该参数以字符形式返回（由于只有 Oracle、PostgreSQL 具有表空间概念，因此该参数也仅在连接 Oracle、PostgreSQL 数据库时生效），默认情况下该参数为空。

8.1.4　数据库路由参数 DATABASE_ROUTERS

DATABASE_ROUTERS 在 Django 环境设置中用于设置存在多数据库时的选择。该参数以集合形式返回，默认为空，其有两种设置形式：一种方式是集合元素表现为字符串形式，字符串格式按照下述形式设置。

```
Prject.database_router.DatabaseAppsRouter
```

其中：

❏ Project：建立的 Django 项目名称（project_name）。

❏ database_router：定义路由规则 database_router.py 文件名称，这个文件名可以自行定义。

❏ DatabaseAppsRouter：路由规则的类名称，这个类在 database_router.py 文件中定义。

另一种方式是在集合元素中以类调用形式体现，此种形式需要在 Django 配置文件中引入特定的路由定义模块。使用该参数必须事先定义好相应的数据库路由类，一般而言，数据库路由类需定义以下 4 个方法。

（1）db_for_read(model, **hints)

该方法用于指定数据库来读取相关模型信息，返回字符串为 DATABASES 参数中定义的数据库标识，其具有两个参数：第一个参数为传递的模型信息，第二个参数为可变参数表示相关的数据库标识。

（2）db_for_write(model, **hints)

该方法用于指定数据库来写入相关模型信息，返回字符串为 DATABASES 参数中定义的数据库标识。它的有关参数与 db_for_read 方法参数一致。

（3）allow_relation(obj1, obj2, **hints)

该方法用于定义数据库之间的模型关联情况，返回布尔值。其具有三个参数：第一个参数与第二个参数均为关联的模型名称，第三个参数为可变参数，表示附加信息。

（4）allow_migrate(db, app_label, model_name=None, **hints)

该方法用于确定某个模型是否能够被迁移到数据库中，返回布尔值。其具有 4 个参数：第一个参数为传递的数据库名称，第二个参数为相关的 App 名称，第三个参数为模型名称，最后一个参数为可变参数，表示附加信息。

8.2 数据库配置参数的使用

本节将以多个示例演示数据库配置参数的使用。需要注意的是，对于不同的数据库，Django 框架可能需要不同的插件。

其中，MySQL、MariaDB 的安装命令如下：

```
Pip install mysqlclient
```

PostgreSQL 的安装命令如下：

```
Pip install psycopg2
```

Oracle 的安装命令如下：

```
Pip install cx-Oracle
```

8.2.1 存在多个数据库时的配置调用

在配置文件中设置 DATABASES 参数时，如果设置多个同键值的数据库标识，那么在 Django 工程中执行相关的数据库操作时，将会调用位置靠后的设置。例如，在配置文件中的设置如下：

```
DATABASES = {
    'default': {
        'ENGINE': 'django.db.backends.mysql',
        'NAME': 'app',                    # 数据库实例名称
        'USER': 'app',                    # 数据库登录用户名称
        'PASSWORD': 'app',                # 数据库登录用户密码
        'HOST': 'localhost',              # 数据库地址
        'PORT':3306,                      # 数据库端口
    },
    'default': {
        'ENGINE': 'django.db.backends.mysql',
        'NAME': 'app1',                   # 数据库实例名称
        'USER': 'app',                    # 数据库登录用户名称
        'PASSWORD': 'app',                # 数据库登录用户密码
        'HOST': 'localhost',              # 数据库地址
        'PORT':3306,                      # 数据库端口
    },
}
```

或设置如下：

```
DATABASES = {
    'default': {
        'ENGINE': 'django.db.backends.mysql',
        'NAME': 'app',                    # 数据库实例名称
        'USER': 'app',                    # 数据库登录用户名称
        'PASSWORD': 'app',                # 数据库登录用户密码
        'HOST': 'localhost',              # 数据库地址
        'PORT':3306,                      # 数据库端口
    },
}

DATABASES = {
    'default': {
        'ENGINE': 'django.db.backends.mysql',
        'NAME': 'app1',                   # 数据库实例名称
        'USER': 'app',                    # 数据库登录用户名称
```

```
            'PASSWORD': 'app',              # 数据库登录用户密码
            'HOST': 'localhost',            # 数据库地址
            'PORT':3306,                    # 数据库端口
        },
    }
```

上述两种设置方式的结果是一致的。在 Windows 系统命令行对话框中执行相应的
makemigrations 操作与 migrate 操作后，最终只会在 app1 实例添加相关的表，而在 app 实
例中则没有结果输出。

8.2.2　多数据库访问控制

通过 Django 框架我们不仅可以连接同类数据库的多个实例，还可以连接不同类数据
库。通过连接不同的数据库对象（实例），我们可以达到读、写分离的目的，还可以实现模
型对象的分别管理。

本节构建了一个数据库使用示例，展示多数据库访问控制。具体做法如下：

1）建立工程 demo1。

2）在工程内置的 demo1 文件夹中对配置文件进行如下设置：

```
DATABASES = {
    'default': {
    },
    'main': {
        'ENGINE': 'django.db.backends.mysql',
        'NAME': 'app',
        'USER': 'app',
        'PASSWORD': 'app',
        'HOST': 'localhost',
    },
    'part': {
        'ENGINE': 'django.db.backends.mysql',
        'NAME': 'app1',
        'USER': 'app',
        'PASSWORD': 'app',
        'HOST': 'localhost',
    },
}

DATABASE_ROUTERS = ['demo1.database_router.DatabaseAppsRouter']
```

3）在工程内置的 demo1 文件夹中建立文件 database_router.py，内容如下：

```
class DatabaseAppsRouter(object):
    def db_for_read(self, model, **hints):
        return 'main'

    def db_for_write(self, model, **hints):
```

```
        return 'part'

    def allow_relation(self, model1, model2, **hints):
        return True

    def allow_migrate(self, db, app_label, model_name=None, **hints):
        if app_label=='demo1':
            return True
        else:
            return False
```

4）在工程内置的 demo1 文件夹中建立文件 models.py，内容如下：

```
from django.db import models

class User(models.Model):
    name = models.CharField(max_length=20,primary_key=True)
    MYDESC = models.CharField(max_length=20, null=True)
    age=models.IntegerField(null=True)

    class Meta:
        db_table = 'usertab'
        app_label = 'demo1'

class Person(models.Model):
    name = models.CharField(max_length=20,primary_key=True)
    MYDESC = models.CharField(max_length=20, null=True)
    age=models.IntegerField(null=True)

    class Meta:
        db_table = 'personifno'
        app_label = 'demo2'
```

5）打开 Windows 系统命令行对话框，进到 demo1 工程路径下，执行如下操作：

```
python manage.py startapp demo2
```

6）在工程内置的 demo1 文件夹中，修改配置文件的 INSTALLED_APPS 参数，引入对 demo1、demo2 两个应用的支持。

7）再次打开 Windows 系统命令行对话框，进到 demo1 工程路径下，执行如下操作：

```
python manage.py makemigrations demo1
python manage.py makemigrations demo2
```

8）继续执行如下操作：

```
python manage.py migrate --database main
python manage.py migrate --database part
```

生成相关实例数据库表（生成时，需要确认数据库中没有相应的数据库表）。

9）执行完成后，查看数据库，在 app 实例与 app1 实例中都只生成了 usertab 与 django_migrations 两个对象。

10）打开 MySQL 的 app 实例中的 usertab 表，添加相关数据，如图 8-1 所示。

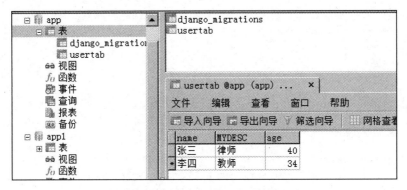

图 8-1　添加 usertab 表相关数据

11）在工程内置的 demo1 文件夹中建立文件 views.py，内容如下：

```python
from django.http import HttpResponse
from django.views.generic.list import ListView
from .models import *


def dbwrite(re):
    m=User(name=' 王叶 ',MYDESC=' 医生 ',age=51 )
    m.save()
    return HttpResponse('ok')


class dbread(ListView):
    model=User
    template_name = "userlist.html"
```

12）在工程内置的 demo1 文件夹中建立文件夹 templates，并在该文件夹下建立 userlist.html 文件。

```html
<!DOCTYPE html>
<html lang="en">
<head>
    <meta charset="UTF-8">
    <title>用户列表 </title>
</head>
<body>
用户列表：
{% for u in object_list %}
<li>姓名：{{u.name}};   职业：{{u.MYDESC}};  　年龄：{{u.age}} </li>
{% endfor %}
</body>
</html>
```

13）修改 urls.py 文件，内容如下：

```
from django.contrib import admin
from django.urls import path
from .views import *
urlpatterns = [
    path('mydbwrite/', dbwrite),
    path('mydbread/', dbread.as_view()),
    path('admin/', admin.site.urls),
]
```

14）打开 Windows 系统命令行对话框，进到 demo1 工程路径下，执行如下操作：

```
python manage.py runserver
```

15）在浏览器地址栏中输入 127.0.0.1:8000/mydbread，返回的信息如图 8-2 所示。

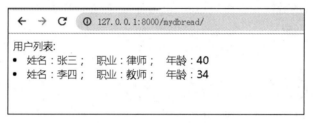

图 8-2　多数据库访问控制 1

在浏览器地址栏中输入 127.0.0.1:8000/mydbwrite，返回信息如图 8-3 所示。

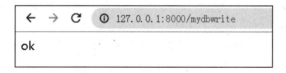

图 8-3　多数据库访问控制 2

16）再次打开 MySQL 的 app 实例中的 usertab 表，数据未发生变化。打开 MySQL 的 app1 实例中的 usertab 表，显示如图 8-4 所示。

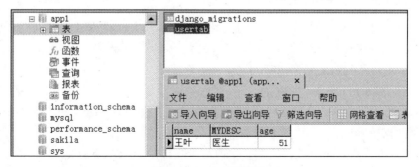

图 8-4　usertab 表信息

本例演示了数据库分离使用的情况。从上述示例可以看出：

1）连接了两个 MySQL 数据库的实例：app 与 app1，在运行工程前，需要确认这两个实例是否能正常工作。

2）在配置文件中，参数 DATABASES 内定义了两个数据库标识：main 与 part，其中 main 指向数据库实例 app，part 指向数据库实例 app1。

3）在文件 database_router.py 中自定义了一个数据库路由类 DatabaseAppsRouter，该类实现了数据库路由的 4 个方法。其中 db_for_read() 方法返回数据库标识 main，表示对数据库实例 app 进行读取；db_for_write() 方法返回数据库标识 part，表示对数据库实例 app1 进行写入；allow_migrate() 方法会对应用标识进行判断，表示只对应用标识 demo1 的模型进行迁移操作。

4）模型文件 models.py 定义了两个模型类：User 和 Person，其中 User 最终所在的应用为 demo1，其对应的数据库名称为 usertab；Person 所在应用为 demo2。

5）在 views.py 中定义了一个视图方法 dbwrite 与一个视图类 dbread。其中，dbwrite 用于数据库的写入，其目的是向数据库中写入一条记录；视图类 dbread 继承于 ListView，用于读取并显示 usertab 表的信息。

6）模板文件 database_router.py 使用了默认 object_list 变量循环访问相关信息。在配置文件中，定义了 DATABASE_ROUTERS 节点，并使用了自定义的数据库路由类 DatabaseAppsRouter。

7）在路由文件中，定义了两个路由 mydbwrite 与 mydbread，分别指向视图方法 dbwrite 与视图类 dbread。

8）在进行数据库迁移操作时，Django 框架根据数据库路由类 DatabaseAppsRouter 的 allow_migrate() 方法，导入 demo1 应用的模型，而没有生成 Person 对象以及 Django 的一些默认对象。

9）在执行视图方法 dbwrite 时，根据数据库路由类 DatabaseAppsRouter 的 dbwrite() 方法，最终将数据写入了 app1 实例的 usertab 表中。

8.2.3 特定数据库参数的使用

如前所述，DEFAULT_TABLESPACE 与数据库有关，目前 PostgreSQL 与 Oracle 支持此参数，这里以 PostgreSQL 为例演示该参数使用，具体步骤如下：

1）在 PostgreSQL 建立表空间 temp。

2）建立工程 demo2。

3）在工程内置的 demo1 文件夹中修改配置文件的 INSTALLED_APPS 参数，引入对 demo2 应用的支持。

4）在工程内置的 demo2 文件夹中，修改配置文件的 DATABASES，参数如下：

```
DATABASES = {
    'default': {
        'ENGINE': 'django.db.backends.postgresql',
        'NAME': 'postgres',        # 数据库实例名称
        'USER': 'postgres',        # 数据库登录用户名称
        "HOST": 'localhost',       # 数据库登录用户密码
        'PORT': 5432,              # 数据库端口
        "PASSWORD": '123455',      # 数据库登录用户密码
    }
}
```

5）在工程内置的 demo2 文件夹中，建立 models.py 文件。

```
from django.db import models

class Book(models.Model):
    name=models.CharField(max_length=50,primary_key=True)
    price=models.FloatField()
    author=models.CharField(max_length=100)
    class Meta:
        db_table='Book'
```

6）在 Windows 系统命令行窗口，先进入对应工程文件夹，执行"python manage.py makemigrations demo2"命令，生成数据库表。

7）查看数据库，生成的 Book 信息表空间为空，如图 8-5 所示。

图 8-5　Book 信息表

8）在工程内置的 demo2 文件夹中修改配置文件，添加信息如下：

```
DEFAULT_TABLESPACE="temp"
```

9）在工程内置的 demo2 文件夹中添加 models.py 内容，models.py 的最终代码如下：

```
from django.db import models
class Book(models.Model):
    name=models.CharField(max_length=50,primary_key=True)
    price=models.FloatField()
    author=models.CharField(max_length=100)
    class Meta:
        db_table='Book'


class Person(models.Model):
    name = models.CharField(max_length=20,primary_key=True)
    hobby = models.CharField(max_length=200, null=True)
    age=models.IntegerField(null=True)

    class Meta:
        db_table = 'personifno'
```

10）通过 Windows 系统命令行窗口进入 Django 工程文件夹，再次执行 makemigrations 与 migrate 命令，最终查看到的数据库结果如图 8-6 所示。

图 8-6　personifno 信息

本例演示了 DEFAULT_TABLESPACE 节点的使用。从上述示例可以看出：在未设置该节点参数时，执行相关模型的迁移操作时，生成的数据库表的表空间为默认的表空间（显示为空）。在设置该节点参数后，执行相关模型的迁移操作时，生成的数据库表的表空间为 DEFAULT_TABLESPACE 设置的信息。

8.2.4 使用选择的配置项

本节将针对选择的配置项的使用进行演示。

1. ATOMIC_REQUESTS 的使用

如前所述，ATOMIC_REQUESTS 与视图方法有关，下面来看个使用示例，具体步骤如下：

1）建立工程 demo3。

2）在工程内置的 demo3 文件夹中修改配置文件的 INSTALLED_APPS 参数，引入对 demo3 应用的支持。

3）在工程内置的 demo3 文件夹中修改配置文件的 DATABASES 参数，内容如下：

```
DATABASES = {
    'default': {
        'ENGINE': 'django.db.backends.postgresql',
        'NAME': 'postgres',        # 数据库实例名称
        'USER': 'postgres',        # 数据库登录用户名称
        "HOST":'localhost',        # 数据库登录用户密码
        'PORT':5432,               # 数据库端口
        "PASSWORD": '123455',      # 数据库登录用户密码
        'ATOMIC_REQUESTS':True
    }
}
```

4）在工程内置的 demo3 文件夹中新建 models.py 文件，内容如下：

```
from django.db import models
class Book(models.Model):
    name=models.CharField(max_length=50,primary_key=True)
    price=models.FloatField()
    author=models.CharField(max_length=100)
    class Meta:
        db_table='Book'
```

5）再新建一个 views.py 文件，内容如下：

```
from django.http import HttpResponse
from .models import *

def mydb(re):
    m=Book(name='history',price=225,author='zhangsan')
    m.save()
    t=m/0
```

```
        return HttpResponse('ok')
```

6）在工程内置的 demo3 文件夹中修改 urls.py 文件，内容如下：

```
from django.contrib import admin
from django.urls import path
from .views import *

urlpatterns = [
    path('mydb/',mydb),
    path('admin/', admin.site.urls),
]
```

7）通过 Windows 系统命令行窗口进入 demo3 工程文件夹，执行相关的 makemigrations 与 migrate 命令，生成相关实例数据库表（生成时，需要确认数据库中没有相应的数据库表）。

8）进入 demo1 工程文件夹，执行启动工程服务命令 runserver，在工程服务正常启动后，在浏览器地址栏输入 http://127.0.0.1:8000/mydb/，执行完毕后页面会出现如图 8-7 所示的异常。查看数据库，对应的 Book 表内数据为空。

图 8-7　页面异常

9）在工程内置的 demo3 文件夹中修改配置文件的 DATABASES 参数，内容如下：

```
DATABASES = {
    'default': {
        'ENGINE': 'django.db.backends.postgresql',
        'NAME': 'postgres',          # 数据库实例名称
        'USER': 'postgres',          # 数据库登录用户名称
        "HOST":'localhost',          # 数据库登录用户密码
        'PORT':5432,                 # 数据库端口
        "PASSWORD": '123455',        # 数据库登录用户密码
        'ATOMIC_REQUESTS':False,
    }
}
```

10）在工程服务正常启动后，在浏览器地址栏输入 http://127.0.0.1:8000/mydb/，执行完毕后页面仍然存在异常，此时查看数据库，对应的 Book 表内有数据，如图 8-8 所示。

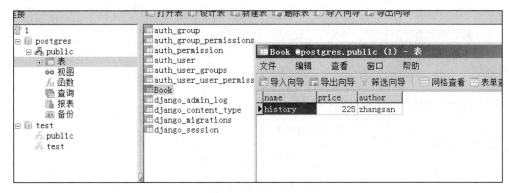

图 8-8 Book 表信息

本示例演示了选项参数 ATOMIC_REQUESTS 的使用。本例中定义了一个路由 mydb，指向视图方法 mydb，该方法先执行了模型 Book 的一条记录保存操作，然后执行了一条除法操作（该操作的目的是要抛出异常，造成视图方法无法正常结束）。在配置文件中，当数据库选项参数 ATOMIC_REQUESTS 设置为 True 时，在页面调用路由时不会生成相关的数据库记录，当数据库选项参数 ATOMIC_REQUESTS 设置为 False 时，在页面调用路由时会生成相关的数据库记录。

2. AUTOCOMMIT 的使用

如前所述，AUTOCOMMIT 也与视图方法有关，同样通过示例来了解它的使用方法，具体步骤如下：

1）建立工程 demo4。

2）在工程内置的 demo4 文件夹中修改配置文件的 INSTALLED_APPS 参数，引入对 demo4 应用的支持。

3）修改配置文件的 DATABASES 参数，内容如下：

```
DATABASES = {
    'default': {
        'ENGINE': 'django.db.backends.postgresql',
        'NAME': 'postgres',        # 数据库实例名称
        'USER': 'postgres',        # 数据库登录用户名称
        "HOST":'localhost',        # 数据库登录用户密码
        'PORT':5432,               # 数据库端口
        "PASSWORD": '123455',      # 数据库登录用户密码
        'AUTOCOMMIT': False,
    }
}
```

4）新建 models.py 文件，内容如下：

```
from django.db import models
class Book(models.Model):
```

```
name=models.CharField(max_length=50,primary_key=True)
price=models.FloatField()
author=models.CharField(max_length=100)
class Meta:
    db_table='Book'
```

5）新建 views.py 文件，内容如下：

```
from django.http import HttpResponse
from .models import *

def mydbdemo(re):
    m=Book(name='zhangsan',price=25,author='zhang1')
    m.save()
    return HttpResponse('ok')
```

6）修改 urls.py 文件，内容如下：

```
from django.contrib import admin
from django.urls import path
from .views import *

urlpatterns = [
    path('mydbdemo/', mydbdemo),
    path('admin/', admin.site.urls),
]
```

7）通过 Windows 系统命令行窗口进入 demo4 工程文件夹，执行相关的 makemigrations 与 migrate 命令，生成相应的实例数据库表（生成时，需要确认数据库中没有相应的数据库表），执行完命令后，发现数据库中无任何表生成。

8）在工程内置的 demo4 文件夹中，修改配置文件的 DATABASES 参数，内容如下：

```
DATABASES = {
    'default': {
        'ENGINE': 'django.db.backends.postgresql',
        'NAME': 'postgres',        # 数据库实例名称
        'USER': 'postgres',        # 数据库登录用户名称
        "HOST":'localhost',        # 数据库登录用户密码
        'PORT':5432,               # 数据库端口
        "PASSWORD": '123455',      # 数据库登录用户密码
        'AUTOCOMMIT':True,
    }
}
```

9）通过 Windows 系统命令行窗口进入 demo4 工程文件夹，再次执行相关的 makemigrations 与 migrate 命令，发现数据库中有相关表生成。

10）在工程内置的 demo4 文件夹中，修改配置文件的 DATABASES 参数，内容如下：

```
DATABASES = {
```

```
'default': {
    'ENGINE': 'django.db.backends.postgresql',
    'NAME': 'postgres',      # 数据库实例名称
    'USER': 'postgres',      # 数据库登录用户名称
    "HOST":'localhost',      # 数据库登录用户密码
    'PORT':5432,             # 数据库端口
    "PASSWORD": '123455',    # 数据库登录用户密码
    'AUTOCOMMIT':False,
    }
}
```

11）通过 Windows 系统命令行窗口进入 Django 工程文件夹，执行启动工程服务命令 runserver，工程服务正常启动后，在浏览器地址栏输入 http://127.0.0.1:8000/mydbdemo/，执行完毕后查看数据库，对应的 Book 表内数据为空。

12）在工程内置的 demo4 件夹中，修改配置文件的 DATABASES 参数，内容如下：

```
DATABASES = {
    'default': {
        'ENGINE': 'django.db.backends.postgresql',
        'NAME': 'postgres',      # 数据库实例名称
        'USER': 'postgres',      # 数据库登录用户名称
        "HOST":'localhost',      # 数据库登录用户密码
        'PORT':5432,             # 数据库端口
        "PASSWORD": '123455',    # 数据库登录用户密码
        'AUTOCOMMIT':True,
    }
}
```

13）工程服务正常启动后，在浏览器地址栏输入 http://127.0.0.1:8000/mydbdemo/，执行完毕后查看数据库，对应的 Book 表内有数据，如图 8-9 所示。

图 8-9 Book 表记录信息

本例演示了参数 AUTOCOMMIT 的使用，可以看出：在将 AUTOCOMMIT 参数设置为 False 后，无法进行相关数据库表的迁移，同时对于一些数据库的提交也无法正常进行。

8.3 小结

本章讲解并演示了 Django 如何对数据库进行配置并使用，对于 Django 更多的数据库操作将会在下一章展开描述。

第 9 章 *Chapter 9*

数据库操作

一般而言，Web 站点都会在后台连接一个关系型数据库。应用于关系型数据库的操作行为主要包含两类：一类行为属于对象型操作，数据库涵盖的对象包含表、视图、索引、存储过程等，其操作包含创建、删除、修改、授权等。另一类行为属于数据型操作，主要是对数据库表中数据进行增、删、查、改等操作。

目前，数据库操作主要采用的是结构化查询语言（简称 SQL），而 Django 框架作为一类高级程序设计语言的框架应用，嵌入了相关结构化查询语言，从而实现了对数据库的操作。

总体而言，Django 框架中对数据库的操作包含了以下几个部分。

1）数据库配置。就是指按照一定方式设置参数，加载相应的数据库引擎，从而使应用能够连接访问到相关的数据库。

2）模型建设。通过一定方式，建立应用中与数据库相关对象（主要指数据库的表）关联的类，再通过一定方式建立类与数据库对象的映射关系。

3）数据库对象操作。通过一定方式对数据库对象进行增加、删除及修改操作。

4）数据库数据操作。采用 Django 中设计的 SQL 方法，实现对数据库中关联数据进行访问的目的。

对数据库的配置操作在第 8 章有所阐述，而模型建设在第 7 章中做了细致描述，这里不做过多讲解。本章主要讲述在 Django 框架中如何进行数据库对象操作与数据库数据操作。

Django 框架具有一个特有的功能，就是其采用了对象关系映射（ORM）技术，其操作本质为根据对接的数据库引擎、框架将定义好的模型类与相应数据库进行对应，其中类名对应数据库中的表名，类属性对应数据库中相关表的字段，类实例则对应数据库中相关表里的记录。正是通过这种对应关系，Django 框架可以进行一些简单的数据库对象操作与复杂的数据库数据操作。

9.1 数据库对象操作

Django 框架遵循了代码优先的原则，即根据代码中定义的类自动生成数据库表。框架能够建立的数据库对象主要为数据库表及相关索引（针对 Oracle、PostgreSQL）。在搭建好相关的模型类后，采用框架命令 makemigrations 及 migrate 即可生成相应的数据库对象。

下面以一个具体示例来演示如何建立数据库对象。具体做法如下：

1）在 Windows 系统命令行窗口建立 Django 工程 demo1。

2）修改工程内同名 App（demo1）的配置文件（名称为 settings.py），为 INSTALLED_APPS 节点增加"demo1"应用。

修改配置文件的 DATABASES 节点（连接 PostgreSQL 数据库）：

```
DATABASES = {
    'default': {
    'ENGINE': 'django.db.backends.postgresql',
    'NAME': 'postgres', #数据库实例名称
    'USER': 'postgres', #数据库登录用户名称
    "HOST":'localhost', #数据库地址
    'PORT':5432, #数据库端口
    "PASSWORD": '123455', #数据库登录用户密码
    }
}
```

3）通过 pycharm 进入 Python 工程，在 demo1 子文件夹添加模型文件 models.py，内容如下：

```
from django.db import models

class Publisher(models.Model):
    name = models.CharField(max_length=30)
    address = models.CharField(max_length=50)
    city = models.CharField(max_length=60)
    state_province = models.CharField(max_length=30)
    country = models.CharField(max_length=50)
    website = models.URLField()
    class Meta:
        index_together = ["name", "address"]
class Book(models.Model):
    title = models.CharField(max_length=100)
    price=models.FloatField()
    publisher = models.ForeignKey(Publisher,on_delete=models.CASCADE)
    publication_date = models.DateField()
```

4）通过 Windows 系统命令行窗口进入 demo1 工程文件夹，然后输入"python manage.py makemigrations demo1"命令，生成相关的数据库文件。

5）可通过 PostgreSQL 自带的管理工具 pgadmin 查看数据库对象，与模型类 Publisher 关联的表为 demo1_publisher，该表最后的表结构如图 9-1 所示。

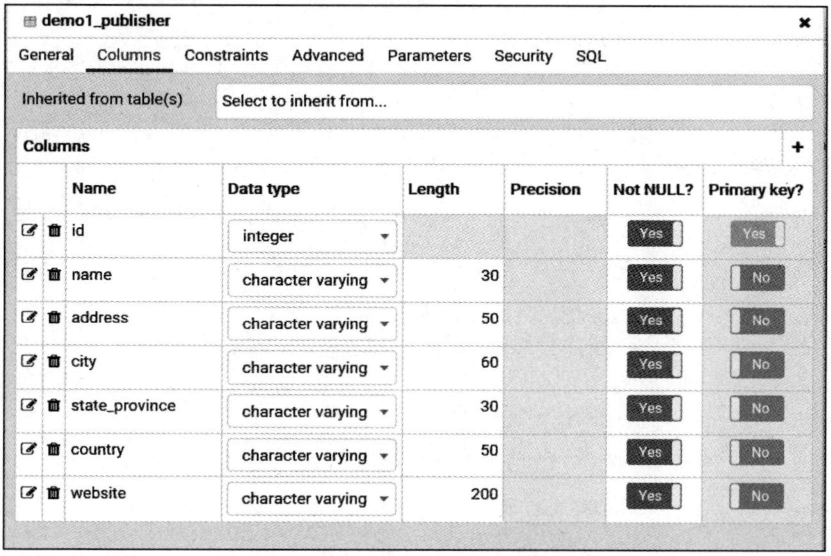

图 9-1　demo1_publisher 表结构

查看该表依赖项，结果如图 9-2 所示。

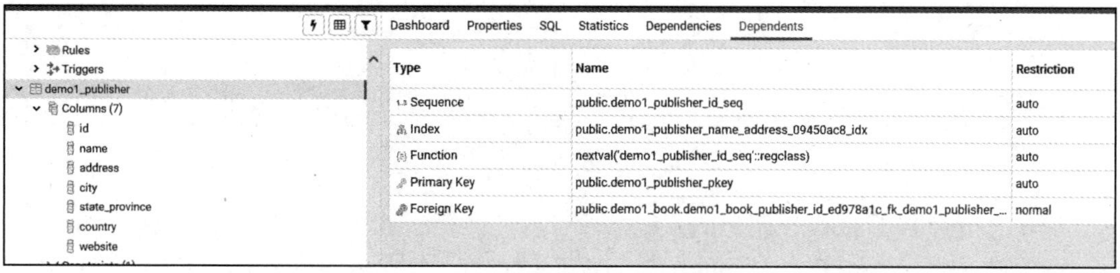

图 9-2　demo1_publisher 表依赖项

其中，id 字段为系统自创建的主键字段，为此产生了相关的序列 public.demo1_publisher_id_seq 主键 public.demo1_publisher_pkey，而函数 nextval('demo1_publisher_id_seq'::regclass) 则是为生成序列 public.demo1_publisher_id_seq 而派生的。

另外，该表还具有关联字段 "name" 与 "address" 的联合索引 public.demo1_publisher_name_address_09450ac8_idx 以及与 book 表相关的外键 public.demo1_book.demo1_book_publisher_id_ed978a1c_fk_demo1_publisher_id。

与模型类 Book 关联的表为 demo1_book，其表结构如图 9-3 所示。

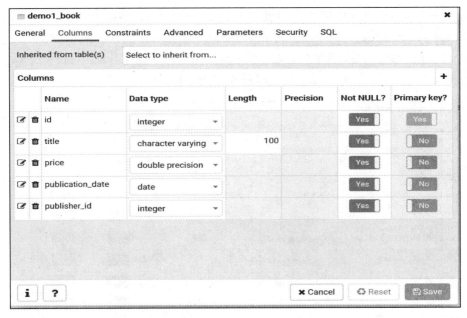

图 9-3　demo1_book 表结构

查看该表依赖项，结果如图 9-4 所示。

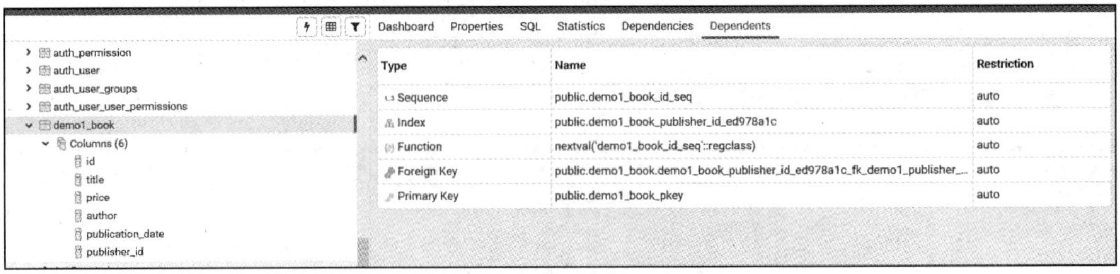

图 9-4　demo1_book 表依赖项

其中，id 字段为系统自创建的主键字段，为此产生了相关的序列 public.demo1_book_id_seq 主键 public.demo1_book_pkey 与索引 public.demo1_book_publisher_id_ed978a1c，而函数 nextval('demo1_book_id_seq'::regclass) 则是为生成序列 public.demo1_book_id_seq 而派生的。

6）修改模型文件 models.py，代码如下：

```python
from django.db import models

class Publisher(models.Model):
    name = models.CharField(max_length=30)
    address = models.CharField(max_length=50)
    city = models.CharField(max_length=60)
```

```
    state_province = models.CharField(max_length=30)
    country = models.CharField(max_length=50)
    website = models.URLField()
    class Meta:
        db_table = 'Publisher'
        index_together = ["name", "address"]
class Book(models.Model):
    bookid = models.IntegerField(primary_key=True,default=9999)
    title = models.CharField(max_length=100,null=True)
    price=models.FloatField()
    author=models.CharField(max_length=100,null=True)
    publisher = models.ForeignKey(Publisher,on_delete=models.CASCADE)
    publication_date = models.DateField()
```

7）通过 Windows 系统命令行窗口进入 demo1 工程文件夹，然后输入以下命令，生成相关的 Python 脚本文件：

```
python manage.py makemigrations demo1
```

其运行结果如下：

```
Migrations for 'demo1':
    demo1\migrations\0002_auto_20200527_0839.py
        - Remove field id from book
        - Add field author to book
        - Add field bookid to book
        - Alter field title on book
        - Rename table for publisher to Publisher
```

8）继续输入以下命令：

```
python manage.py migrate
```

9）通过 PostgreSQL 自带的管理工具 pgadmin 查看数据库对象，发现如下变化。

与模型类 Publisher 关联的表为 Publisher，该表依赖项与原表名 demo1_publisher 的依赖项一致，如图 9-5 所示。

图 9-5　demo1_publisher 表更新后的依赖项

与模型类 Book 关联的表为 demo1_book，其表结构如图 9-6 所示。

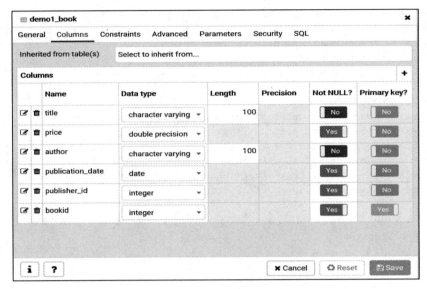

图 9-6　demo1_book 表更新后的表结构

对比发现该表增加了 bookid 字段，而没有了系统自动生成的 id 字段。

查看该表依赖项，发现结果如图 9-7 所示。

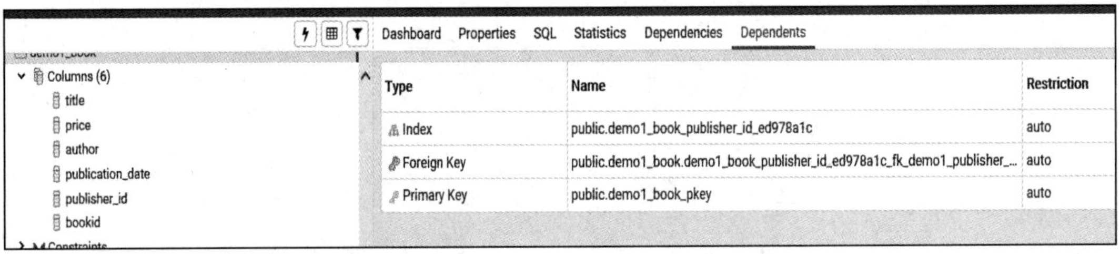

图 9-7　demo1_book 表更新后的表依赖项

其中 bookid 字段为模型创建的主键字段，其关联的主键与索引与该表在模型修改前生成的主键索引名称一致，只是指向的字段有所不同。

该例演示了通过 Django 框架以代码优先的方式生成数据库对象的过程，通过 Django 框架可以从模型类反向建立表、索引以及序列等数据库对象。从示例可以看出：

1）对于开始的模型类定义，模型 Publisher 没有使用元数据 db_table 定义表名称，因此在生成数据库表时依照框架规则生成了 demo1_publisher（demo1 为应用默认名称），相应的 Book 模型生成了 demo1_book。在后期修改的模型类中，模型 Publisher 使用了元数据 db_table 定义表名称，因此相应的数据库表名称调整为 Publisher，而模型 Book 的对应数据库表名称则未改变。

2）对于开始的模型类定义，模型 Publisher 与 Book 均未定义主键，在生成数据库表时依照框架规则自动生成了表的主键信息。在后期修改的模型类中，模型 Book 定义了主键，则数据库中删除了原有的该表自动生成的主键。

　　3）在模型中定义了主键，则需要将模型类中相关的字符字段类型设置允许为空，或者设置字符字段类型为默认值。

　　4）在后期修改的模型类中，模型 Book 添加了字段 author，并根据框架规则动态修改了数据库表 demo1_book 的字段信息。

9.2　数据库数据操作

　　创建了模型后，Django 框架就自动提供了相关数据库增、删、查、改等操作的各种接口形式。按照约定形式去调用相应的方法，就能实现 Django 的应用访问关联数据库数据的目的。

　　Django 框架下的数据库数据操作主要与框架中的 django.db.models.QuerySet 类与 django.db.models.Model 类相关。而在使用 django.db.models.QuerySet 类方法进行数据操作时，需要通过 django.db.models.manager.Manager 类的实例 objects 来完成。要说明的是，两类方法都需要事先在数据库中创建对应的数据库对象。下面就增、删、查、改等操作分别介绍相关的数据操作方法。为讲解需要，本节沿用了上节示例中定义的模型对象。后续操作都基于上节示例定义的 demo1 工程来实现。首先进入 demo1 工程所在的文件夹，并在 Windows 命令行窗口中输入如下命令，进入工程交互模式：

```
python manage.py shell
```

　　再输入如下命令，引入相应的模型类：

```
>>> from demo1.models import *
```

9.2.1　增加数据的方法

　　在 Django 框架中，有以下几种增加数据库相关记录的方法。

1. create 方法

方法形式：

```
create(self, **kwargs)
```

归属类：django.db.models.QuerySet 类。

　　方法作用：根据传递的模型的键值对信息或字典信息创建一条模型数据，并且保存到对应的数据库表中。

　　示例如下：

　　1）执行如下命令：

```
>>> Publisher.objects.create(name="andy",city=" 北京 ")
<Publisher: Publisher object (1)>
```

```
>>> dict={"name":"John","city":" 上海 "}
>>> Publisher.objects.create(**dict)
<Publisher: Publisher object (2)>
```

2）查看数据库，发现对应表 Publisher，结果如图 9-8 所示。

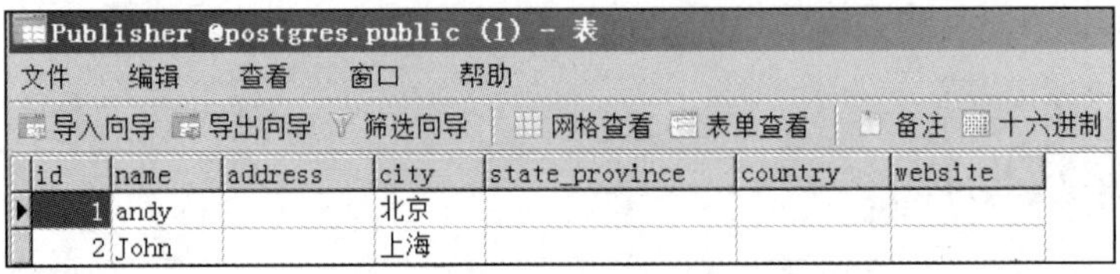

图 9-8　执行 create 后 Publisher 结果

2. bulk_create 方法
方法形式：

```
bulk_create(self, objs, batch_size=None, ignore_conflicts=False)
```

归属类：django.db.models.QuerySet 类。

方法作用：根据传递的模型的键值对集合信息或字典集合信息按照一定的形式批量创建多条模型数据，并且保存到对应的数据库表中。

其他说明：

❑ 参数 batch_size 用于控制执行一次命令分批提交的记录数量，默认情况下提交所有的记录。对应到 SQLite，默认情况下最多提交 999 条记录。

❑ 参数 ignore_conflicts 用来提醒数据库在插入数据库记录时如果发生类似唯一性约束错误，则忽略错误继续提交。该参数不适合 Oracle 数据库，使用后也会使模型中定义的主键字段失效。

来看一个示例。

1）执行如下命令：

```
>>> dicts=[Publisher(name='wangsan',city=' 深 圳 '),Publisher(name='lisi',city=' 太
原 '),Publisher(name='wangwu',city=' 成都 ')]
>>> a=Publisher.objects.bulk_create(dicts,batch_size=2)
>>> a
[<Publisher: Publisher object (3)>, <Publisher: Publisher object (4)>, <Publisher:
Publisher object (5)>]
```

2）查看数据库，发现对应的表 Publisher 的结果如图 9-9 所示。

本例演示了 bulk_create 方法的用法，从示例可以看出：

1）创建了三条记录，分两次提交到数据库。

2）返回了三个 Publisher 对象的集合对象 a。

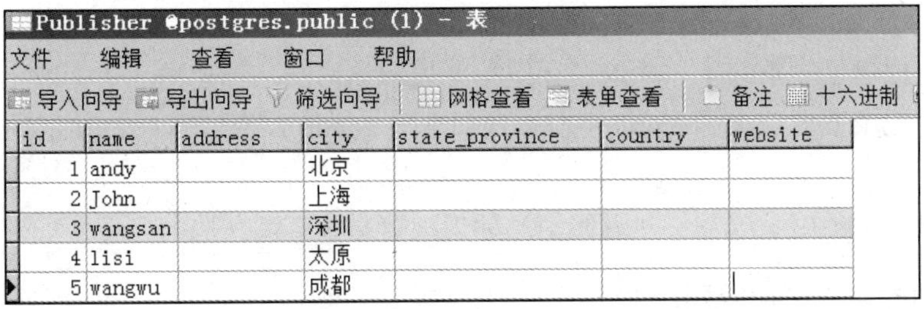

id	name	address	city	state_province	country	website
1	andy		北京			
2	John		上海			
3	wangsan		深圳			
4	lisi		太原			
5	wangwu		成都			

图 9-9　执行 bulk_create 后 Publisher 的结果

3. get_or_create 方法

方法形式：

```
get_or_create(self, defaults=None, **kwargs)
```

归属类：django.db.models.QuerySet 类。

方法作用：根据传递的参数获取相关记录信息，如果没有信息，则创建相关信息并保存到对应的数据库表中。

其他说明：参数 defaults，默认为 None，该参数用于在查询不到数据时创建相关对象，并设置相关参数。

该方法返回一个元组信息，元组信息的第一个元素表示获取或创建的对象信息，元组信息的第二个元素表示对象信息是否是创建的。该方法避免了在并发操作中创建相同对象。

来看一个示例，代码如下：

```
>>> a=Publisher.objects.get_or_create(name='wangsi',defaults={'country':'china'})
>>> a
(<Publisher: Publisher object (6)>, True)
>>> a=Publisher.objects.get_or_create(name='wangsi',defaults={'country':'china'})
>>> a
(<Publisher: Publisher object (6)>, False)
>>>
```

此时查看数据库，发现对应的表 Publisher 的结果如图 9-10 所示。

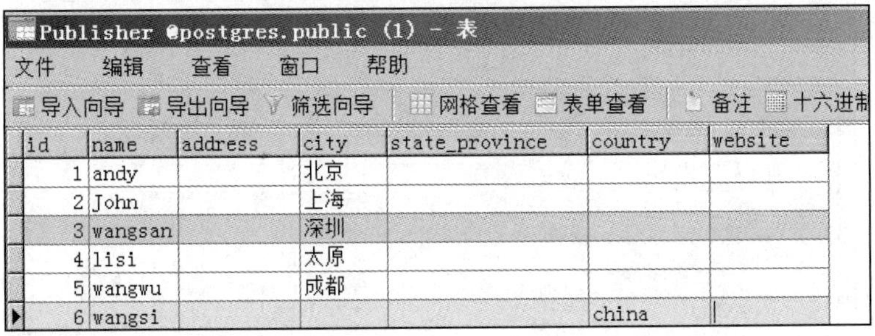

id	name	address	city	state_province	country	website
1	andy		北京			
2	John		上海			
3	wangsan		深圳			
4	lisi		太原			
5	wangwu		成都			
6	wangsi				china	

图 9-10　执行 get_or_create 后 Publisher 的结果

本例演示了 get_or_create 方法的用法，从示例可以看出：

1）首先创建了一条记录，并返回元组信息表示该信息是创建的。

2）创建记录不但包含了 name 字段，还包含了 country 字段，country 字段通过 defaults 参数传递。

3）该例再次调用了记录，并返回信息标识该信息是查询获取的。

4. update_or_create 方法

方法形式：

```
update_or_create(self, defaults=None, **kwargs)
```

归属类：django.db.models.QuerySet 类。

方法作用：根据传递的参数更新相关记录信息，如果没有信息，则创建相关信息并保存到对应的数据库表中。

其他说明：参数 defaults，默认为 None，该参数用于在查询不到数据时创建相关对象，并设置相关参数。

该方法返回一个元组信息，元组信息的第一个元素表示更新或创建的对象信息，第二个元素表示对象信息是不是创建的。

来看一个示例，代码如下：

```
>>> a=Publisher.objects.update_or_create(name='wangsan',defaults={'country':'china'})
>>> a
(<Publisher: Publisher object (3)>, False)
>>> a=Publisher.objects.get_or_create(name='wangwu',defaults={'country':'china'}
)
>>> a
(<Publisher: Publisher object (5)>, False)
>>> a=Publisher.objects.get_or_create(name='wangliu',defaults={'country':'china'
})
>>> a
(<Publisher: Publisher object (7)>, True)
>>>
```

此时查看数据库，发现对应的表 Publisher 的结果如图 9-11 所示。

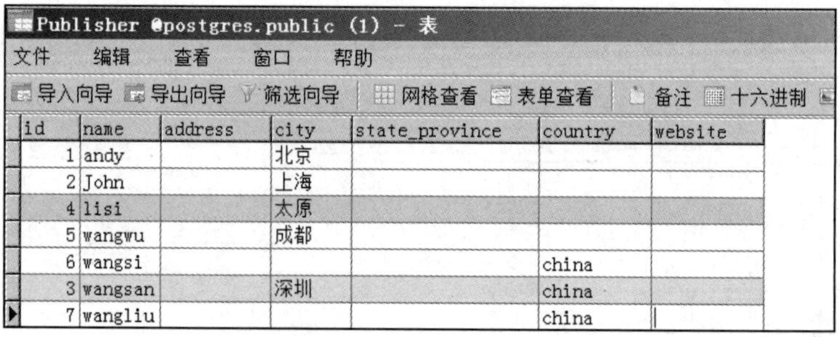

id	name	address	city	state_province	country	website
1	andy		北京			
2	John		上海			
4	lisi		太原			
5	wangwu		成都			
6	wangsi				china	
3	wangsan		深圳		china	
7	wangliu				china	

图 9-11 执行 update_or_create 后 Publisher 的结果

本例演示了 get_or_create 方法的用法，从示例可以看出：

1）首先更新了一条记录，并返回元组信息表示该信息是更新的。

2）再次更换了 name 信息，并再次更新了一条记录。

3）最后创建了一条记录，其中 name 为 wangliu。

5. save 方法

方法形式：

```
save(self, force_insert=False, force_update=False, using=None, update_fields=None
```

归属类：django.db.models.Model 类。

方法作用：用于将模型信息保存或更新到数据库对应表中。

其他说明：默认情况下，如果模型数据在数据库中存在，则数据库表进行更新操作；如果不存在，则使用该方法在数据库表中进行新增记录操作。

参数 force_insert 表示是否强制模型信息只能被插入数据库中，如果数据库中已存在该信息，则不进行任何变更。默认情况下该参数设置为 False，表示不强制模型信息只做插入操作。

参数 force_update 表示是否强制只对数据库进行更新操作，如果模型信息在数据库中不存在，则不进行操作。该参数与 force_insert 不可都设置为 True。

参数 update_fields 表示要指定更新的数据库表的相关字段信息，如果不指定，则表示模型数据的全部字段都被更新。

参数 using 用于指定要处理的数据库，如果不指定，则采用默认设置 default 指向的数据库。

来看一个示例，代码如下：

```
>>> a=Publisher(id=3,name='wangsan',city='天津',address='人民路 12 号')
>>> a.save()
```

此时查看数据库，发现对应的表 Publisher 的结果如图 9-12 所示。

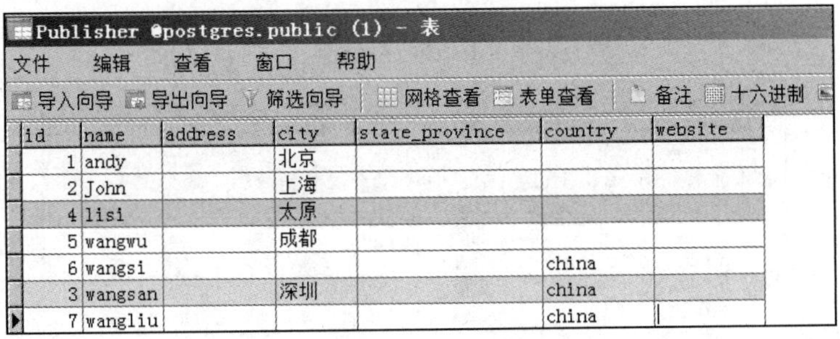
Publisher @postgres.public (1) - 表
文件　编辑　查看　窗口　帮助
导入向导　导出向导　筛选向导　网格查看　表单查看　备注　十六进制

id	name	address	city	state_province	country	website
1	andy		北京			
2	John		上海			
4	lisi		太原			
5	wangwu		成都			
6	wangsi				china	
3	wangsan		深圳		china	
7	wangliu				china	

图 9-12　执行 save 后 Publisher 的结果 1

再执行如下代码：

```
>>> a=Publisher(id=4,name='wangsan',city='天津',address='人民路12号')
```

不加参数保存：

```
>>> a.save()
```

此时查看数据库，发现对应的表 Publisher 的结果如图 9-13 所示。

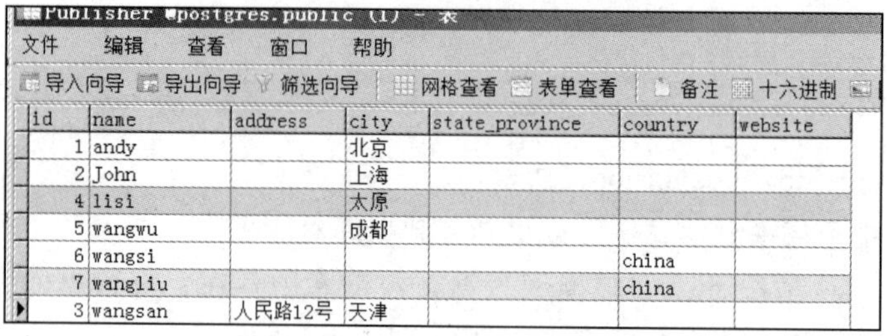

id	name	address	city	state_province	country	website
1	andy		北京			
2	John		上海			
4	lisi		太原			
5	wangwu		成都			
6	wangsi				china	
7	wangliu				china	
3	wangsan	人民路12号	天津			

图 9-13 执行 save 后 Publisher 的结果 2

继续执行如下代码：

```
>>> a=Publisher(id=8,name='wangsan',city='天津',address='人民路12号')
>>> a.save(force_update=True)
Traceback (most recent call last):
    File "<console>", line 1, in <module>
    File "D:\python374\lib\site-packages\django\db\models\base.py", line 743, in
save
    force_update=force_update, update_fields=update_fields)
    File "D:\python374\lib\site-packages\django\db\models\base.py", line 781, in
save_base
    force_update, using, update_fields,
    File "D:\python374\lib\site-packages\django\db\models\base.py", line 863, in
_save_table
    raise DatabaseError("Forced update did not affect any rows.")
django.db.utils.DatabaseError: Forced update did not affect any rows.
```

不加参数保存：

```
>>> a.save()
```

此时查看数据库，发现对应的表 Publisher 的结果如图 9-14 所示。

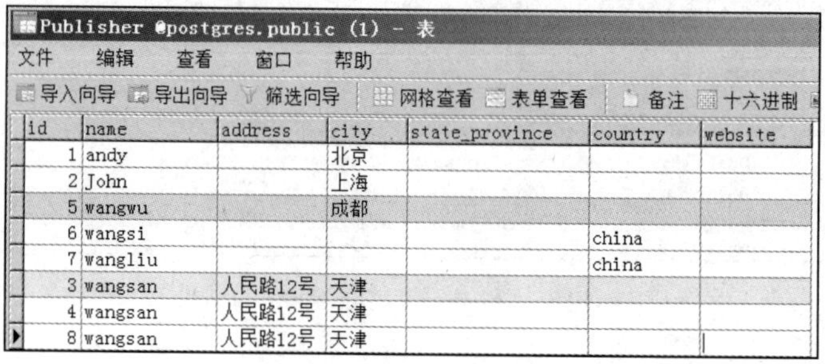

id	name	address	city	state_province	country	website
1	andy		北京			
2	John		上海			
5	wangwu		成都			
6	wangsi				china	
7	wangliu				china	
3	wangsan	人民路12号	天津			
4	wangsan	人民路12号	天津			
8	wangsan	人民路12号	天津			

图 9-14 执行 save 后 Publisher 的结果 3

最后执行如下代码：

```
>>> a=Publisher(id=8,name='wanglu',city='北京',address='人民路 23 号')
>>> a.save(update_fields=['name','city'])
```

此时查看数据库，发现对应的表 Publisher 的结果如图 9-15 所示。

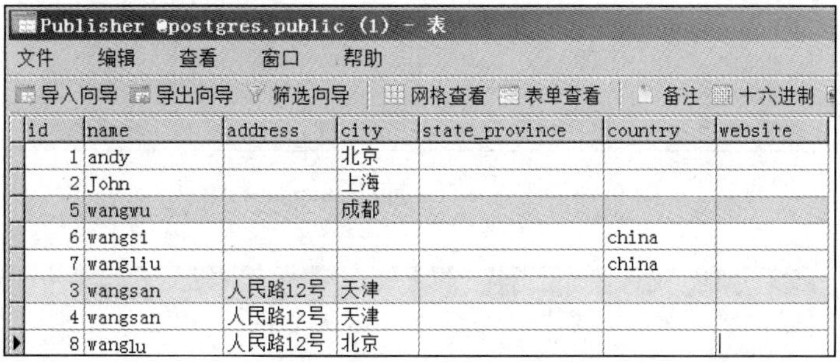

id	name	address	city	state_province	country	website
1	andy		北京			
2	John		上海			
5	wangwu		成都			
6	wangsi				china	
7	wangliu				china	
3	wangsan	人民路12号	天津			
4	wangsan	人民路12号	天津			
8	wanglu	人民路12号	北京			

图 9-15 执行 save 后 Publisher 的结果 4

9.2.2 删除数据的方法

在 Django 框架中，使用 delete 方法删除数据库相关记录。

方法形式：

```
delete(self, using=None, keep_parents=False)
```

归属类：django.db.models.Model 类。

方法作用：该方法用于删除数据库中对应的记录。

其他说明：该方法不仅删除 Python 模型实例，还返回删除的数目与以字典形式体现的各个模型删除的具体数量。

参数 using 用于指定要处理的数据库，如果不指定，则采用默认设置 default 指向的数据库。

参数 keep_parents 用于处理主子表的情况，当设置为 True 时，删除子表时主表不删除。

来看一个示例。

先查看数据库记录，发现如图 9-16 所示的结果。

然后执行如下命令：

```
>>> a=Publisher(id=3)
>>> a.delete()
(1, {'demo1.Book': 0, 'demo1.Publisher': 1})
>>>
```

此时再查看数据库记录，发现如图 9-17 所示的结果。

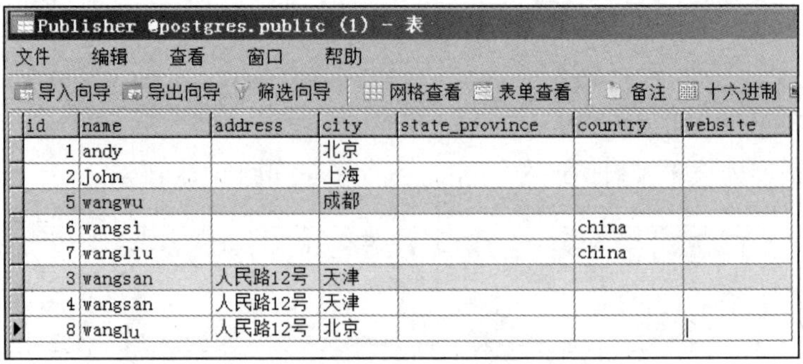

id	name	address	city	state_province	country	website
1	andy		北京			
2	John		上海			
5	wangwu		成都			
6	wangsi				china	
7	wangliu				china	
3	wangsan	人民路12号	天津			
4	wangsan	人民路12号	天津			
8	wanglu	人民路12号	北京			

图 9-16　执行 delete 前 Publisher 的结果

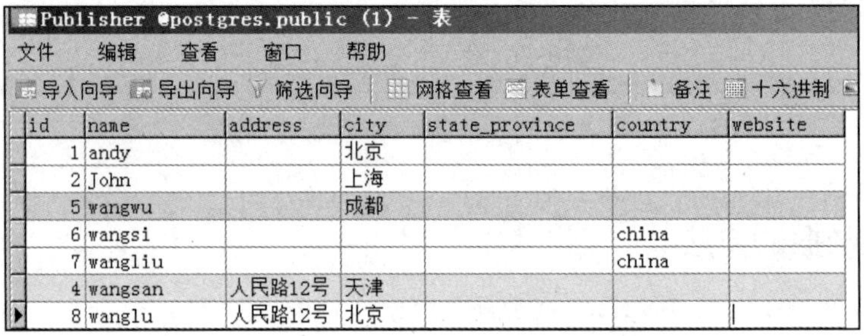

id	name	address	city	state_province	country	website
1	andy		北京			
2	John		上海			
5	wangwu		成都			
6	wangsi				china	
7	wangliu				china	
4	wangsan	人民路12号	天津			
8	wanglu	人民路12号	北京			

图 9-17　执行 delete 后 Publisher 的结果

9.2.3　修改数据的方法

在 Django 框架中，有以下修改数据库相关记录的方法。

1. update 方法

方法形式：

```
update(self, **kwargs)
```

归属类：django.db.models.QuerySet 类。

方法作用：根据传递的模型的键值对信息或字典信息更新一条模型数据，并且保存到对应的数据库表中。

其他说明：更新操作只能更新非主键以外的字段信息。

来看一个示例。

先查看数据库记录，发现如图 9-18 所示的结果。

然后执行如下命令：

```
>>>Publisher.objects.filter(name='wangsan').update(website='www.wangsan.com')
```

此时再查看数据库记录，发现如图 9-19 所示的结果。

Publisher @postgres.public (1) - 表

id	name	address	city	state_province	country	website
1	andy		北京			
2	John		上海			
5	wangwu		成都			
6	wangsi				china	
7	wangliu				china	
4	wangsan	人民路12号	天津			
8	wanglu	人民路12号	北京			

图 9-18　执行 update 前 Publisher 的结果

Publisher @postgres.public (1) - 表

id	name	address	city	state_province	country	website
1	andy		北京			
2	John		上海			
5	wangwu		成都			
6	wangsi				china	
7	wangliu				china	
8	wanglu	人民路12号	北京			
4	wangsan	人民路12号	天津			www.wangsan.com

图 9-19　执行 update 后 Publisher 的结果

2. bulk_update 方法

方法形式：

```
bulk_update(self, objs, fields, batch_size=None)
```

归属类：django.db.models.QuerySet 类。

方法作用：该方法用于批量更新数据库相关记录信息。

其他说明：

- 参数 objs 为更新的对象信息。
- 参数 fields 表示更新对象中要更新的字段信息。
- 参数 batch_size 用于控制执行一次命令分批提交的记录数量，默认情况下提交所有的记录。对应于 SQLite，默认情况下最多提交 999 条记录。

该项操作只能更新非主键字段。

除上述方法外，update-or-create 和 save 这两个方法与 9.2.1 节展示的同名方法用法一致。

9.2.4　查询数据的方法

在 Django 框架中，有以下查询数据库相关记录的方法。

1. get 方法

方法形式：

```
get(self, *args, **kwargs)
```

归属类：django.db.models.QuerySet 类。

方法作用：返回指定条件的对象信息。

来看一个示例，代码如下：

```
>>> a=Publisher.objects.get(name='wangwu')
>>> a.city
'成都'
```

查看数据库记录，发现如图 9-20 所示的结果。

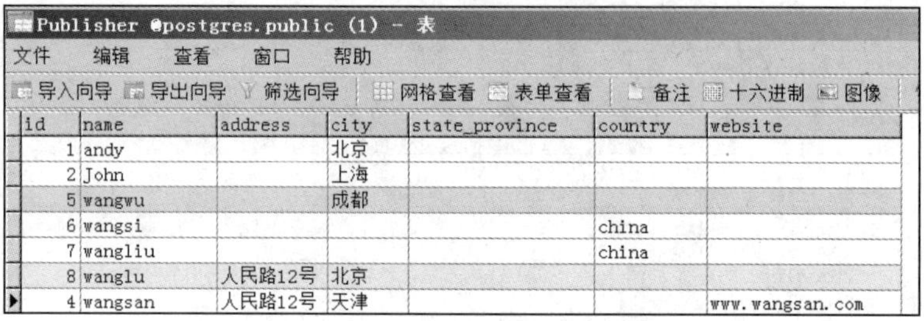

id	name	address	city	state_province	country	website
1	andy		北京			
2	John		上海			
5	wangwu		成都			
6	wangsi				china	
7	wangliu				china	
8	wanglu	人民路12号	北京			
4	wangsan	人民路12号	天津			www.wangsan.com

图 9-20 执行 get 后 Publisher 的结果

2. earliest 方法

方法形式：

```
earliest(self, *fields)
```

归属类：django.db.models.QuerySet 类。

方法作用：返回根据指定字段集合排序后的最前面一条记录信息。

与该方法类似的还有几种方法，见表 9-1。

表 9-1 与 earliest 方法类似的获取特定记录的方法

方法名称	方法归属类	方法作用
latest(self, *fields)	django.db.models.QuerySet	返回根据指定字段集合排序后的最后一条记录
first(self)	django.db.models.QuerySet	返回结果集合的第一条记录，如果结果集合未排序，则按照主键升序排序取第一条记录
last(self)	django.db.models.QuerySet	返回结果集合的最后一条记录，如果结果集合未排序，则按照主键升序排序取最后一条记录

3. in_bulk 方法

方法形式：

```
in_bulk(self, id_list=None, *, field_name='pk')
```

归属类：django.db.models.QuerySet 类。

方法作用：按照指定字段获取符合要求的记录集合，以字典形式返回。

其他说明：

❑ 参数 id_list 表明需要获取的字段的值的集合。

❑ 参数 field_name 表明指定的字段名称，默认情况下指定主键字段。

4. exists 方法

方法形式：

```
exists(self)
```

归属类：django.db.models.QuerySet 类。

方法作用：该方法判断某个条件的数据是否存在。

5. values 方法

方法形式：

```
values(self, *fields, **expressions)
```

归属类：django.db.models.QuerySet 类。

方法作用：该方法按照指定字段以字典形式返回结果数据。

其他说明：

❑ 参数 fields 表明要返回的字段名称。

❑ 参数 expressions 表示可以提供的筛选条件。

6. values_list 方法

方法形式：

```
values_list(self, *fields, flat=False, named=False)
```

归属类：django.db.models.QuerySet 类。

方法作用：该方法按照指定字段以字典形式返回结果数据。

其他说明：该方法类似于 values。只不过返回的 QuerySet 中存储的不是字典，而是元组。该方法的操作和 values 是一样的，只是返回类型不一样。

7. dates 方法

方法形式：

```
dates(self, field_name, kind, order='ASC')
```

归属类：django.db.models.QuerySet 类。

方法作用：根据指定形式对日期类型数据进行筛选，并获取相关结果。

其他说明：

❑ 参数 field_name 表明模型中类型为 DateField 的字段名称。

❑ 参数 kind 表明选择形式，目前可用形式为 year、month、week 或 day。

❑ 参数 order 表明排序形式，默认为升序，降序则采用 DESC 形式。

8. datetimes 方法

方法形式：

```
datetimes(self, field_name, kind, order='ASC', tzinfo=None)
```

归属类：django.db.models.QuerySet 类。

方法作用：根据指定形式对时间类型数据进行筛选，并获取相关结果。

其他说明：

❑ 参数 field_name 表明模型中类型为 DateTimeField 的字段名称。

❑ 参数 kind 表明选择形式，目前可用形式为 year、month、week、day、hour、minute 或 second。

❑ 参数 order 表明排序形式，默认为升序，降序则采用 DESC 形式。

❑ 参数 tzinfo 表明采用的时区。

9. all(self)

方法形式：

```
all(self)
```

归属类：django.db.models.QuerySet 类。

方法作用：该方法用于返回查询表的所有数据。

10. filter 方法

方法形式：

```
filter(self, *args, **kwargs)
```

归属类：django.db.models.QuerySet 类。

方法作用：返回与筛选条件相匹配的对象。

11. exclude 方法

方法形式：

```
exclude(self, *args, **kwargs)
```

归属类：django.db.models.QuerySet 类。

方法作用：返回筛选条件不匹配的对象。

12. select_for_update 方法

方法形式：

```
select_for_update(self, nowait=False, skip_locked=False, of=())
```

归属类：django.db.models.QuerySet 类。

方法作用：锁定并返回一个结果集合，用于更新操作。

其他说明：

❑ 参数 nowait 表明获取的记录是否需要锁定并等待处理完成。

❑ 参数 skip_locked 表明是否跳过锁定记录而获取相应结果。

❑ 参数 of 表明涉及主子表直接关联的字段。

13. select_related 方法

方法形式：

```
select_related(self, *fields)
```

归属类：django.db.models.QuerySet 类。

方法作用：获取模型关联外键涉及对象的结果集合。

其他说明：参数 fields 表明关联的字段名称。

14. prefetch_related 方法

方法形式：

```
prefetch_related(self, *lookups)
```

归属类：django.db.models.QuerySet 类。

方法作用：该方法获取模型关联外键涉及对象的结果集合。

其他说明：该方法与 select_related 类似。参数 lookups 表明要查询的关联模型名称。

15. annotate 方法

方法形式：

```
annotate(self, *args, **kwargs)
```

归属类：django.db.models.QuerySet 类。

方法作用：为每个对象按照特殊的查询模式生成相关属性信息。

16. order_by 方法

方法形式：

```
order_by(self, *field_names)
```

归属类：django.db.models.QuerySet 类。

方法作用：按照一定方式返回排序结果、信息结果。

其他说明：参数 field_names 表明要排序的字段，以字段名称前面添加 " + " 形式表示升序，以字段名称前面添加 " - " 形式表示降序，采用字符 " ? " 表示随机排序。

17. distinct 方法

方法形式：

```
distinct(self, *field_names)
```

归属类：django.db.models.QuerySet 类。

方法作用：返回剔除结果中的重复记录并返回相关信息。

其他说明：参数 field_names 表示按照哪个字段剔除相关的重复记录。

18. extra 方法

方法形式：

```
extra(self, select=None, where=None, params=None, tables=None,order_by=None,
select_params=None)
```

归属类：django.db.models.QuerySet 类。

方法作用：按照类似 SQL 方式获取相关结果集合。

其他说明：

❑ 参数 select 以字典形式体现相关的附加字段信息。

❑ 参数 where 以序列形式体现各个查询条件。

❑ 参数 params 以序列形式体现 where 中涉及的变量。

❑ 参数 tables 以序列形式体现要查询的对象。

❑ 参数 order_by 以序列形式体现排序的字段名称。

❑ 参数 select_params 以序列形式体现 select 中涉及的变量。

19. reverse 方法

方法形式：

```
reverse(self)
```

归属类：django.db.models.QuerySet 类。

方法作用：对查询结果集合进行反向排序。

20. defer 方法

方法形式：

```
defer(self, *fields)
```

归属类：django.db.models.QuerySet 类。

方法作用：剔除某些字段后返回查询结果集合。

其他说明：参数 fields 表明要剔除的字段名称，以序列形式体现。

该方法跟 values 有点类似，只不过 defer 返回的不是字典，而是模型集合。

21. only 方法
方法形式：

```
only(self, *fields)
```

归属类：django.db.models.QuerySet 类。

方法作用：返回指定字段的结果集合。

其他说明：参数 fields 表明要获取的字段名称，以序列形式体现。

该方法跟 defer 较为类似，只不过 defer 是剔除字段，而 only 则是只包含字段。

22. using 方法
方法形式：

```
using(self, alias)
```

归属类：django.db.models.QuerySet 类。

方法作用：表明指定数据库连接名称来获取数据。

其他说明：参数 alias 标明数据库名称，如果不使用该方法，默认情况下，查询配置文件中数据库配置项 default 指向连接数据库。

除上述方法外，查询数据还可用 9.2.1 节的同名方法 get_or_create 实现。

9.3　小结

本章简述了数据库对象的操作，并以示例讲述了 Django 框架生成数据库的一些规则，同时就数据库数据操作展开了阐述，并演示了某些数据操作方法的使用。本例在 Django 控制台中演示了数据操作方法，这些命令同样可在视图方法中使用，使用方式类似。

Chapter 10 第 10 章

模板的使用

作为一个 Web 框架，Django 提供了便利的动态生成 HTML 文件的可能。在 Django 框架中，最常用的动态生成 HTML 文件的方式就是依赖模板来实现。

模板包含了 HTML 代码与逻辑控制代码信息，控制代码包含了模板变量、模板标签以及模板过滤器。

Django 模板的本质是一些文本字符串，在模板中可以定义一些占位符和基本的逻辑控制代码信息（模板变量、模板标签和模板过滤器），规定如何显示文档。一般而言，模板用于生成动态 HTML，特殊情况下，模板可以生成任何基于文本的格式（如 html、xml、csv 等）。

模板的使用实现了业务逻辑与现实内容的分离，一个视图可以使用任意一个模板，一个模板可以被多个视图调用，这体现了 Django 的 MVC 思想。而 Django 框架也因此被称为 MVT 模式。

10.1 模板相关概念

10.1.1 模板引擎

所谓 Django 模板引擎，就是 Django 的一些特殊的类，通过这些类能够解读模板中出现的各项标识，读取相关位置的模板信息并解释为对应的字符串，呈现到浏览器端。

使用模板引擎的目的在于能够使 Django 框架将业务逻辑的 Python 代码和页面设计的 HTML 代码分离，使代码更干净整洁，更容易维护，也使 Python 程序员和 HTML/CSS 程序员分开协作，提高生产的效率与代码复用机制。

在 Django 框架中，可以使用两种模板引擎：一种是默认的 Django 模板引擎，其具体路径为 django.template.backends.django.DjangoTemplates；还有一种是 Jinja2 模板引擎，其具体路径为 django.template.backends.jinja2.Jinja2。

10.1.2 模板变量

所谓模板变量，其实质是一些根据一定规则定义的字符串信息，变量名称定义可以是含有字母和数字的字符与下划线的组合，但不能以下划线开头，也不能出现空格或其他标点符号。

变量使用的形式为两队大括号加变量名称，如 {{variable}}，当模板引擎遇到变量标识时，会进行变量识别，并用变量所代表的实际数值替换变量。

变量输出的信息来自后台通过的上下文信息（context）。而 context 内容则为类似键值对信息，其中的键名称则为对应的变量名称。

10.1.3 模板标签

模板标签就是基于 Django 框架对定义的一些特殊字符串，这些字符串在模板的处理过程中提供特殊的逻辑控制。所有标签都需要用 {%%} 进行包裹，并且大部分标签需要传递相关参数，另外，部分标签需要配对使用。

10.1.4 模板过滤器

模板过滤器也是基于 Django 框架对定义的一些特殊字符串，与模板标签不同，这类字符串作用于模板变量或者模板标签传递的参数。

过滤器也有其特殊的表达方式，语法格式如下：

{{ 变量 | 过滤器 1：参数值 1 | 过滤器 2：参数值 2 ... }}

10.2 模板的使用过程

本节将从多个层面介绍在 Django 工程中模板是如何使用的。

10.2.1 配置模板

创建 Django 工程后，首先要在工程配置文件中进行相关参数节点的配置。

在配置文件中（一般为 settings.py）有一个 TEMPLATES 节点。TEMPLATES 节点具有多个参数，需根据具体情况对这些参数进行正确配置，工程运行后才能正确访问相关的模板文件并加载呈现相关信息。

各个参数情况如下：

❑ 参数 BACKEND 以 Python 包路径方式（以"."作为路径分隔标识）指明实施模板引擎的支持类。

❑ 参数 DIRS 定义了一个字典对象，每个字典元素表示一个路径设置，模板引擎将在这些目录中按照顺序依次查找相关的模板信息。

❑ 参数 APP_DIRS 定义了一个布尔变量，表明模板引擎是否在加载的应用内部搜索模板信息。对于模板引擎而言，均定义了默认在应用中搜索模板的子路径。

❑ 参数 OPTIONS 定义了引擎的一些特殊设置信息。

10.2.2　创建模板

在设置好模板引擎后，就可以在工程中创建模板文件了。就 Django 框架本身而言，框架并没有限定模板文件所在的文件夹，这就意味着用户可以在任意路径下创建模板文件。一般情况下，模板引擎都规定了默认情况下的模板文件存放路径，引擎 django.template.backends.django.DjangoTemplates 规定其默认的模板目录为 templates，而 django.template.backends.jinja2.Jinja2 引擎规定了默认的目录路径为 jinja2。除此以外，如果指定了其他路径，需要在设置模板的 BACKEND 参数时特别指出模板的访问路径。

10.2.3　加载模板

在完成上述两步操作后，就可以加载模板了。模板加载有以下三种模式。

❑ 在加载模板时引入 django.template.loader 包，使用 django.template.loader 包内的 get_template 方法指定一个模板。

❑ 在加载模板时引入 django.template.loader 包，使用 django.template.loader 包内的 render_to_string 方法指定一个模板。

❑ 在加载模板时引入 django.shortcuts 包，使用 django.shortcuts 包内的 render 方法指定一个模板。

上述三种方式，在使用模板时，均无须指明路径，只需要指出相应的模板文件名称（包含后缀）即可。

10.2.4　渲染模板

作为模板使用的最后一个环节，渲染过程的核心是将模板内容组织成为一个上下文对象 django.template.Context，从而将信息传递到浏览器端展示，模板渲染有以下三种方式：

第一种方式，引入 django.template.Template 类，在模板加载页面后，使用该类的 render 方法渲染页面，最后将渲染结果通过返回 django.http.HttpResponse 类呈现到浏览器端。

第二种方式，引入 django.template.loader 包，通过 django.template.loader 包内的

render_to_string 方法渲染页面，最后将渲染结果通过返回 django.http.HttpResponse 类呈现到浏览器端。

第三种方式，引入 django.shortcuts 包，使用包内的 render 方法渲染页面结果并呈现到浏览器端。

10.3 模板关联应用

10.3.1 模板搜索规则

Django 框架中，加载模板时只需要使用模板文件名称作为传递参数即可。在工程执行过程中，遇到加载模板代码时，Django 框架会按照一定规则在工程中搜索相关的文件，具体规则如下：

1）搜索工程配置文件 TEMPLATES 节点的参数 DIRS 是否设置有值。如果存在多个路径值，则根据第一个路径值去搜索相应的路径下是否包含名称与加载模板名称一致的文件（所谓的名称一致不仅要求文件主名称一致，还要求扩展名称一致）。如果在第一个路径值中找到名称一致的文件，则停止搜索。如果没有找到，则根据第二个路径值去搜索相应的路径下是否包含名称与加载模板名称一致的文件设置，依此类推，最终遍历完 DIRS 所有路径值指向的路径。

2）如果在 TEMPLATES 节点的参数 DIRS 中设置的所有路径值中都没有找到与加载模板名称一致的文件，则框架会继续查看 TEMPLATES 节点中的参数 APP_DIRS 是否为 True。如果为 True，则搜索工程配置文件的 INSTALLED_APPS 节点中设置的每个应用列表所关联的模板路径。其搜索顺序原则上是应用访问的先后顺序，需要注意的是，默认情况下，框架加载了内嵌应用，只有 django.contrib.admin 与 django.contrib.auth 有相应的模板文件，且会按照顺序搜索，而其他几个内嵌应用，如 django.contrib.contenttypes、django.contrib.sessions 等均不会被搜索。对于自定义的应用，无论其是否包含了模板文件，只要在 INSTALLED_APPS 节点中添加，均会被按照一定规则搜索。

3）经过上述两步遍历操作，如果工程仍没有搜索到对应的模板文件，那么在调试模式下，将会出现类似 TemplateDoesNotExist 的系统提示错误。

10.3.2 模板的变量使用

模板变量是 Django 框架支持的在模板中使用的动态变量，其目的在于从后台（View）向前端（Template）传递数据信息。模板变量的命名由字母和数字以及下划线组成，不能有空格和标点符号，并且不能与 Python 或 Django 关键字重名。

模板变量的使用包含以下两个环节：

第一个环节就是模板变量的定义。模板变量在视图方法中定义，可以使用字典、模型、方法、函数、列表的信息赋值给模板变量。可以通过两种形式将模板变量的相关数据传递到前台模板文件，一种是 context 形式，另一种是字典形式。

第二个环节为模板变量的调用。调用发生在前端模板文件中，调用时需要采用双大括号形式引入变量，形式为 {{ 变量 }}。

由于传递数据的不同，模板变量在前端调用方式有所不同：

❑ 如果类型为列表形式，那么在调用时采用 {{ 变量名称 . 数字索引号 }} 形式来获取相关数据。

❑ 对于字典形式的类型，在调用时采用 {{ 变量名称 . 键名称 }} 形式来获取相关数据。

❑ 对于模型形式的类型，在调用时可采用 {{ 变量名称 . 属性名称 }} 形式来获取相关数据。

❑ 对于方法、函数的类型，在调用时采用 {{ 变量名称 . 方法（函数）名称 }} 形式来获取相关数据。

在前端模板渲染碰到变量时，将根据一定规则解析变量的值，然后将结果输出。解析时将按照以下顺序依次解析。

1）字典键值查找。

2）属性或方法查找。

3）数字索引查找。

10.4 示例演示

本节将以多个示例来演示模板的初步使用。

10.4.1 模板的使用

本示例演示模板方法的使用情况，具体操作如下：

1）在 Windows 系统命令行窗口，执行 "Django-admin startproject demo1" 命令，建立 Django 工程 demo1。

2）在工程的 demo1 子文件夹内添加视图文件 demo1.py，添加内容如下：

```
from django.http import HttpResponse
from django.template import loader
from django.shortcuts import render


def templatedemo1(request):
    t=loader.get_template('template1.html')
    m=t.render()
    return  HttpResponse(m)


def templatedemo2(reqe):
```

```
    m=loader.render_to_string('template2.html')
    return  HttpResponse(m)

def templatedemo3(re):
    return render(re,'template3.html')
```

3）修改工程 demo1 子文件夹内的配置文件（名称为 settings.py），为 INSTALLED_APPS 节点增加 "demo1" 应用。

4）修改工程 demo1 子文件夹内的路由文件（名称为 urls.py），代码如下：

```
from django.contrib import admin
from django.urls import path
from .demo1 import *

urlpatterns = [
    path('admin/', admin.site.urls),
    path('templatedemo1/',templatedemo1),
    path('templatedemo2/', templatedemo2),
    path('templatedemo3/', templatedemo3),
]
```

5）在工程的 demo1 子文件夹内新建文件夹 templates，并在此文件夹中新建模板文件 template1.html，代码如下：

```
<!DOCTYPE html>
<html lang="en">
<head>
    <meta charset="UTF-8">
    <title>demo1-template</title>
</head>
<body>
<h1>this is template1 demo </h1>
<h2>One</h2>
</body>
</html>
```

6）继续在文件夹 templates 中新建模板文件 template2.html，代码如下：

```
<!DOCTYPE html>
<html lang="en">
<head>
    <meta charset="UTF-8">
    <title>demo1-template</title>
</head>
<body>
<h1>this is template2 demo </h1>
<h2>Two</h2>
</body>
</html>
```

7）在文件夹 templates 中新建模板文件 template3.html，代码如下：

```
<!DOCTYPE html>
<html lang="en">
<head>
    <meta charset="UTF-8">
    <title>demo1-template</title>
</head>
<body>
<h1>this is template3 demo </h1>
<h2>Three</h2>
</body>
</html>
```

8）通过 Windows 系统命令行窗口进入 Django 工程文件夹 demo1，然后输入 migrate 命令，生成相关内嵌模板的数据库文件，数据库采用默认的 SQLite 数据库。

9）在 Django 工程文件夹 demo1 中，通过"runserver"命令启动工程 Web 服务，然后在浏览器地址栏输入 http://127.0.0.1:8000/templatedemo1/，出现如图 10-1 所示的页面。

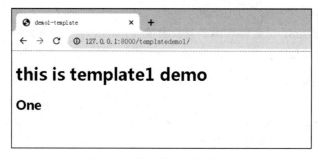

图 10-1　模板使用示例页面 1

在浏览器地址栏输入 http://127.0.0.1:8000/templatedemo2/，出现如图 10-2 所示的页面。

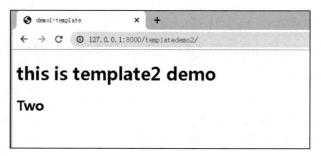

图 10-2　模板使用示例页面 2

在浏览器地址栏输入 http://127.0.0.1:8000/templatedemo3/，出现如图 10-3 所示的页面。
说明：

1）本例演示了模板文件的加载及渲染的不同模式。

图 10-3　模板使用示例页面 3

2）由于本例采用了工程默认生成模式，工程加载了多个框架内嵌 App，为保证工程正常使用，因此需要通过生成数据库迁移数据的方式对工程进行初始化。这也是本例在工程启动之前调用 migrate 方法的原因。

3）本例视图方法 templatedemo1 采用了 get_template 方法加载模板，使用了 django.template.Template 类中的 render 方法进行模板渲染。

4）本例视图方法 templatedemo2 采用了 render_to_string 方法加载并渲染模板。

5）本例视图方法 templatedemo3 采用了 django.shortcuts 包内的 render 方法加载并渲染模板。

10.4.2　模板搜索示例

以下示例演示模板搜索规则，具体操作如下：

1）在 Windows 系统命令行窗口，执行"Django-admin startproject demo2"命令建立 demo2 工程。

2）进入 demo2 所在目录，执行如下命令，建立工程 demo2 内的应用 app2。

```
python manage.py startapp app2
```

3）在工程的 demo2 子文件夹内添加视图文件 demo2.py，添加内容如下：

```
from django.http import HttpResponse
from django.template import loader

def viewt(request):
    t=loader.get_template('templatedemo.html')
    m=t.render()
    return  HttpResponse(m)
```

4）在工程的 demo2 子文件夹内新建文件夹 templates，并在此文件夹中新建模板文件 templatedemo.html，代码如下：

```
<!DOCTYPE html>
<html lang="en">
```

```
<head>
    <meta charset="UTF-8">
    <title>demo-template</title>
</head>
<body>
<h1>this is demo2 templates</h1>
<h2>One</h2>
</body>
</html>
```

5）在工程的 app2 子文件夹内新建文件夹 templates，并在此文件夹中新建模板文件 templatedemo.html，代码如下：

```
<!DOCTYPE html>
<html lang="en">
<head>
    <meta charset="UTF-8">
    <title>demo-template</title>
</head>
<body>
<h1>this is app2 templates</h1>
<h2>Two</h2>
</body>
</html>
```

6）在工程中新建文件夹 templatedir1，在此文件夹中新建模板文件 templatedemo.html，代码如下：

```
<!DOCTYPE html>
<html lang="en">
<head>
    <meta charset="UTF-8">
    <title>demo-template</title>
</head>
<body>
<h1>this is templatedir1 templates</h1>
<h2>Three</h2>
</body>
</html>
```

7）在工程中新建文件夹 templatedir2，在此文件夹中新建模板文件 templatedemo.html，代码如下：

```
<!DOCTYPE html>
<html lang="en">
<head>
    <meta charset="UTF-8">
    <title>demo-template</title>
</head>
<body>
```

```
<h1>this is templatedir2 templates</h1>
<h2>Four</h2>
</body>
</html>
```

8）修改工程 demo2 子文件夹内的路由文件（名称为 urls.py），代码如下：

```
from django.contrib import admin
from django.urls import path
from .demo2 import *

urlpatterns = [
    path('admin/', admin.site.urls),
    path('viewt/',viewt),
]
```

9）通过 Windows 系统命令行窗口进入 demo2 工程文件夹，然后输入 migrate 命令，生成相关内嵌模板的数据库文件，这里采用默认的 SQLite 数据库。

10）进入 demo2 工程文件夹，通过"runserver"命令启动工程 Web 服务，然后在浏览器地址栏输入 http://127.0.0.1:8000/viewt/，结果如图 10-4 所示。

图 10-4　模板搜索示例页面 1

11）修改工程 demo2 子文件夹内的配置文件（名称为 settings.py），INSTALLED_APPS 节点的修改如下：

```
INSTALLED_APPS = [
    'django.contrib.admin',
    'django.contrib.auth',
    'django.contrib.contenttypes',
    'django.contrib.sessions',
    'django.contrib.messages',
    'django.contrib.staticfiles',
    'demo2',
    'app2',
]
```

在浏览器地址栏再次输入 http://127.0.0.1:8000/viewt/，结果如图 10-5 所示。

12）修改工程 demo2 子文件夹内的配置文件（名称为 settings.py），INSTALLED_APPS 节点的修改如下：

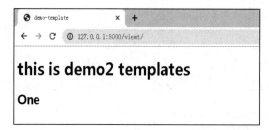

图 10-5　模板搜索示例页面 2

```
INSTALLED_APPS = [
    'django.contrib.admin',
    'django.contrib.auth',
    'django.contrib.contenttypes',
    'django.contrib.sessions',
    'django.contrib.messages',
    'django.contrib.staticfiles',
    'app2',
    'demo2',
]
```

在浏览器地址栏再次输入 http://127.0.0.1:8000/viewt/，结果如图 10-6 所示。

图 10-6　模板搜索示例页面 3

13）修改工程 demo2 子文件夹内的配置文件（名称为 settings.py），TEMPLATES 节点的修改如下：

```
TEMPLATES = [
    {
        'BACKEND': 'django.template.backends.django.DjangoTemplates',
        'DIRS': [],
        'APP_DIRS': False,
        'OPTIONS': {
            'context_processors': [
                'django.template.context_processors.debug',
                'django.template.context_processors.request',
                'django.contrib.auth.context_processors.auth',
                'django.contrib.messages.context_processors.messages',
            ],
```

```
        },
    },
]
```

在浏览器地址栏再次输入 http://127.0.0.1:8000/viewt/，结果如图 10-7 所示。

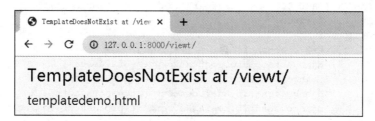

图 10-7 模板搜索示例页面 4

14）修改工程 demo2 子文件夹内的配置文件（名称为 settings.py），TEMPLATES 节点的修改如下：

```
TEMPLATES = [
    {
        'BACKEND': 'django.template.backends.django.DjangoTemplates',
        'DIRS': [BASE_DIR/'templatedir1'],
        'APP_DIRS': True,
        'OPTIONS': {
            'context_processors': [
                'django.template.context_processors.debug',
                'django.template.context_processors.request',
                'django.contrib.auth.context_processors.auth',
                'django.contrib.messages.context_processors.messages',
            ],
        },
    },
]
```

在浏览器地址栏再次输入 http://127.0.0.1:8000/viewt/，结果如图 10-8 所示。

图 10-8 模板搜索示例页面 5

15）修改工程 demo2 子文件夹内的配置文件（名称为 settings.py），TEMPLATES 节点的修改如下：

```
TEMPLATES = [
    {
        'BACKEND': 'django.template.backends.django.DjangoTemplates',
        'DIRS': [BASE_DIR/'templatedir2',BASE_DIR/'templatedir1'],
        'APP_DIRS': True,
        'OPTIONS': {
            'context_processors': [
                'django.template.context_processors.debug',
                'django.template.context_processors.request',
                'django.contrib.auth.context_processors.auth',
                'django.contrib.messages.context_processors.messages',
            ],
        },
    },
]
```

在浏览器地址栏再次输入 http://127.0.0.1:8000/viewt/，结果如图 10-9 所示。

图 10-9　模板搜索示例页面 6

说明：

1）本例演示了在 Django 框架工程中如何搜索相关的模板文件。

2）本例定义了在不同路径下的 4 个同名模板文件，并定义了一个路由指向相关的模板文件。

3）对于引擎 django.template.backends.django.DjangoTemplates 而言，默认在应用目录下的名称为 templates 文件夹中搜索模板文件。

4）如果在配置文件的应用加载节点（INSTALLED_APPS）中未配置相应应用（如 demo2），则相关应用的默认路径下的模板文件即使存在，也不被加载访问。这就是为什么刚开始浏览 http://127.0.0.1:8000/viewt/ 时，页面提示错误"TemplateDoesNotExist at /viewt/"。

5）框架按照应用加载节点（INSTALLED_APPS）中加载应用的先后顺序依次搜索相关模板文件，如找到则不再进行后续查找，所以当 demo2 在前时，显示 One 的页面；当 app2 在前时，显示 Two 的页面。

6）框架默认在配置文件中设置了在应用下的引擎默认路径可被访问，如果设置了参数 APP_DIRS 为 False，则引擎将不会搜索应用下的引擎默认路径内的模板文件。这就是设置了 APP_DIRS 为 False 以后，尽管在应用加载节点（INSTALLED_APPS）中加载了相关应用，页面仍提示错误"TemplateDoesNotExist at /viewt/"的原因。

7）当模板节点（TEMPLATES）中设置了 DIRS 参数，并且参数指向的路径中含有相关的模板文件时，则框架优先显示该模板文件，而不显示应用加载节点（INSTALLED_APPS）加载应用中的模板文件。

8）当 DIRS 参数中设置多个路径信息时，优先显示在 DIRS 参数列表中靠前路径的模板文件。

10.4.3　变量使用示例

本示例演示模板变量的使用情况，具体操作如下：

1）在 Windows 系统命令行窗口，执行"Django-admin startproject demo3"命令，建立 Django 工程 demo3。

2）在工程的 demo3 子文件夹内添加视图文件 demo3.py，添加内容如下：

```
from django.http import HttpResponse
from django.template import loader
from django.shortcuts import render
from .models import *

def vardemo1(request):
    t=loader.get_template('template1.html')
    con={'username':'wangli','age':25,'email':'wangli@qq.com'}
    m=t.render(con)
    return  HttpResponse(m)
class test():
    def test(self):
        return "this is my test class"


def vardemo2(re):
    l1=[1,3,5]
    l2=test()
    l3=User(name='wangsan',age=23,address=' 人民路 2 号 ')
    return render(re,'template2.html',locals())
```

3）在工程的 demo3 子文件夹内添加视图文件 models.py，添加内容如下：

```
from django.db import models

class User(models.Model):
    name = models.CharField(max_length=20,primary_key=True)
    address = models.CharField(max_length=50, null=True)
    age=models.IntegerField(null=True)
```

4）修改工程 demo3 子文件夹内的配置文件（名称为 settings.py），为 INSTALLED_
APPS 节点增加"demo3"应用。

5）修改工程 demo3 子文件夹内的路由文件（名称为 urls.py），结果如下：

```
from django.contrib import admin
from django.urls import path
from .demo3 import *

urlpatterns = [
    path('admin/', admin.site.urls),
    path('vardemo1/',vardemo1),
    path('vardemo2/', vardemo2),
]
```

6）在工程的 demo3 子文件夹内新建文件夹 templates，在文件夹 templates 中新建模板
文件 template1.html，代码如下：

```
<!DOCTYPE html>
<html lang="en">
<head>
    <meta charset="UTF-8">
    <title>Title</title>
</head>
<body>
{{username}}
<br>
{{age}}
<br>
{{email}}

</body>
</html>
```

7）在文件夹 templates 中新建模板文件 template2.html，代码如下：

```
<!DOCTYPE html>
<html lang="en">
<head>
    <meta charset="UTF-8">
    <title>Title</title>
</head>
<body>
列表: {{l1.1}} --{{l1.2}}
<hr>
方法: {{l2.test}}
<hr>
模型: {{l3.name}} 。。 {{l3.age}}

</body>
</html>
```

8）通过 Windows 系统命令行窗口进入 Django 工程文件夹，然后输入 migrate 命令，生成相关内嵌模板的数据库文件。

9）进入 demo2 工程文件夹，通过"runserver"命令启动工程 Web 服务，然后在浏览器地址栏输入 http://127.0.0.1:8000/vardemo1/，结果如图 10-10 所示。

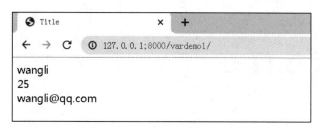

图 10-10　变量使用示例页面 1

在浏览器地址栏输入 http://127.0.0.1:8000/vardemo2/，结果如图 10-11 所示。

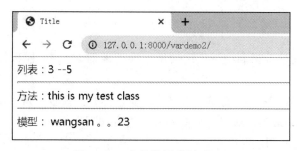

图 10-11　变量使用示例页面 2

说明：

1）本例展示了模板变量多种传递形式的应用。

2）在视图方法 vardemo1（该方法由路由 vardemo1 调用）中，模型变量在常规状态下以字典形式传递到模板页面 template1 中，并在 template1 中以键名称来获取相关的键值信息。

3）在视图方法 vardemo1（该方法由路由 vardemo1 调用）中，定义了多个变量，其中变量 l1 为列表，l2 为类实例，l3 为模型实例，视图方法 vardemo1 通过方法 locals 将所有变量传递到模板页面 template2，在 template2 中，以 {{ 模型名称 . 属性名称 }} 来展示通过模型实例变量传递的值；以 {{ 列表名称 . 索引号 }} 来展示通过列表变量传递的值；以 {{ 类实例名称 . 方法名称 }} 来展示通过类实例变量传递的值。

10.5　小结

本章初步介绍了模型的使用，并演示了模板变量的使用。对于模板标签与模板过滤器的使用，将在后续章节展开阐述。

Chapter 11 第 11 章

模 板 标 签

在 Django 框架的模板机制中，广泛使用了模板标签（tag）。模板标签提供了一些页面处理的逻辑。

模板的通用形式为 {% 模板标签名称 %}，模板标签比模板变量更复杂，模板标签的本质也是函数，标签名一般为函数名。这些标签主要有如下作用。

❑ 按照一定方式渲染模板。

❑ 对传递过来的参数进行一定的逻辑判断。

❑ 对相关内容进行计算并返回相应结果。

Django 的模板标签根据其作用可分为如下两类。

❑ simple_tag 简单标签：用于处理数据，返回一个字符串或者给 context 设置或添加变量。

❑ inclusion_tag（包含标签）：用于处理数据，返回一个渲染过的模板。

Django 框架提供了很多系统模板标签，同时也给开发人员提供了自定义模板标签的方式。

11.1　系统模板标签

常见的系统模板标签一般都在 Django.template..defaulttags 包中，具体有以下标签。

（1）autoescape

autoescape 标签用来控制当前的自动转义行为。该标签带有一个参数，可以选择 on 或 off 这两个值用来决定在标签所在区域是否对相关特殊字符实行自动转义。该标签与

endautoescape 标签配对形成一个封闭区域。

当这个标签生效时，包含 HTML 的变量先转义再输出（在此之前先应用过滤器）。这个效果与在各个变量上应用 escape 过滤器的效果类似。

唯一的例外是相关变量被标记为安全模式，这种安全模式可能受与变量关联的生成代码影响，也可能是变量通过 safe 或 escape 过滤器标记为无须转义的安全内容。

（2）comment

comment 标签用来忽略区域内的所有内容，区域初始标签为 comment，结束标签为 endcomment，在初始标签处可以添加注解说明忽略原因。

（3）csrf_token

csrf_token 标签用来提示代码实施了跨站请求保护，该标签使用需要加载跨站请求保护的中间件（django.middleware.csrf.CsrfViewMiddleware），该中间件默认已加载。

（4）cycle

cycle 标签主要用于循环中，根据循环次数依次显示标签所带的参数，当标签参数遍历完成时，再重新从第一个参数开始显示。

（5）debug

debug 标签用于输出所有的调试信息，包括当前上下文和导入的模块。

（6）filter

filter 标签用于将标定区域内容执行过滤器操作。

（7）firstof

firstof 标签用于返回列表中第一个可用（非 false）的变量或者字符串，当所有变量均表示 false 时，则返回空。

（8）for

for 标签用于循环变量数组中的每一个元素，以 for 标签开始，以 endfor 标签结束。在该标签循环中，可以使用一个特殊的 forloop 模板变量。这个模板变量能提供一些当前循环进展的信息，变量 forloop 的属性如表 11-1 所示。

表 11-1 forloop 的属性

变量属性	含义
forloop.counter	总是一个表示当前循环的执行次数的整数计数器。因为这个计数器是从 1 开始计数的，所以在第一次循环时，forloop.counter 将会被设置为 1
forloop.counter0	类似于 forloop.counter，但是它是从 0 开始计数的。第一次执行循环时，forloop.counter0 将会被设置为 0
forloop.revcounter	表示将被设置为序列中项的总数。最后一次循环执行中，这个变量将被设置为 1
forloop.revcounter0	类似于 forloop.revcounter，但它以 0 作为结束索引。在第一次执行循环时，该变量会被设置为序列中项的个数减 1。在最后一次迭代时，该变量将被设置为 0
forloop.first	在第一次执行循环时，该变量被设置为 True

（续）

变量属性	含义
forloop.last	在最后一次执行循环时，该变量被设置为 True
forloop.parentloop	是一个指向当前循环的上一级循环的 forloop 对象的引用（在嵌套循环的情况下）

forloop 变量只能够在循环中使用，当模板解析器碰到 {% endfor %} 标签时，forloop 就不可访问了。

（9）for ... empty

for ... empty 标签与 for 标签类似，不同之处在于，如果 for 循环的参数–列表为空，则 for ... empty 标签将执行 empty 中的内容。

（10）ifchanged

ifchanged 标签用于检测一个值在循环的最后有没有改变，因此，这个标签是在循环中使用的，该标签涵盖的范围以 ifchanged 作为开始标签，以 endifchanged 作为结束标签。

ifchanged 标签有以下两个用法。

❏ 在开始标签中没有传递参数时，比较的是其涵盖范围内的内容与之前该值的状态是否有变化，有变化则显示涵盖范围内的内容。

❏ 在开始标签中传递一个或以上各参数的时候，如果有一个或者以上参数发生变化，则显示涵盖范围内的内容。

需要说明的是，ifchanged 标签还有一个辅助标签 else，用来处理信息未发生变化的情况。

（11）if

if 标签用来判断传递参数是否为真，当为真时，则显示标签区域内的内容。该标签以 if 标签作为开始标签，以 endif 标签作为结束标签，同时可以使用一个或多个 else 标签作为辅助标签。

标签使用过程中，当判断传递参数为真时，可以使用 and、or、not 等布尔操作符进行相关参数的复杂组合真值判断，也可以使用 ==、!=、<、>、<=、>=、in、not in、is 与 is not 等操作符进行复杂组合真值判断。

（12）lorem

lorem 标签用来在模板中提供文字样本以供测试使用。该标签可以使用参数，也可选择性地使用 1 ~ 3 个参数。

当不使用参数时，在页面呈现为一个以"lorem ipsum"开头的随机文本串，当使用参数时，需要按照一定含义、先后顺序正确使用相关参数。第一个参数传递一个数字，表示随机生成的单词或段落的次数，默认情况下该参数值为 1。第二个参数传递采用生成文本的方式，可选择的值有 w（表示单词）、p（表示 HTML 段落）或者 b（表示纯文本段落），默认情况下该参数值为 b。第三个参数传递的值为 random，表示随机生成文本串，而不以

"lorem ipsum" 开头。

（13）load

load 标签用于加载一些自定义模板。

（14）now

now 标签用来按照约定的格式显示当前日期及时间。该标签使用一个字符串参数来传递相关的输出形式。字符串参数必须为框架本身约定的字符，不同的字符具有不同的含义，具体情况如下。

下面是与天相关的格式字符。

❑ d：以 2 位数值表示 1 ~ 31 之内的天，当不足 2 位数值时，第 1 位以 0 表示；

❑ j：表示 1 ~ 31 之内的天，与 d 不同的是，当不足 2 位数值时，第 1 位不以 0 表示；

❑ D：表示星期几的字母缩写；

❑ I：表示星期几的字母全称；

❑ S：表示该天在月份的第几天，以 2 位字符表示，字符结果可能为 "st"（first）、"nd"（second）、"rd"（third）、"th"；

❑ w：以数字形式表示该天为星期几（其中星期日为 0，星期一到星期六分别为 1 ~ 6）；

❑ z：表示该天是一年中的第几天（其值的范围为 1 ~ 366）。

与星期相关的字符是 W，它表示以每周的星期一作为背景基准，确定该周属于一年的第几周。

下面是与月份相关的格式字符。

❑ m：以 2 位数值表示 1 ~ 12 之内的月，当不足 2 位时，第 1 位以 0 表示；

❑ n：表示 1 ~ 12 之内的月，当不足 2 位时，第 1 位不以 0 表示；

❑ M：以英语月份的 3 位字母的缩写表示月份；

❑ b：以英语月份的 3 位字母的缩写的小写形式表示月份；

❑ F：以英语月份全字母表示；

❑ t：表示当月的天数。

下面是与年相关的格式字符。

❑ y：以 2 位数值表示的年份；

❑ Y：以 4 位数值表示的年份；

❑ L：用布尔值表示该年份是否为闰年。

下面是与时间相关的格式字符。

❑ g：以 12 小时制形式表示小时，取值范围为 1 ~ 12，并且没有前导 0；

❑ G：以 24 小时制形式表示小时，取值范围为 0 ~ 23，并且没有前导 0；

❑ h：以 12 小时制形式表示小时，并且保证为 2 位数值，取值范围为 01 ~ 12，当不足 2 位数值时，前导以 0 填充；

- ❏ H：以 24 小时制形式表示小时，并且保证为 2 位数值，取值范围为 00 ～ 23，当不足 2 位数值时，前导以 0 填充；
- ❏ i：以 2 位数值形式表示当前时间的分钟，取值范围为 00 ～ 59，当不足 2 位数值时，前导以 0 填充；
- ❏ s：以 2 位数值形式表示当前时间的秒，取值范围为 00 ～ 59，当不足 2 位数值时，前导以 0 填充；
- ❏ u：以 6 位数值表示当前的毫秒数，取值范围为 000000 ～ 999999；
- ❏ a：以小写形式表示上午或下午，可取值为 a.m. 或 p.m.；
- ❏ A：以大写形式表示上午或下午，可取值为 AM 或 PM。

（15）regroup

regroup 标签用来对对象集合重新进行分组。

（16）resecycle

resecycle 标签用于重置标签 cycle 的值为第一个元素。

（17）spaceless

spaceless 标签可以用于移除区域内的 html 标记的关联空格、回车以及 tab 值。通常以 spaceless 作为开始标签，以 endspaceless 作为结束标签。该标签不会移除区域内文字内容中的空格信息。

（18）templatetag

templatetag 标签用来输出与模板标签的特殊字符，该标签可用参数及含义表示如下。

- ❏ openblock 表示字符串 "{%"。
- ❏ closeblock 表示字符串 "%}"。
- ❏ openvariable 表示字符串 "{{"。
- ❏ closevariable 表示字符串 "}}"。
- ❏ openbrace 表示字符串 "{"。
- ❏ closebrace 表示字符串 "}"。
- ❏ opencomment 表示字符串 "{#"。
- ❏ closecomment 表示字符串 "#}"。

（19）url

url 标签用来获取绝对路径引用。该标签的第一个参数为必填信息，需要输入事先定义好的 URL 模型名称。

（20）verbatim

verbatim 标签用于标志在区域内部不按照模板引擎来解析相关模板块标记信息。通常以 verbatim 作为开始标签，以 endverbatim 作为结束标签。

（21）widthratio

widthratio 标签用于创建图片、图表等矩形对象信息，该标签根据对象设置已有的高度信息，在宽度设置时加载该标签可根据其比率参数设置相应的宽度信息。该标签有三个参数，第一个参数表示宽度当前值，第二个参数表示宽度最大值，第三个参数表示允许最大宽度。在参数设置完成后，该宽度最终的值为宽度当前值 / 宽度最大值 * 最大宽度。

（22）with

with 标签用来将相关复杂变量缓存为一个简单变量名称，在区域内使用。该标签以 with 标签开始，以 endwith 标签结束。该标签可以根据需要设置一个或多个变量信息。

除了上述系统模板标签外，在其他包中还有一些系统模板标签，其中，在 django.template.loader_tags 中存在如下系统模板标签。

（1）block

block 标签一般用于模板的嵌套，在母模板中定义该标签，在子模板中使用该标签，加载子模板的特定内容。

该标签以 block 作为开始标签，以 endblock 作为结束标签，默认情况下，该标签的标志名称为 default，如果在母模板中需要在多处使用该标签，就需要对每个标签分别加载一个标志名称的参数。

（2）extends

extends 标签用于标志模板引入母版信息。该标签有两种用法：一种以字符串形式作为参数传递，其中字符串为母版文件名称；另一种以变量形式作为参数传递，其中变量传递信息为母版文件名称。

（3）include

include 标签用于在当前内容区域加载另一个模板内容。该标签的使用方式与 extends 标签的类似，均可以使用变量传递或字符串传递模板文件名称。

另外，在包 django.templatetags.static 中还包含 static 标签。

static 标签用于项模板中加载相关的静态资源，使用该标签需要提前做好如下准备。

1）确保 django.contrib.staticfiles 已经添加到配置文件的 INSTALLED_APPS 节点中。

2）确保在配置文件中设置了 STATIC_URL 节点或 STATICFILES_DIRS 节点信息。

3）在工程中已经添加了静态资源的文件夹及其相关文件，其路径信息与 STATIC_URL 节点关联。

4）在模板中先使用 load 标签加载相关静态应用，以如下形式体现：

```
{% load static %}
```

准备好上述几点后，在具体的位置即可使用该标签加载具体的资源文件，该标签包含一个字符串参数，表示资源文件的名称。

11.2　模板标签示例

本示例演示模板的方法使用情况，具体操作如下。

1）在 Windows 系统命令行窗口执行"django-admin startproject demo1"命令，建立 Django 工程 demo1。

2）在工程的 demo1 子文件夹中添加视图文件 demo1.py，代码如下：

```python
from django.http import HttpResponse
from django.template import loader

def templatedemo1(request):
    t=loader.get_template('template1.html')
    dicts={
        'd1':'dict-one',
        'd2':'dict-two',
        'd3':'dict-three'
    }
    m=t.render(locals())
    return  HttpResponse(m)

def templatedemo2(request):
    t=loader.get_template('template2.html')
    list=range(1,6)
    m=t.render(locals())
    return  HttpResponse(m)

def templatedemo3(request):
    t=loader.get_template('template3.html')
    m=t.render()
    return  HttpResponse(m)
```

3）修改在工程的 demo1 子文件夹内的配置文件（名称为 settings.py），在 INSTALL-ED_APPS 节点中增加"demo1"应用。

修改 TEMPLATES 节点，添加相关静态文件支持，代码如下：

```python
TEMPLATES = [
    {
        'BACKEND': 'django.template.backends.django.DjangoTemplates',
        'DIRS': [],
        'APP_DIRS': True,
        'OPTIONS': {
            'context_processors': [
                'django.template.context_processors.debug',
                'django.template.context_processors.request',
                'django.contrib.auth.context_processors.auth',
                'django.contrib.messages.context_processors.messages',
                'django.template.context_processors.static',
            ],
```

```
        },
    },
]
```

4）修改在工程的 demo1 子文件夹内的路由文件（名称为 urls.py），代码如下：

```
from django.contrib import admin
from django.urls import path
from .demo1 import *

urlpatterns = [
    path('admin/', admin.site.urls),
    path('templatedemo1/',templatedemo1,name='templatedemo1'),
    path('templatedemo2/', templatedemo2),
    path('templatedemo3/', templatedemo3),
]
```

5）在工程的 demo1 子文件夹内新建文件夹 templates，在文件夹 templates 中新建模板文件 template1.html，代码如下：

```
<!DOCTYPE html>
<html lang="en">
<head>
    <meta charset="UTF-8">
    <title>模板标签示例1</title>
</head>
<body>
    <b>loren 示例 </b><br>
        {% lorem 2 p random %}<br>

    <b>now 示例 </b><br>
        {% now 'Y-M-d S W E'%}<br>
    <b>templatetag 示例 </b><br>
        {% templatetag  openblock %}
    <br>
    <b>verbatim 示例 </b><br>
        {% verbatim %}
            {% if 1 %}
                this is verbatim
            {% endif %}
        {% endverbatim %}
    <br>
        {% if 1 %}
            this is not verbatim
        {% endif %}
    <br>
    <b>for 示例 </b><br>
        <ul>
        {% for data in dicts.values %}
            <li>{{ forloop.counter }}---{{ data }}</li>
```

```
            {% endfor %}
        </ul>
         <ul>
            {% for data in dicts.values %}
                <li>{{ forloop.counter0 }}---{{ data }}</li>
            {% endfor %}
        </ul>
        <br>
    </body>
    </html>
```

6）在文件夹 templates 中新建模板文件 template2.html，代码如下：

```
<!DOCTYPE html>
<html lang="en">
<head>
    <meta charset="UTF-8">
    <title>模板标签示例 2</title>
</head>
<body>
    <b>cycle 示例 </b><br>
    <ul>
    {% for data in list %}
        <li>{{ data }}---{% cycle 'one' 'two' 'three' %}</li>
    {% endfor %}
    </ul>
    <br>
    <b>recycle 示例 </b><br>
    <ul>
    {% for data in list %}
        <li>{{ data }}---{% cycle 'one' 'two' 'three' %}</li>
        {% if data == 2 %}
            {% resetcycle %}
        {% endif %}
    {% endfor %}
    </ul>
</body>
</html>
```

7）在文件夹 templates 中新建模板文件 template3.html，代码如下：

```
<!DOCTYPE html>
<html lang="en">
<head>
    <meta charset="UTF-8">
    <title>模板标签示例 3</title>
</head>
<body>

<h1>extends 示例 </h1><br>
    {% extends "base.html" %}
```

```
<br>
    {% block content %}
        this is template3
    {% endblock %}

</body>
</html>
```

8）在文件夹 templates 中新建模板文件 base.html，代码如下：

```
<!DOCTYPE html>
<html lang="en">
<head>
    <meta charset="UTF-8">
    <title>this is base</title>
</head>
<body>
    {% load static %}
    <h1>url 示例 </h1><br>
        <a href="{% url 'templatedemo1' %}" >模板 1</a>
    <br>
    <h1>block 示例 </h1><br>
    {% block content %}
        this is content
    {% endblock %}
    <hr>
    {% block footer %}
        this is footer
    {% endblock %}
    <b>static 示例 </b>
      <img src="{% static 'submit.gif' %}" style="width:120px;height:80px"/>
    <hr>
</body>
</html>
</html>
```

9）在工程的 demo1 子文件夹内新建文件夹 static，然后在文件夹 templates 中复制图片文件 submit.gif，如图 11-1 所示。

图 11-1 提交按钮图标

10）在 Windows 系统命令行窗口，先进入 Django 工程文件夹，然后输入 migrate 命令生成相关内嵌模板的数据库文件。

11）在 Django 工程文件夹中启动工程 Web 服务后，在浏览器地址输入 http://127.0.0.1: 8000/templatedemo1/，查看结果如图 11-2 所示。

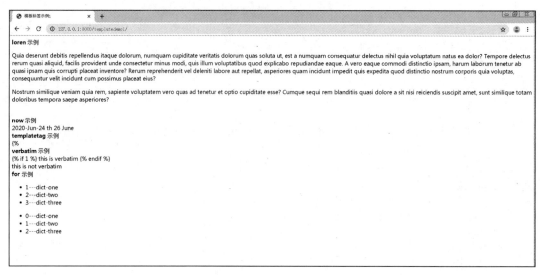

图 11-2　模板标签示例页面 1

工程服务正常启动后，在浏览器地址输入 http://127.0.0.1:8000/templatedemo2/，查看结果如图 11-3 所示。

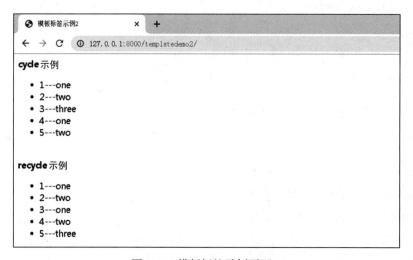

图 11-3　模板标签示例页面 2

工程服务正常启动后，在浏览器地址输入 http://127.0.0.1:8000/templatedemo3/，查看结果如图 11-4 所示。

点击"模板 1"，则跳转到图 11-2 所示的页面。

说明：

1）本例演示了多种模板标签的使用情况，在 Chrome 浏览器中相应的展示。

2）本例设计了 4 个模板文件，同时定义了 3 个视图方法，3 个路由事件。

图 11-4　模板标签示例页面 3

3）在路由事件 templatedemo1 使用了名称 templatedemo1，同时调用了视图方法 templatedemo1，视图方法加载了模板文件 template1.html。

4）模板文件 template1.html 中演示了模板标签 lorem、now、templatetag、verbatim 以及 for 的使用。其中 lorem 标签使用了 3 个参数，参数 2 表示随机生成 2 次，p 表示以段落形式体现。now 标签演示了相关时间的显示，templatetag 标签显示了特殊字符串 "{%"，for 标签使用了通过视图方法 templatedemo1 传递的字典变量数据，同时还使用了 for 标签特有的变量 forloop.counter0 与 forloop.counter 作为对比。

5）模板文件 template2.html 中演示了模板标签 cycle、recycle 与 if 标签的使用情况，这两个标签需要在循环标签中使用，另外在使用 recycle 标签时，还需要使用条件标签 if。

6）模板文件 template3.html 中演示了模板标签 extends 与 block 的使用，通过 extends 加载了模板文件 base.html。通过对名称为 content 的标签 block 进行重写，在页面呈现时显示出 template2.html 特有内容，而由于在 template2.html 中没有对名称为 footer 的标签 block 进行重写，则显示了 base.html 内容。

7）模板文件 base.html 中演示了模板标签 load、url、block、static 的使用，其中 url 使用了路由方法中定义的路由名称。使用 static 时，需要事先做相关的加载，具体表现为在配置文件模板节点 TEMPLATES 中给 context_processors 参数添加一条 "django.template. context_processors.static"，该配置项指明了静态文件引擎。

11.3　小结

本章详细介绍了 Django 框架的内置模板标签，并以多个模板文件演示了几类模板标签的使用。后续章节将介绍模板过滤器的使用。

模板过滤器

Django 框架对应模板中的变量，如果要传递相应的数据来显示页面，一种是通过后台对变量进行重新赋值，另一种是通过在模板文件中使用模板过滤器对变量进行处理，生成相应的数据。模板过滤器的设计思想就是在模板中对变量值进行二次处理，因此模板过滤器是与模板变量绑定使用的，模板过滤器的一般形式为：

{{ 变量名称 | 过滤器名称 }}

根据需要，模板过滤器可以使用 0 个或多个参数，并可以链式使用，在模板过滤器的参数中如果使用了空格，则需要通过引号加以标识。

12.1　系统模板过滤器

Django 框架提供了大量内嵌的过滤器，同时提供了用户自定义模板过滤器的方式。其中内嵌的过滤器包括以下这些。

（1）add

该过滤器用于将过滤器的参数信息与过滤器关联的模板变量所传递的信息进行相加运算。该过滤器默认情况下会将过滤器的参数值转换为数值类型，如果转换失败，则尝试按照框架所许可的数据类型（字符串、列表等）进行加法计算，如果计算失败，则返回空字符串。

（2）addslashes

该过滤器主要对变量涵盖的字符串中出现的引号之前添加斜线，并返回新的字符串。

（3）capfirst

该过滤器用于将变量的首字符转换为大写。如果首字符不是字母，则该过滤器不做任何处理。

英文大小写处理的过滤器如表 12-1 所示。

表 12-1　英文大小写处理的过滤器

过滤器名称	过滤器含义
lower	将变量中出现字符串的所有字母都转换为小写，该过滤器不仅适用于字符串，同样适用于列表
title	将变量中出现字符串的每个单词的首字母都转换为大写，该过滤器不仅适用于字符串，同样适用于列表
upper	将变量中出现字符串的所有字母都转换为大写，该过滤器不仅适用于字符串，同样适用于列表

（4）center

该过滤器用于将变量按照给定宽度居中处理。

类似的位置显示过滤器如表 12-2 所示。

表 12-2　类似的位置显示过滤器

过滤器名称	过滤器含义
rjust	将变量按照给定宽度居右处理。该过滤器传递一个参数表示按照多大宽度进行居右处理
ljust	将变量按照给定宽度居左处理。该过滤器传递一个参数表示按照多大宽度进行居左处理

（5）cut

该过滤器用于将变量中出现的指定字符串移除。

（6）date

该过滤器按照给定的日期格式对变量所带的日期进行格式化显示。如果变量不为日期格式，则返回为空。该过滤器使用一个字符串参数，字符串内容必须为框架本身约定的字符，不同的字符具有不同的含义，具体请见模板标签"now"中的相关说明。

（7）default

该过滤器用于对变量进行真值判断，如果为假，则返回给定的值，否则返回变量值。

default_if_none 过滤器与该过滤器类似，当变量为 None 时返回给定的值，否则返回变量值。

（8）dictsort

该过滤器针对字典变量进行处理，根据给定的字段键名称对字典变量进行升序排序输出。

dictsortreversed 过滤器与该过滤器类似，也是针对字典变量进行处理，不同的是，它是根据给定的字段键名称对字典变量进行降序排序输出。

（9）divisibleby

该过滤器用于判断变量是否能够被给定值整除，如果能够整除则返回 True。使用该过滤器时，需要注意变量传递的信息应为数值或者可转换为整数数值的字符串。

（10）escape

该过滤器用于将带有 HTML 标签信息的字符串中的特殊字符进行转义处理。其中：

❏ 字符 "<" 转义为 "<"。

❏ 字符 ">" 转义为 ">"。

❏ 单引号字符转义为 "'"。

❏ 双引号字符转义为 """。

❏ 字符 "&" 转义为 "&"。

（11）escapejs

该过滤器将变量中包含的特殊字符转义为 unicode 格式。其中：

❏ 字符 "\\" 转义为 "\\u005C'"。

❏ 字符 "\" 转义为 "\\u0027';"。

❏ 双引号字符转义为 "\\u0022"。

❏ 字符 "<" 转义为 "\\u003C'"。

❏ 字符 ">" 转义为 "\\u003E"。

❏ 字符 "&" 转义为 "\\u0026"。

❏ 字符 "=" 转义为 "\\u003D"。

❏ 字符 "-'" 转义为 "\\u002D"。

❏ 字符 ";" 转义为 "\\u003B"。

❏ 字符 "`" 转义为 "\\u0060"。

（12）filesizeformat

该过滤器用于将变量值按照文件尺寸的方式展示数值，Django 框架返回的单位名称为 KB、MB、GB 等，当变量不为数值时返回 0。

（13）first

该过滤器用于返回变量传递的第一个列表元素，当变量不为列表类型时报错。

与该过滤器类似的还有 last 过滤器，last 过滤器返回变量传递的最后一个列表元素，当变量不为列表类型时报错。

（14）floatformat

该过滤器用于对变量传递的浮点数进行格式化处理，当该过滤器不带任何参数时，将保留一位浮点数。如果该过滤器带数值参数，则按照传递的数值格式化变量。

当过滤器参数值为 0 时，则按照四舍五入的方式返回数值。当过滤器参数值为负值时，则按照负值的绝对值来格式化变量值。

（15）force_escape

该过滤器与 escape 过滤器类似，escape 仅在输出的时候才起作用，所以 escape 不能够用在链式过滤器的中间，只能作为最后一个过滤器，如果想在链式过滤器的中间使用，那么可以使用 force_escape。

（16）get_digit

该过滤器用于返回数值的长度，当传递的变量不为数值时，则返回变量值；当变量为数值时，如果变量传递的参数为无效值（负值或者非数字），也返回变量值；当给定参数大于变量的长度时，则返回 0；当给定参数小于或等于变量的长度时，则从右开始计数获取参数给定位的数值。

（17）iriencode

该过滤器用于将参数传递的 IRI 值转换为 URL 可用的字符串。

（18）join

该过滤器用于连接变量与过滤器给定的参数。当变量为字符串时，则返回变量与过滤器给定参数连接后形成的新字符串；当变量为列表时，则返回所有列表元素以过滤器给定参数分隔连接形成的新字符串。

（19）json_script

该过滤器用于将变量转换为一个脚本标签字符串，该标签使用参数来标识作为生成脚本标签的 ID。

例如，传递的变量为"this is test"，标签使用的参数为"json_script"，则最终字符串为"<script id="json_script" type="application/json">"this is test"</script>"。该标签用于避免页面脚本执行时引发的内容安全问题。

（20）length

该过滤器返回变量的长度值，当变量为字符串时，则返回字符串长度；当变量为列表时，则返回列表元素数量；当变量为数值时，则返回 0；如果变量名称未定义，则返回 0。

（21）length_is

该过滤器用来判断变量的长度是否为过滤器传递的参数数值，如果是，则返回 True，否则返回 False。该过滤器仅适用于变量为字符串与列表的情况，如果变量为数值，则返回为空。

（22）linebreaks

该过滤器用于将变量传递字符串中出现的行回车信息转换为合适的 HTML 格式。该过滤器主要将变量中出现的单一新行标识转换为 HTML 行标志（
），变量中如果新行标识紧随着空行，则被转换为 HTML 块标志（<p>）。

与该过滤器类似的还有 linebreaksbr 过滤器，linebreaksbr 过滤器用于将变量传递字符串中出现的行回车信息全部转换为 HTML 行标志（
）。

（23）linenumbers

该过滤器用于显示变量中的行数。

（24）make_list

该过滤器用于将变量转换为列表。当变量为字符串时，则按照将每个字符作为一个列表元素转换；当变量为数值时，先将变量转换为字符串，然后按照列表转换。

（25）phone2numeric

该过滤器用于将字符串转换为数值，可以将由任意字母组成的字符串转换为数值，其字母转换规则如表 12-3 所示。

表 12-3　字母转换规则表

字母	转换数值	字母	转换数值
A(或者 a)	2	N(或者 n)	6
B(或者 b)	2	O(或者 o)	6
C(或者 c)	2	P(或者 p)	7
D(或者 d)	3	Q(或者 q)	7
E(或者 e)	3	R(或者 r)	7
F(或者 f)	3	S(或者 s)	7
G(或者 g)	4	T(或者 t)	8
H(或者 h)	4	U(或者 u)	8
I(或者 i)	4	V(或者 v)	8
J(或者 j)	5	W(或者 w)	9
K(或者 k)	5	X(或者 x)	9
L(或者 l)	5	Y(或者 y)	9
M(或者 m)	6	Z(或者 z)	9

（26）pluralize

该过滤器主要对给定的单词进行后缀复数化处理。该过滤器用于判断变量值是否为 1（或者为 "1"、True 及一个列表元素中的一个），如果是，则不返回信息，如果不是，则默认返回 s 字符信息标识。

如果不想采用默认值，则该过滤器可采用字符串参数设置特定的复数形式。

（27）pprint

该过滤器用于展示对象的详细信息。

（28）random

该过滤器返回变量值中随机一个元素。在该过滤器中的变量为字符串或者列表类型。

（29）safe

该过滤器用于字符串格式的安全转换，当系统设置 autoescaping 打开的时候，该过滤器使得输出不进行 escape 转换，当 autoescaping 关闭时，该过滤器不起任何作用。

　　与该过滤器类似的还有 safeseq 过滤器，safeseq 过滤器适用于变量值为集合的内容，它会对集合中的每个元素根据情况进行相应转换。

（30）slice

　　该过滤器返回列表的一个切片，过滤器有一个参数，按照切片的规则以字符串的形式传递参数。

（31）slugify

　　该过滤器用于对字符串进行特殊格式处理，当变量为字符串时，过滤器将字符串中的空格转换为连接符，剔除所有非字母、数值、下划线及连接符的字符，同时剔除字符串前后的空格字符，并将字符串全部转换为小写字符。当变量为列表时，将每个元素按照字符串的方式处理，同时用连接符连接所有元素。

（32）stringformat

　　该过滤器用于对字符串进行格式化处理，传递参数，参数采用 Python 的格式。

（33）striptags

　　该过滤器用于剔除变量值中存在的 HTML 标签。

（34）time

　　该过滤器用于对变量值传递的时间进行格式化处理，如果变量不为时间格式，则返回为空。该过滤器默认情况下不带参数，表示按照 Django 默认的 TIME_FORMAT 格式来显示时间，当需要自我设置格式化参数时，则需要添加一个参数，使用专有的实际格式字符，与 date 过滤器类似。需要说明的是，这里只能使用与时间相关的格式化字符，在格式化显示过程中，如果需要显示特殊的时间标识字符，则需要加反斜杠（\）。

（35）timesince

　　该过滤器用于计算变量值的时间与相关时间的差值。该过滤器提供一个参数来设置要比较的时间。默认情况下，如果不提供参数，则使用该过滤器比较变量值与当前时间的差值。当比较内容为不含时区的类型与有时区的类型时，则返回为空字符串。当参数值传递的时间小于变量值的时间时，则返回 "0 minutes"。

　　与该过滤器类似的还有 timeuntil 过滤器，timeuntil 过滤器中变量值的时间要比参数值的时间小。默认情况下，如果不提供参数，则使用该过滤器比较变量值与当前时间的差值。当参数值传递的时间大于变量值的时间时，则返回 "0 minutes"。

（36）truncatechars

　　该过滤器用于按照指定数值对变量值中的字符串进行裁剪，裁剪结尾以省略号标识。该过滤器适用于变量值为字符串与数值的情况，当变量值为数值时，则视为按字符串方式处理。

　　类似的裁剪系列过滤器如表 12-4 所示。

表 12-4　裁剪系列过滤器

过滤器名称	过滤器含义
truncatechars_html	与 truncatechars 过滤器类似，只是在裁剪过程中不处理 HTML 标签
truncatewords	根据传递的数值保留变量值中指定数值的单词，其他部分以省略号的形式显示。该过滤器会将相关回车信息同时剔除
truncatewords_html	与 truncatewords 过滤器类似，只是在裁剪过程中不处理 HTML 标签

（37）unordered_list

该过滤器用于将变量值中的列表信息转换为 HTML 无序列表。需要说明的是，HTML 无序列表没有开始与结束的 <ul> 标签。

（38）urlencode

该过滤器按照 URL 模式将变量值中传递的字符串进行转义。

（39）urlize

该过滤器用于将变量中传递的邮件或 URL 信息转换为链接格式。该过滤器使用 http://、https:// 与 www 这类前缀字符串，也支持顶级域名 (.com、.edu、.gov、.int、.mil、.net 与 .org) 链接转换。

与该过滤器类似的还有 urlizetrunc 过滤器，urlizetrunc 过滤器会根据限定长度将相关地址进行一定的截取，末尾以省略号体现。

（40）wordcount

该过滤器返回变量值出现的单词个数，适用于变量值为字符串与列表的统计情况。

（41）wordwrap

该过滤器对变量中的字符串按照指定长度进行分行显示。

（42）yesno

该过滤器首先判断变量值是否为 True、False 或者 None，然后根据判断结果返回相应的映射字符串。该过滤器会传递一个参数，此参数以逗号分隔的方式显示要返回的映射字符串。

12.2　模板使用示例

本示例演示模板的使用情况，具体操作如下。

1）在 Windows 系统命令行窗口执行 "django-admin startproject demo1" 命令，建立 Django 工程 demo1。

2）在工程的 demo1 子文件夹中添加视图文件 demo1.py，添加的内容如下：

```
from django.http import HttpResponse
from django.template import loader
```

```
import  datetime

def templatedemo1(request):
    t=loader.get_template('template1.html')
    data1 = datetime.datetime.now()
    data2=[]
    data3=[2,3,5]
    data4=[
        {'name': 'zed', 'age': 19},
        {'name': 'amy', 'age': 22},
        {'name': 'joe', 'age': 31},
    ]
    data5='20'
    data6=12.5
    data7="\0  \? \12"
    data8=134.53566
    m=t.render(locals())
    return  HttpResponse(m)

def templatedemo2(request):
    t=loader.get_template('template2.html')
    data1="Click"
    data2=23
    data3=['The','Two','WHO','WoW']
    data4='800-C  col'
    m=t.render(locals())
    return  HttpResponse(m)
def templatedemo3(request):
    t = loader.get_template('template3.html')
    data1='<h1>this is demo</h1><span<br>ok'
    date2=datetime.datetime(2014,3,3,2,20,20)
    date3=datetime.datetime(2013,3,3,2,20,20)
    date4=123456
    date5=['this is', 'our hello world']
    date6="http://www.baidcu.com"
    m = t.render(locals())
    return  HttpResponse(m)

def templatedemo4(request):
    t = loader.get_template('template4.html')
    data1 = '<html>this is "head"  \r demo </html>'
    data2 = "this is test"
    data3="this is line \n another "
    m = t.render(locals())
    return HttpResponse(m)
```

3）修改在工程的demo1子文件夹内的配置文件（名称为settings.py），在INSTALLED_APPS节点中增加"demo1"应用。

4）修改在工程的 demo1 子文件夹内的路由文件（名称为 urls.py），结果如下：

```
from django.contrib import admin
from django.urls import path
from .demo1 import *

urlpatterns = [
    path('admin/', admin.site.urls),
    path('templatedemo1/',templatedemo1),
    path('templatedemo2/', templatedemo2),
    path('templatedemo3/', templatedemo3),
    path('templatedemo4/', templatedemo4),
]
```

5）在工程的 demo1 子文件夹内新建文件夹 templates，在文件夹 templates 中新建模板文件 template1.html，结果如下：

```
<!DOCTYPE html>
<html lang="en">
<head>
    <meta charset="UTF-8">
    <title>templatedemo1</title>
</head>
<body>
date 过滤器：
{{ data1|date:"D d M"}} <br><br>

default 过滤器：
{{data2|default:"this is default"}}<br>
{{data3|default:"this is default"}}<br><br>

default_if_none 过滤器：
{{list|default:"this is default"}}<br>
{{data2|default:"this is default"}}<br><br>

dictsort 过滤器：
{{data4}}<br>
{{data4|dictsort:"name"}}<br><br>

divisibleby 过滤器：
{{data5|divisibleby:2}}<br>
{{data6|divisibleby:5}}<br><br>

filesizeformat 过滤器 <br>
{{data5|filesizeformat}} <br><br>

first 过滤器 <br>
{{data4|first}}<br><br>

floatformat 过滤器 <br>
{{data8|floatformat:-2}}<br><br>
```

```
get_digit 过滤器 <br>
{{data8|get_digit:2}}<br><br>

join 过滤器 <br>
{{data4|join:'*'}}<br><br>
</body>
</html>
```

6）在文件夹 templates 中新建模板文件 template2.html，代码如下：

```
<!DOCTYPE html>
<html lang="en">
<head>
    <meta charset="UTF-8">
    <title>templatedemo2</title>
</head>
<body>
length 过滤器：
{{ data1|length}} <br>
{{ data2|length}} <br><br>

length_is 过滤器：<br>
data1--{{ data1|length_is:"0"}} <br>
data2--{{ data2|length_is:"0"}} <br><br>

lower 过滤器：<br>
data3 --{{ data3|lower}} <br><br>

make_list 过滤器：<br>
{% for data in  data1|make_list %}
    {{data}} <br>
{% endfor %}<br><br>

phone2numeric  过滤器：<br>
{{ data4|phone2numeric}} <br><br>

pluralize  过滤器：<br>
{{ data2|pluralize}} <br><br>

random  过滤器：<br>
{{ data1|random}} <br><br>

slugify  过滤器：<br>
{{ data3|slugify}} <br>
{{ data4|slugify}} <br><br>
</body>
</html>
```

7）在文件夹 templates 中新建模板文件 template3.html，代码如下：

```
<!DOCTYPE html>
```

```html
<html lang="en">
<head>
    <meta charset="UTF-8">
    <title>templatedemo3</title>
</head>
<body>
striptags 过滤器：<br>
{{ data1|striptags}} <br><br>

time 过滤器：<br>
{{ date2|time}} <br>
{{ date2|time:'H\H:i\i'}} <br><br>

timesince 过滤器：<br>
{{ date2|timesince}} <br>
{{ date2|timesince:date3}} <br><br>

truncatechars 过滤器：<br>
{{ date4|truncatechars:5}} <br><br>

unordered_list 过滤器：<br>
{{ date5|unordered_list}} <br><br>

urlize 过滤器：<br>
{{ date6|urlize}} <br><br>

urlizetrunc 过滤器：<br>
{{ date6|urlizetrunc:8}} <br><br>

wordcount 过滤器：<br>
{{ date4|wordcount}} <br>
{{ date5|wordcount}} <br><br>

yesno 过滤器：<br>
{{ date5|yesno:'this is True result, this is False, None output'}} <br><br>
</body>
</html>
```

8）在文件夹 templates 中新建模板文件 template4.html，代码如下：

```html
<!DOCTYPE html>
<html lang="en">
<head>
    <meta charset="UTF-8">
    <title>templatedemo4</title>
</head>
<body>
escape 过滤器：
{{data1|escape}}<br><br>

json_script 过滤器：
```

```
{{ data2|json_script:"json_script"}} <br><br>

linebreaks 过滤器: <br>
{{ data3|linebreaks}} <br><br>

linebreaksbr 过滤器: <br>
{{ data3|linebreaksbr}} <br><br>

ljust 过滤器: <br>
data2|{{ data2|ljust:20}}|data2<br>
</body>
</html>
```

9）在 Windows 系统命令行窗口，先进入 demo1 工程文件夹，然后输入 migrate 命令生成相关内嵌模板的数据库文件。

10）在 Django 工程文件夹中启动工程 Web 服务后，在浏览器地址栏中输入 http://127.0.0.1:8000/templatedemo1/，查看到的结果如图 12-1 所示。

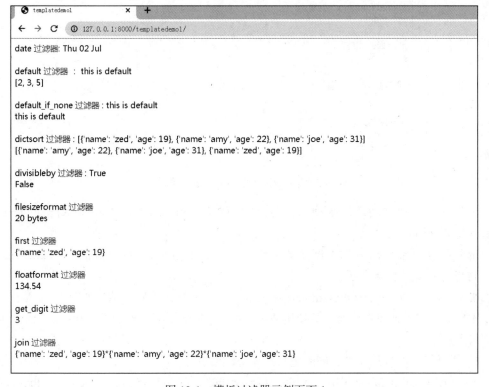

图 12-1　模板过滤器示例页面 1

工程服务正常启动后，在浏览器地址栏中输入 http://127.0.0.1:8000/templatedemo2/，查看到的结果如图 12-2 所示。

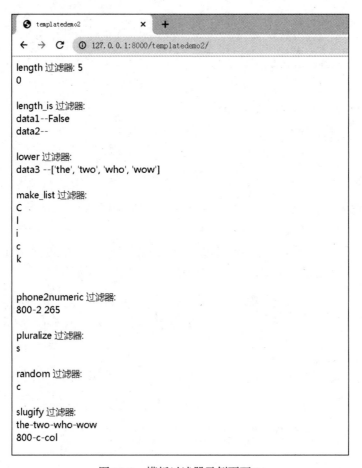

图 12-2　模板过滤器示例页面 2

工程服务正常启动后，在浏览器地址栏中输入 http://127.0.0.1:8000/templatedemo3/，查看到的结果如图 12-3 所示。

工程服务正常启动后，在浏览器地址栏中输入 http://127.0.0.1:8000/templatedemo4/，查看到的结果如图 12-4 所示。

查看 http://127.0.0.1:8000/templatedemo4/ 页面的网页源代码，结果如图 12-5 所示。

本例演示了多种模板过滤器的使用情况，可在 Chrome 浏览器中进行相应的展示。从示例中可以看出：

1）设计了 4 个模板文件，同时定义了 4 个路由事件。

2）在模板文件 template1 中，使用了 date、default、default_if_none、dictsort、divisibleby、filesizeformat、first、floatformat、get_digit、join 等多个过滤器，其中：

❑ date 过滤器使用了专有日期参数 "D"、"d"、"M"；

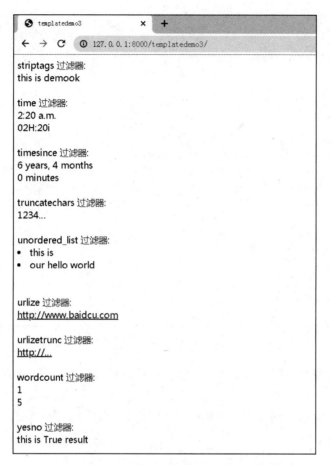

图 12-3 模板过滤器示例页面 3

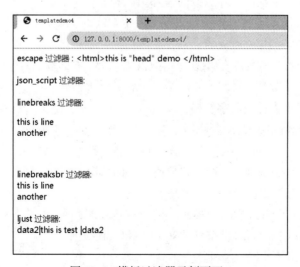

图 12-4 模板过滤器示例页面 4

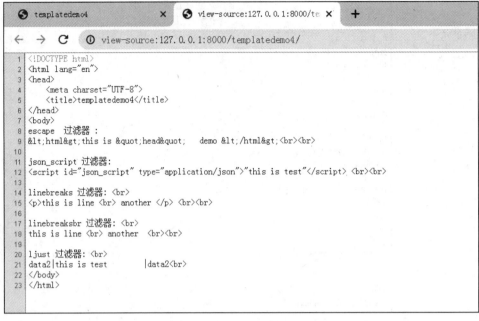

图 12-5　模板过滤器示例页面 5

❑ 当 date2 为空集合时，表示 False，采用 default 过滤器返回默认值，而 date3 则返回原值；

❑ 在 default_if_none 过滤器中，list 变量未定义，而 date2 为空集合，所以二者都返回了默认值；

❑ dictsort 演示了列表排序情况；

❑ divisibleby 演示了整数与浮点数的整除结果；

❑ filesizeformat 演示了数值转换为文件的表示方式；

❑ frist 返回了列表的第一个元素；

❑ floatformat 返回了按照 2 位小数显示数值 134.53566 的情况；

❑ get_digit 获取了数值 134.53566 的第二个整数，返回 3；

❑ join 返回了将列表拼接的字符串。

3）在模板文件 template2 中，使用了 length、length_is 、lower 、make_list 、phone2-numeric 、pluralize 、random 、slugify 等多个过滤器，其中：

❑ length、length_is 演示了字符串与数值的返回情况；

❑ lower 演示了对列表信息的小写处理；

❑ make_list 展示了对字符串 "Click" 的列表化处理；

❑ phone2numeric 展示了对字符串 "800-C col" 的处理；

❑ pluralize 演示了数值的复数判断；

❏ random 用于随机返回字符串 click 中的字符 c；

❏ slugify 演示了对字符串及列表的特殊格式处理。

4）在模板文件 template3 中，使用了 striptags、time、timesince、truncatechars、unordered_list、urlize、urlizetrunc、wordcount、yesno 等多个过滤器，其中：

❏ striptags 展示了对字符串"<h1>this is demo</h1><span
ok"去标签处理的结果；

❏ time 展示了时间的默认显示；

❏ timesince 展示了无参数模式与有参数模式的时间比较情况；

❏ truncatechars 演示了对字符串（数值先被转换为字符串）的截取显示；

❏ unordered_list 演示了对列表的无序排序显示；

❏ urlize 演示了特定字符串显示为链接的情况；

❏ urlizetrunc 演示了特定字符串显示为链接缩写的情况；

❏ wordcount 演示了对数值与字符串的单词计数情况；

❏ yesno 返回了对数值真值判断的返回情况。

5）在模板文件 template3 中，使用了 escape、json_script、linebreaks、linebreaksbr、ljust 等多个过滤器，这些过滤器需要通过源码方式才能看出使用效果，其中：

❏ escape 对相应字符做了转义；

❏ json_script 生成了特定的 script 标签；

❏ linebreaks、linebreaksbr 生成了特定的分行标签；

❏ ljust 按照约定长度对数值进行了左对齐。

12.3 小结

本章详细讲述了 Django 框架内置的过滤器，并演示了多个过滤器的使用。

管 理 应 用

Admin 应用是 Django 框架集成的一个基础应用模块，这个应用又称后台管理模块。Admin 应用提供以模型为中心的读取方法，便于授权用户管理网站的相关信息。虽然通过该模块可以设置所有模块的信息，但 Django 框架设计该模块的目的主要在于提供组织结构的内部管理工具。

默认情况下，通过 Django 的创建工程命令创建工程后会自动加载 Admin 应用。

如果用户不采用默认加载方式，则需要进行如下几步操作，才能正确地使用 Admin 模块。

1）在配置文件的加载应用节点（INSTALLED_APPS）中添加相关应用模块，模块不仅包含 Admin 的基础应用包 "django.contrib.admin"，还包含其依赖的包 "django.contrib.auth""django.contrib.contenttypes""django.contrib.messages" 与 "django.contrib.sessions"。

2）在配置文件中配置模板引擎的加载项，具体是指在配置文件模板节点（TEMPLATES）的 OPTIONS 参数中添加键 context_processors 的列表值，列表需包含 "django.contrib.auth.context_processors.auth"、"django.contrib.messages.context_processors.request" 与 "django.contrib.messages.context_processors.messages" 等信息。

3）如果在工程中存在自定义中间件，则需要在配置文件的中间件节点（MIDDLE-WARE）中添加 "django.contrib.auth.middleware.AuthenticationMiddleware" 与 "django.contrib.messages.middleware.MessageMiddleware" 等默认中间件信息。

上述配置完成后，在路由中引入相关路由即可正常使用 Admin 模块，默认情况下，路由指向视图 admin.site.urls，并需要引入 django.contrib.admin 包。

13.1　Admin 应用核心对象

Admin 应用使用了 Django 框架中的基础概念，例如模板标签、视图等，在应用中建立了一些基于 Admin 应用的特有对象，其中最核心的对象为 ModelAdmin 对象。

Model Admin 对象主要用于 Admin 应用中可展示模型的管理，该对象表示的基础类为 django.contrib.admin.options.ModelAdmin。

13.1.1　ModelAdmin 属性

作为 Amin 应用的核心对象，ModelAdmin 有很多属性，具体如下所示。

（1）actions

该属性展示在模型列表页面的操作行为，以列表形式体现。

ModelAdmin 对象的操作属性如表 13-1 所示。

表 13-1　ModelAdmin 对象的操作属性

属性名称	属性含义
actions_on_top	在列表页面顶部是否显示操作行为下拉列表框，默认情况下，该值为 True
actions_on_bottom	在列表页面底部是否显示操作行为下拉列表框，默认情况下，该值为 False
actions_selection_counter	在列表页面的下拉框下部区域是否显示选择的列表条数，默认情况下，该值为 True

（2）date_hierarchy

该属性用于进行基于日期的级联查询。可根据需要以列表形式存放模型中的 DateField 或 DateTimeField 字段。Admin 应用可根据该属性设置的字段信息进行级联查询并获取相关列表信息。

（3）empty_value_display

该属性用于设置在 Admin 的列表页面中某个字段为空值（空值包含 None、空字符串）的显示信息，默认情况下，该属性被设置为"-"。

（4）exclude

该属性用于设置在模型的表单页面（添加、修改页面）中不显示的字段信息，以元组形式设置该属性。

（5）fields

该属性用于设置在模型的表单页面（添加、修改页面）中显示的字段信息，以元组形式设置该属性。如果需要在页面的一行中显示多个字段，则需要以元组嵌套的形式将相关字段在嵌套元组中体现出来。如果该属性与 fieldsets 均未设置，默认情况下，将在表单页面显示所有非 AutoField 字段且字段属性 editable 为 True 的字段信息。

（6）fieldsets

该属性用于控制模型表单页面（添加、修改页面）的布局展示，其为二元元组列表。二元元组以（名称、字段参数）格式展示，其中名称为用户自定义的字符串，而字段参数则是以字段形式体现相关字段的集合信息。

如果该属性与 fields 均未设置，默认情况下，将在表单页面显示所有非 AutoField 字段且字段属性 editable 为 True 的字段信息。其中字段参数可包含如下键名称。

❏ fields。以二元元组形式体现要显示的字段，该键是设置 fieldsets 属性时必须填写的内容。该键的使用与 fields 属性的使用类似。

❏ classes。该键的值以列表或元组形式体现，展示在字段集合中使用的样式类。

❏ description。该键显示对字段的描述信息。

（7）filter_horizontal

该属性用于对模型中的 ManyToManyField 进行水平过滤控制。当模型中存在 ManyToManyField 字段时，可通过该属性将字段的展示形式调整为水平过滤控制形式。该属性适用于模型新建或修改页面。

（8）filter_vertical

该属性用于对模型中的 ManyToManyField 进行垂直过滤控制。当模型中存在 ManyToManyField 字段时，可通过该属性将字段的展示形式调整为垂直过滤控制形式。该属性适用于模型新建或修改页面。

（9）form

该属性用于设置模型的新建（修改）表单页面。默认情况下，框架动态为模型创建一个基于 ModelForm 新建（修改）的表单页面。

需要注意的是，如果在自定义的表单页面使用了 Meta.model 属性，那么必须使用字段的关联属性（Meta.fields 或 Meta.exclude 属性）。

另外，如果基于 ModelForm 对象和 ModelAdmin 对象定义的同时定义了 exclude 选项，那么最终在页面展示基于 ModelAdmin 对象的定义结果。

（10）formfield_overrides

该属性用于设置模型字段的表单属性。该属性以嵌套字典形式体现，其中外层的键为模型中用到的字段类型，如 models.CharField、models.TextField 等，外层的值为一个以字典形式体现的表单字段的属性信息。内层字典的键为 Form 的字段属性标识，内层字典的值为相应的属性值。其中常用的 Form 字段属性标识如表 13-2 所示。

表 13-2　Form 字段属性标识表

字段标识	含义	字段标识	含义
required	字段是否在表单中必填	help_text	字段的提示信息
label	字段在页面中显示的标签名称	error_messages	字段校验出错信息
label_suffix	字段在页面中显示的标签后缀信息	validators	字段的校验方式
initial	字段的初始显示信息	localize	字段是否允许本地化处理
widget	字段的组件类	disabled	字段是否可被编辑

需要说明的是，在关联字段（如 ForeignKey 或 ManyToManyField）中应用该属性设置组件类时，需要注意相关字段的 raw_id_fields、radio_fields 与 autocomplete_fields 属性未被设置。

（11）inlines

该属性用于设置模型可关联的内联对象（InlineModelAdmin），以列表形式体现。

（12）list_display

该属性用于设置在 Admin 应用中模型的列表页面显示的字段，属性值以元组形式体现。该属性可设置 4 种类型的值。

❑ 模型字段名称；

❑ 传递一个模型实例参数的调用函数；

❑ ModelAdmin 对象中传递一个模型实例参数的调用方法；

❑ 以字符串形式体现的字段名称或不带参数的方法。

使用该属性，需要注意以下几点。

❑ 如果设置字段为 ForeignKey，则显示关联对象 __str__() 的执行结果；

❑ 该属性不支持设置 ManyToManyField；

❑ 如果字段类型为 BooleanField，则显示为"on"或"off"图标；

❑ 如果字段的值为 None、空或一个空列表，则显示为"-"；

❑ 如果该属性设置的字段不是一个真实的数据库字段，那么无法进行排序。

ModelAdmin 对象的其他列表展示属性如表 13-3 所示。

表 13-3　ModelAdmin 对象的其他列表展示属性

属性名称	属性说明
list_display_links	设置模型列表页面中可跳转至修改页面的字段。可以以列表或元组形式体现。该属性需要配合 list_display 属性使用
list_editable	设置在模型列表页面中的可编辑字段。以列表或元组形式体现。 所有该属性设置的字段必须在属性 list_display 中，如果字段设置了该属性，则不能被设置为 list_display_links，反之亦然
list_filter	设置在模型列表页面右侧边栏出现的过滤项。该属性以列表或元组形式体现。该属性设置的字段类型应为如下几个类型之一：BooleanField、CharField、DateField、DateTimeField、IntegerField、ForeignKey 与 ManyToManyField
list_max_show_all	设置模型列表页面最多可显示多少记录，当模型在数据库中的记录数小于或等于该属性的设定值时，将会在分页区域出现"Show All"链接。默认情况下，该值为 200
list_per_page	设置模型列表页面的分页显示时，每页显示的记录数量，默认情况下，该值为 100
list_select_related	设置列表页面的快速查询访问。可设置为布尔值，也可设置为列表或元组形式，默认情况下，该值为 False

（13）ordering

该属性用于设置列表页面的排序字段信息，可设置为列表或元组形式。当该属性未设置时，模型列表采用模型的默认排序。

（14）paginator

该属性用于设置分页器。默认情况下，该属性的值为 django.core.paginator.Paginator。如果自定义分页器没有采用 django.core.paginator.Paginator 提供的公共接口，则需要为自定义分页器提供单独的 get_paginator 方法。

（15）prepopulated_fields

该属性用于设置模型的预生成字段信息，其以字典形式体现了相关字段与其关联的字段预处理映射关系。主要用于模型的 SlugField 类型字段。

当字段类型为 DateTimeField、ForeignKey、OneToOneField 或 ManyToManyField 时，不能使用该属性进行设置。

（16）preserve_filters

该属性值用于设置是否保存模型列表的过滤信息。默认情况下，在创建、删除、修改操作后，列表信息仍保留相关的过滤信息。该属性值默认为 True。

（17）radio_fields

该属性用来在模型新建（修改）页面设置某些字段（如果字段为 ForeignKey 或者为选择集合）的 radio 显示模式。

该属性以字典形式体现，其中字典的键为相关字段的字符串形式，值可使用 HORIZONTAL 与 VERTICAL 这两个选择项，使用这两个选择项需要加载 django.contrib.admin 模块。如果该属性不设置，则相关字段采用"选择框"模式体现。

（18）autocomplete_fields

该属性主要对模型中的 ForeignKey 或 ManyToManyField 字段进行显示设置，通过成功设置属性，将调整该类型字段在模型新建（修改）页面的显示方式，原有的显示形式为标准的"选择框"形式，修改后则调整为"Select2"显示形式。

"Select2"与标准的"选择框"形式类似，不同的是，这种方式具有搜索属性，可以快速获取相关选择数据。要使用该属性，需要在关联对象的 ModelAdmin 中定义 search_fields 属性，该属性将会在"Select2"中使用。

（19）raw_id_fields

该属性主要对模型中的 ForeignKey 或 ManyToManyField 字段进行显示设置，通过成功设置属性，将调整该类型字段在模型新建（修改）页面的显示方式，原有的显示形式为标准的"选择框"形式，修改后则跳转为"输入框"显示形式，在"输入框"右侧有一个放大镜图标，该图标可以生成弹窗用户并可根据需要选择相关值。

（20）readonly_fields

该属性用于设置模型字段为只读字段，默认情况下，在模型新建（修改）页面出现的字段都为可编辑字段。如果设置某个字段为可读，则需要事先设置该字段为可见字段。

如果没有定义模型字段的展示顺序，那么所有的只读字段将会被列在所有可编辑字段之后。该属性不但能设置模型字段为只读，还能设置模型的输出结果为只读。

（21）save_as

该属性用来设置模型修改页面的展示形式。默认情况下，该属性值为 False，在修改页面，显示为"Save"、"Save and continue editing"与"Save and add another"三个操作按钮。

当该属性值设置为 True 时，在修改页面，显示为"Save as new"、"Save and continue editing"与"Save"这三个操作按钮。点击"Save as new"按钮会新建一条记录而不是修改保存。

（22）save_as_continue

该属性用来设置模型修改页面的展示形式，默认值为 True。当属性 save_as 设置为 True 时，默认情况下，点击"Save as new"按钮会新增一条后台记录，页面不跳转。当数值 save_as_continue 设置为 False 时，点击"Save as new"按钮会跳转到列表页面。

（23）save_on_top

该属性用来设置模型修改页面的保存按钮位置，默认情况下，该属性值为 False，当设置为 True 时，保存按钮显示在顶部区域。

（24）search_fields

该属性用来设置模型列表页面的搜索框，其以列表形式显示一个或多个字段信息，当点击"查询"按钮时，框架会根据搜索字段的先后顺序搜索相关记录结果。该属性所设置的字段应为文本类型，如 CharField 或 TextField。

（25）show_full_result_count

该属性用来设置是否在模型列表页面显示模型的总记录数目。默认属性值为 True，如果设置为 False，则在列表过滤显示时，不显示总记录数目。

需要注意的是，该属性需在 search_fields 后使用，其结果显示在搜索按钮的右边区域。

（26）sortable_by

该属性用来设置模型列表的排序字段，默认情况下，模型列表按照属性 list_display 中设置的所有字段进行排序。

如果只排序部分字段，则使用本属性，本属性使用的字段需要在属性 list_display 中设置。当该属性设置为空集合时，则所有字段都不再排序。

ModelAdmin 的模型页面属性如表 13-4 所示。

表 13-4 ModelAdmin 对象的模型页面属性

属性名称	含义
add_form_template	设置模型的添加表单页面
change_form_template	设置模型的修改表单页面
change_list_template	设置模型的列表表单页面

（续）

属性名称	含义
delete_confirmation_template	设置模型的删除表单页面
delete_selected_confirmation_template	设置模型的删除确认页面
object_history_template	设置模型的历史消息页面，该页面在修改页面中通过"History"链接跳转

ModelAdmin 提供了多种操作方法，具体介绍如下。

13.1.2 ModelAdmin 方法

ModelAdmin 不但有多种属性，还拥有很多方法，具体如下所示。

（1）save_model 方法

该方法的语法格式为：

```
save_model(request, obj, form, change)
```

该方法用于设置保存模型数据时的关联操作，包含 4 个参数，其中：

❏ request 表示发送的请求 HttpRequest 对象；

❏ obj 表示传递的模型实例对象；

❏ form 表示相关的表单页面；

❏ change 表示操作行为，当为 True 时，表示修改相关操作，否则为新增操作。

默认情况下，在对象中自定义该方法时，不需要改变任何传递的参数名称，而需要调用 super().save_model 方法以达到基本的保存模型信息的目的。

（2）delete_model 方法

该方法的语法格式为：

```
delete_model(request, obj)
```

该方法用于设置删除单条模型数据时的关联操作，包含 2 个参数，其中：

❏ request 表示发送的请求 HttpRequest 对象；

❏ obj 表示传递的模型实例对象。

默认情况下，在对象中自定义该方法时，不需要改变任何传递的参数名称，而需要调用 super().delete_model 方法以达到基本的删除模型信息的目的。

（3）delete_queryset 方法

该方法的语法格式为：

```
delete_queryset(request, queryset)
```

该方法用于设置删除结果集合时的关联操作，包含 2 个参数，其中：

❑ request 表示发送的请求 HttpRequest 对象；

❑ queryset 表示传递的模型结果集合。

默认情况下，在对象中自定义该方法时，不需要改变任何传递的参数名称，而需要调用 super().delete_queryset 方法以达到基本的删除模型结果集合的目的。

（4）save_formset 方法

该方法的语法格式为：

```
save_formset(request, form, formset, change)
```

该方法用于设置保存内联模型数据时的关联操作，包含 4 个参数，其中：

❑ request 表示发送的请求 HttpRequest 对象；

❑ form 表示相关的表单页面；

❑ formset 表示传递的模型实例对象；

❑ change 表示操作行为，当为 True 时，表示修改相关操作，否则为新增操作。

默认情况下，在对象中自定义该方法时，不需要改变任何传递的参数名称，而需要调用 formset.save 方法以达到基本获取并保存内联模型信息的目的。

（5）get_ordering 方法

该方法的语法格式为：

```
get_ordering(request)
```

该方法用来返回模型的排序字段列表信息。

（6）get_search_results 方法

该方法的语法格式为：

```
get_search_results(request, queryset, search_term)
```

该方法用来根据传递信息获取相关查询结果，包含 3 个参数，其中：

❑ request 表示发送的请求 HttpRequest 对象；

❑ queryset 表示相关的结果集合；

❑ search_term 表示传递的查询参数。

该方法返回一个元组，包含查询结果信息与结果集合中是否有重复信息的判定结果。默认情况下，该方法使用的查询参数来自属性 search_fields 定义字段。

（7）save_related 方法

该方法的语法格式为：

```
save_related(request, form, formsets, change)
```

该方法用于设置保存页面关联模型数据，包含 4 个参数，其中：

❑ request 表示发送的请求 HttpRequest 对象；

❏ form 表示相关的表单页面；

❏ formset 表示传递的模型实例对象；

❏ change 表示操作行为，当为 True 时，表示修改相关操作，否则为新增操作。

默认情况下，在对象中自定义该方法时，不需要改变任何传递的参数名称，该方法会同时保存模型数据以及相关的内联数据。

（8）get_list_display_links 方法

该方法的语法格式为：

```
get_list_display_links(request, list_display)
```

该方法根据模型列表中显示的字段集合信息返回具有链接的字段列表信息，以元组或列表形式返回，当无任何字段用于链接跳转时，返回 None。其结果为属性 list_display_links 的值。该方法有两个参数，其中：

❏ request 表示发送的请求 HttpRequest 对象；

❏ list_display 表示相关的字段列表。

（9）get_fields 方法

该方法的语法格式为：

```
get_fields(request, obj=None)
```

该方法用于返回在模型新建（修改）页面中出现的字段的名称集合信息。其结果为属性 fields 的值。该方法有 2 个参数，其中：

❏ request 表示发送的请求 HttpRequest 对象；

❏ obj 表示要编辑的模型对象，默认情况下，当 obj 为 None 时，表示为新增操作。

ModelAdmin 对象获取属性的方法如表 13-5 所示。

表 13-5 ModelAdmin 对象获取属性的方法

方法名称	方法含义
get_autocomplete_fields	获取自动提交的字段集合信息。以列表或元组形式返回。该结果为属性 autocomplete_fields 的值
get_readonly_fields(request, obj=None)	获取只读字段集合信息。以列表或元组形式返回。该结果为属性 readonly_fields 的值
get_prepopulated_fields(request, obj=None)	获取只读预生成字段信息。以字典形式返回。该结果为属性 prepopulated_fields 的值
get_list_display(request)	获取在模型列表中显示的字段集合名称。该结果为属性 list_display 的值
get_exclude(request, obj=None)	返回被剔除在模型列表中显示的字段信息。该结果为属性 exclude 的值
get_fieldsets(request, obj=None)	返回属性 fieldsets 的值
get_list_filter(request)	返回属性 list_filter 的值

（续）

方法名称	方法含义
get_list_select_related(request)	返回属性 list_select_related 的值
get_search_fields(request)	返回属性 search_fields 的值
get_sortable_by(request)	返回属性 search_fields 的值。如果该属性没有设置，则返回属性 list_display 的值
get_inline_instances(request, obj=None)	返回内联对象 InlineModelAdmin 的值
get_inlines(request, obj)	返回自定义内联对象 inlines 的值
get_form(request, obj=None, **kwargs)	获取用于模型新建（修改）页面的 ModelForm 类信息
get_formsets_with_inlines(request, obj=None)	获取模型新建（修改）中出现的内嵌对象（InlineModelAdmin）及其关联的表单集（FormSet）信息
get_queryset(request)	返回模型的结果集合
get_changelist(request, **kwargs)	返回用于模型列表页面信息的 Changelist 类
get_changelist_formset(request, **kwargs)	返回用于模型列表页面表单集合信息的 ModelFormSet 类

（10）get_urls 方法

该方法的语法格式为：

```
get_urls()
```

该方法用于获取模型的相关路由信息，同时也可为模型定义特定路由。

（11）formfield_for_foreignkey 方法

该方法的语法格式为：

```
formfield_for_foreignkey(db_field, request, **kwargs)
```

该方法用于改写模型外键字段（ForeignKey）的列表信息，有 3 个参数，其中：

❏ db_field 表示模型中外键字段的名称；

❏ request 表示发送的请求 HttpRequest 对象；

❏ kwargs 表示要传递的字典信息，其中特定键是 queryset。

（12）formfield_for_manytomany 方法

该方法的语法格式为：

```
formfield_for_manytomany(db_field, request, **kwargs)
```

该方法用于改写模型外键字段的列表信息，有 3 个参数，其中：

❏ db_field 表示模型中多对多字段（ManyToManyField）的名称；

❏ request 表示发送的请求 HttpRequest 对象；

❏ kwargs 表示要传递的字典信息，其中特定键为 queryset。

（13）formfield_for_choice_field 方法

该方法的语法格式为：

```
formfield_for_choice_field(db_field, request, **kwargs)
```

该方法用于改写模型的具有选择项字段的列表信息，有 3 个参数，其中：

❑ db_field 表示模型中多对多字段（ManyToManyField）的名称；

❑ request 表示发送的请求 HttpRequest 对象；

❑ kwargs 表示要传递的字典信息，其中特定键是 queryset。

（14）has_view_permission 方法

该方法的语法格式为：

```
has_view_permission(request, obj=None)
```

该方法用于判断是否对模型的列表页面有访问权限。如果用户对列表或者修改页面有访问权限，默认情况下该方法返回 True。

ModelAdmin 对象的权限判断方法如表 13-6 所示。

表 13-6　ModelAdmin 对象的权限判断方法

方法名称	方法含义
has_add_permission(request)	判断是否对模型的新增页面有访问权限
has_change_permission(request, obj=None)	判断是否对模型的修改页面有访问权限
has_delete_permission(request, obj=None)	判断是否对模型的删除页面有访问权限
has_module_permission(request)	判断模型是否在管理首页显示并可访问模型首页

（15）message_user 方法

该方法的语法格式为：

```
message_user(request, message, level=messages.INFO, extra_tags='', fail_
    silently=False)
```

该方法用于对相关用户发送消息，其基于 django.contrib.messages backend 包进行跟踪，有 5 个参数，其中：

❑ request 表示发送的请求 HttpRequest 对象；

❑ message 表示要发送的消息；

❑ level 表示消息的级别，默认级别为 messages.INFO，可采用级别包含 DEBUG、INFO、SUCCESS、WARNING、ERROR；

❑ extra_tags 表示要添加的标记信息，默认为空；

❑ fail_silently 表示当发送消息错误时的处理方式，默认为 False，表示不处理。

（16）get_paginator 方法

该方法的语法格式为：

```
get_paginator(request, queryset, per_page, orphans=0, allow_empty_first_
    page=True)
```

该方法用于返回列表页面的分页器实例。

（17）response_add 方法

该方法的语法格式为：

```
response_add(request, obj, post_url_continue=None)
```

该方法用于处理模型添加页面保存后创建的响应信息，有 3 个参数，其中：

❏ request 表示发送的请求 HttpRequest 对象；

❏ obj 表示传递的相关模型信息；

❏ post_url_continue 为处理完成后跳转的 url 信息，默认为 None。

（18）response_change 方法

该方法的语法格式为：

```
response_change(request, obj)
```

该方法用于处理模型修改页面保存后创建的响应信息，有 2 个参数，其中：

❏ request 表示发送的请求 HttpRequest 对象；

❏ obj 表示传递的相关模型信息。

（19）response_delete 方法

该方法的语法格式为：

```
response_delete(request, obj_display, obj_id)
```

该方法用于处理模型删除页面保存后创建的响应信息，有 3 个参数，其中：

❏ request 表示发送的请求 HttpRequest 对象；

❏ obj_display 表示删除的对象名称；

❏ obj_id 表示删除对象的标志信息。

（20）get_changeform_initial_data 方法

该方法的语法格式为：

```
get_changeform_initial_data(request)
```

该方法用来以字典形式返回模型修改页面的初始传递信息。

（21）get_deleted_objects 方法

该方法的语法格式为：

```
get_deleted_objects(objs, request)
```

该方法用来返回模型删除页面操作完成后的信息，包含 2 个参数，其中：

❏ objs 表示要删除一个或多个模型信息；

❏ request 表示发送的请求 HttpRequest 对象。

该方法返回一个四元元组，包含如下信息。

❑ deleted_objects：删除的模型对象。

❑ model_count：删除的数量。

❑ perms_needed：不允许删除模型对象的页面名称。

❑ protected：以列表形式体现，不能删除的模型对象。

13.2　Admin 应用关联对象

Admin 应用除包含核心对象 ModelAdmin 外，还包含其他对象，如 AdminSite 与 InlineModelAdmin 对象。

13.2.1　管理站点对象 AdminSite

AdminSite 对象主要用于管理站点，除此之外，还可用于展示页面，它的基础类为 django.contrib.admin.sites.AdminSite。用户可通过该对象的注册方法关联相关模型对象。

Admin 应用提供自定义机制，用户可通过继承 AdminSite 对象来定义各自的管理站点。AdminSite 对象包含如下属性。

（1）site_header

该属性用于描述站点页面顶部行的信息，其默认值为"Django administration"。

（2）site_title

该属性用于描述页面的标题尾部标识，默认情况下，该值为"Django site admin"。

（3）site_url

该属性用于设置每个管理页面左上角的"View site"的链接信息，默认情况下，该值设置为"/"，表示跳转到根路径。如果要剔除该项跳转，则在页面不显示"View site"信息，并将该属性设置为 None。

（4）index_title

该属性用于设置 Admin 应用首页页面顶部行的信息。默认情况下，该值为"Site administration"。

（5）index_template

该属性用于将自定义的模板页面设置为 Admin 应用的首页。

（6）app_index_template

该属性用于将自定义的模板页面设置为 Admin 应用关联的某个对象的首页。

（7）empty_value_display

该属性用于显示 Admin 列表页面中空值的信息，默认情况下，以"-"形式显示。该属性中的信息可被 ModelAdmin 对象中定义某个字段的 empty_value_display 属性信息替换。

（8）enable_nav_sidebar

该属性用于设置是否显示导航栏，默认情况下，该值为 True（Django 3.1 新增功能）。

（9）login_template

该属性用于将自定义的模板页面设置为 Admin 应用的登录页。

（10）login_form

该属性用于将某个 django.contrib.auth.forms.AuthenticationForm 子类信息设置为 Admin 应用的登录页。

（11）logout_template

该属性用于将自定义的模板页面设置为 Admin 应用的登出页。

（12）password_change_template

该属性用于将自定义的模板页面设置为 Admin 应用的修改密码页。

（13）password_change_done_template

该属性用于将自定义的模板页面设置为 Admin 应用的修改密码完成页。

AdminStie 对象包含如下方法。

（1）each_context 方法

该方法的语法格式为：

```
each_context(request)
```

该方法用于获取 Admin 应用关联页码的相关信息，以字典形式返回。

默认情况下，其返回如表 13-7 所示的信息。

表 13-7 each_context 方法返回的信息字典

键	值
site_header	AdminSite. site_header
site_title	AdminSite.site_title
site_url	AdminSite.site_url
has_permission	通过 AdminSite.has_permission() 返回的权限信息
available_apps	当前用户所有可访问注册应用的相关信息，也以字典形式体现

其中，available_apps 包含如表 13-8 所示的键值对信息。

表 13-8 available_apps 键值对信息

键	值
app_label	注册应用的标签信息
app_url	注册应用的首页信息
has_module_perms	用户是否有权限访问注册应用的模型主页
models	应用中可用的模型信息，该信息以列表信息返回

其中，models 中的每个元素均表示一个模型，模型以字典形式体现，如表 13-9 信息。

表 13-9 模型字典键值表

键	值
object_name	模型的类名称
name	模型的复数显示名称
perms	模型的增、删、改、查权限信息，以字典形式体现
admin_url	模型的列表信息
add_ur	模型添加页面的 url

（2）has_permission 方法

该方法的语法格式为：

```
has_permission(request)
```

该方法用来判断用户发送 HttpRequest 时 Admin 应用的页面访问情况。当用户访问 Admin 应用中的一个页面时，返回 True。

（3）register 方法

该方法的语法格式为：

```
register(model_or_iterable, admin_class=None, **options)
```

该方法用于将模型信息注册到 Admin 应用中。便于用户打开相关页面以展示对象信息。该方法需要两个核心参数，第一个参数表示模型的名称，第二个参数是一个基于 ModelAdmin 的子类对象。

13.2.2 内嵌模型管理对象 InlineModelAdmin

InlineModelAdmin 对象用于内嵌模型，其基础类为 django.contrib.admin.options.Model-Admin。与 ModelAdmin 对象类似，它也继承了 django.contrib.admin.options.BaseModelAdmin。InlineModelAdmin 对象因模板使用的不同而衍生出两个子类 TabularInline 与 StackedInline。

InlineModelAdmin 对象与 ModelAdmin 共有的属性包括 form、fieldsets、fields、formfield_overrides、exclude、filter_horizontal、filter_vertical、ordering、prepopulated_fields、radio_fields、readonly_fields、raw_id_fields；它们共有的属性包括 get_fieldsets、get_queryset、formfield_for_choice_field、formfield_for_foreignkey、formfield_for_manytomany、has_module_permission。InlineModelAdmin 对象还具有如表 13-10 所示的属性。

表 13-10 InlineModelAdmin 对象的属性

属性名称	属性含义
model	设置内嵌模型所属的模型类，该属性属于必填属性
fk_name	指定内嵌模型的外键，默认情况下会自动生成，如果内嵌模型存在多个外键，则需特别指定

（续）

属性名称	属性含义
formset	设置内嵌模型的表单集形式，默认情况下该值为 BaseInlineFormSet
form	设置内嵌模型的表单，默认情况下该值为 ModelForm
classes	设置内嵌模型的字段样式，以列表或元组形式体现，默认情况下该值为 None
extra	设置除初始表单可设置的附加表单集的数量，默认值为 3
max_num	设置内嵌模型显示的最大表单数量
min_num	设置内嵌模型显示的最小表单数量
template	设置内嵌模型显示的模板名称
verbose_name	设置内嵌模型显示名称，用于修改模型原有的设置
verbose_name_plural	设置内嵌模型复数表示形式，用于修改模型原有的设置
can_delete	设置内嵌对象是否可被删除，默认情况下该属性为 True
show_change_link	设置内嵌对象是否有修改链接，默认情况下该属性为 False

InlineModelAdmin 对象还包含如表 13-11 所示的特有方法。

表 13-11　InlineModelAdmin 对象的特有方法

方法名称	方法含义
get_formset(request, obj=None, **kwargs)	返回内嵌模型新增（修改）的 BaseInlineFormSet 形式
get_extra(request, obj=None, **kwargs)	返回内嵌模型附加内嵌表单数量
get_max_num(request, obj=None, **kwargs)	返回内嵌模型最大附加内嵌表单数量
get_min_num(request, obj=None, **kwargs)	返回内嵌模型最小附加内嵌表单数量

13.3　Admin 应用自定义设置

Amdin 应用可根据需要进行多种自定义操作。

13.3.1　自定义站点属性

默认情况下，Admin 应用使用了大量的内置属性来显示页面，用户可根据需要修改相关站点的属性信息，可通过以下几步操作完成。

1）定义 AdminSite 子类，设置相关站点属性；

2）注册模型到新定义的 AdminSite 子类；

3）定义相关路由到 AdminSite 子类。

13.3.2　自定义应用站点

默认情况下，Admin 应用将 django.contrib.admin.site 类作为默认站点，用户可根据需要自定义应用站点，具体操作步骤如下。

1）定义 AdminSite 子类，设置相关站点属性；

2）定义 AdminConfig 子类，并将 default_site 属性设置为 AdminSite 子类；

3）在配置文件 INSTALLED_APPS 中去除默认的"django.contrib.admin"应用，加载定义的 AdminConfig 子类。

13.3.3 自定义模型操作

Admin 应用就是对模型对象信息进行增、删、改、查等操作。在 Admin 应用列表页面，Django 默认加载了"delete selected objects"操作。用户可根据需要设置特有的模型操作，具体操作步骤如下。

1）定义操作方法，方法名称可自定义，参数需要按照先后顺序明确定义，3 个参数的具体含义如下。

❏ modeladmin 表示现有模型管理类；

❏ request 表示发送的请求 HttpRequest 对象；

❏ queryset 表示用户请求的数据集。

2）定义方法描述，使用方法属性 short_description。

3）在模型属性 actions 中添加方法。

13.3.4 自定义应用模板类

Admin 提供了大量模板，例如有 Admin 应用的登录页、首页、模型列表页、模型修改页等，默认的模板路径在 contrib/admin/templates/admin 路径下，用户可根据需要对模板进行相应调整，具体操作方式如下。

1）新建模板文件夹；

2）在配置文件的 TEMPLATES 中，用 DIRS 参数指定相关模板文件夹路径；

3）在模板文件夹中建立 Admin 应用特有的模板页面文件名称。

需要说明的是，并不是所有的模板页面都能够被修改，可被修改的页面如下。

❏ actions.html；

❏ app_index.html；

❏ change_form.html；

❏ change_form_object_tools.html；

❏ change_list.html；

❏ change_list_object_tools.html；

❏ change_list_results.html；

❏ date_hierarchy.html；

❏ delete_confirmation.html；

❏ object_history.html；

❏ pagination.html；

- ❏ popup_response.html；
- ❏ prepopulated_fields_js.html；
- ❏ search_form.html；
- ❏ submit_line.html。

13.4　应用及示例

本例采用的是 Windows 环境、Python 版本为 3.7.4、Django 框架为 3.1。

13.4.1　模型管理的基本运用

本例演示 Amdin 应用管理模型基本运用情况，具体操作如下。

1）在 Windows 系统命令行窗口执行"django-admin startproject demo1"命令，建立 Django 工程 demo1。

2）修改工程内同名 App（demo1）的配置文件（名称为 settings.py)，在 INSTALLED_APPS 节点中新增"demo1"应用。

3）通过 pycharm 进入 Python 工程，在 demo1 子文件夹中添加模型文件 models.py。

```python
from django.db import models

class Org(models.Model):
    org_name=models.CharField(max_length=50)
    org_code= models.CharField(max_length=50)

class Person(models.Model):
    first_name = models.CharField(max_length=50)
    last_name = models.CharField(max_length=50)
    email = models.CharField(max_length=50)
    org_source=models.ForeignKey(Org,on_delete=models.CASCADE)

class ModelLog(models.Model):
    user_name = models.CharField(max_length=50)
    operation_time = models.DateTimeField()
    memo_desc = models.CharField(max_length=2000)
```

4）通过 pycharm 进入 Python 工程，在 demo1 子文件夹中添加文件 admin.py，内容如下：

```python
from django.contrib.admin import AdminSite
from django.contrib import admin
from .models import *
import datetime

class OrgAdmin(admin.ModelAdmin):
    list_display = ('org_name', 'org_code')
    search_fields = ['org_name']
```

```
    list_filter = ['org_name']
    show_full_result_count=True
    def save_model(self, request, obj, form, change):
        log=ModelLog()
        log.username=request.user
        log.operation_time=datetime.datetime.now()
        log.memo_desc=' 对组织机构进行保存，保存内容为 ' + obj.org_name
        log.save()
        super().save_model(request, obj, form, change)

@admin.register(Person)
class PersonAdmin(admin.ModelAdmin):
    list_display = ('first_name', 'last_name', 'email', 'org_source')
    list_per_page = 3
    list_max_show_all = 4
    raw_id_fields = ['org_source']
    save_as = True
    save_as_continue=False
    def save_model(self, request, obj, form, change):
        log = ModelLog()
        log.username = request.user
        log.operation_time = datetime.datetime.now()
        log.memo_desc = ' 对人员进行保存，保存内容为 ' + obj.first_name + '' + obj.
        last_name
        log.save()
        super().save_model(request, obj, form, change)
admin.site.register(Org,OrgAdmin)
```

5）在 Windows 系统命令行窗口，先进入 demo1 工程文件夹，然后输入命令生成相关的数据库表，再输入以下命令：

```
python manage.py  createsuperuser
```

根据提示，创建用户名称为 abc、密码为 abc 的 Admin 模块的超级用户。

6）在 demo1 工程文件夹中，通过命令启动服务后，在浏览器地址栏中输入 http://127.0.0.1:8000/admin/，并填写相应的用户名、密码，然后回车，得到如图 13-1 所示的页面。

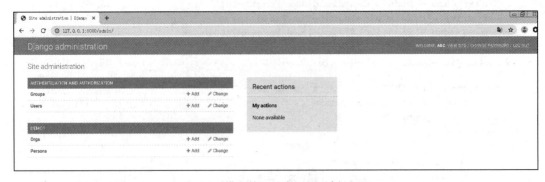

图 13-1　模型管理基本运用示例页面 1

点击 DEMO1 区域下"Orgs"记录中的"Add"按钮，出现模型"Org"的添加页面（见图 13-2）。

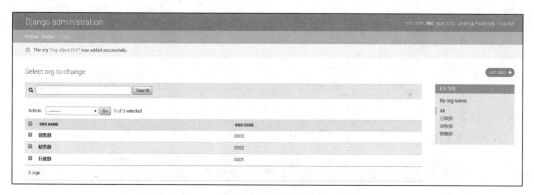

图 13-2 模型管理基本运用示例页面 2

在模型"Org"页面按照表 13-12 所示输入多组信息，点击"Save and add another"按钮保存，在输入最后一组信息后，点击"SAVE"按钮保存。

上述信息全部录入完成后，页面跳转到模型"Org"的列表页面，如图 13-3 所示。

表 13-12 组织数据信息

Org name	Org code
行政部	0001
财务部	0002
销售部	0003

图 13-3 模型管理基本运用示例页面 3

在模型"Org"列表页面的搜索区域输入"销"，再点击"Search"按钮，会出现如图 13-4 所示的结果。

图 13-4 模型管理基本运用示例页面 4

在地址栏中重新输入 http://127.0.0.1:8000/admin/，会显示如图 13-5 所示的信息。

图 13-5　模型管理基本运用示例页面 5

点击 DEMO1 区域下"Persons"记录中的"Add"按钮，会出现模型"Person"的添加页面，如图 13-6 所示。

图 13-6　模型管理基本运用示例页面 6

输入相关信息后会出现如图 13-7 所示的页面。

图 13-7　模型管理基本运用示例页面 7

在"Org source"文本框中输入信息时，点击右侧的放大镜图标按钮，会出现如图 13-8 所示的弹窗。

图 13-8　模型管理基本运用示例页面 8

在弹窗中选择"销售部"，回到"Person"的添加页面，如图 13-9 所示。

图 13-9　模型管理基本运用示例页面 9

点击"Save and add another"按钮，会出现如图 13-10 所示的结果。

图 13-10　模型管理基本运用示例页面 10

在页面按照表13-13所示输入多组信息，点击"Save and add another"按钮保存，在输入最后一组信息后，点击"SAVE"按钮保存。

表 13-13　人员信息

First_name	last_name	email	Org_source
Mike	Lee	mike@c.com	3
Jack	Wang	Jack@c.com	1
Tom	Yu	Tom@c.com	2
Andy	Lee	Andy@c.com	1

正常情况下，点击"SAVE"按钮保存后会跳转到Person的列表页面，如图13-11所示。

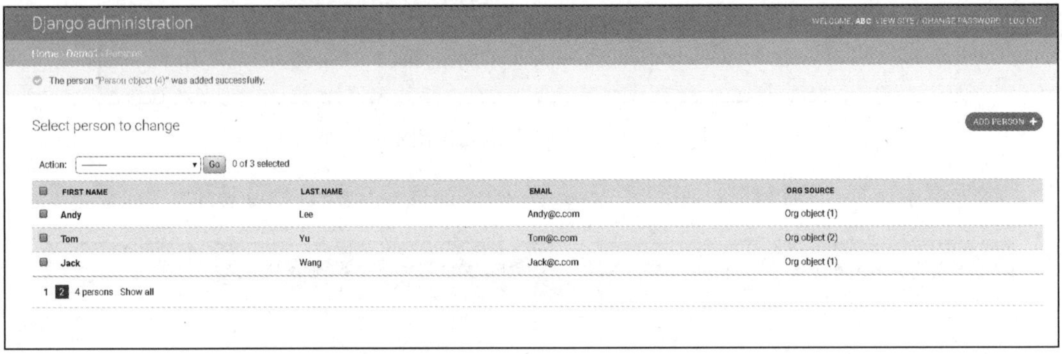

图 13-11　模型管理基本运用示例页面 11

在Person的列表页面，点击列表中的"Andy"记录链接，跳转到修改页面，如图13-12所示。

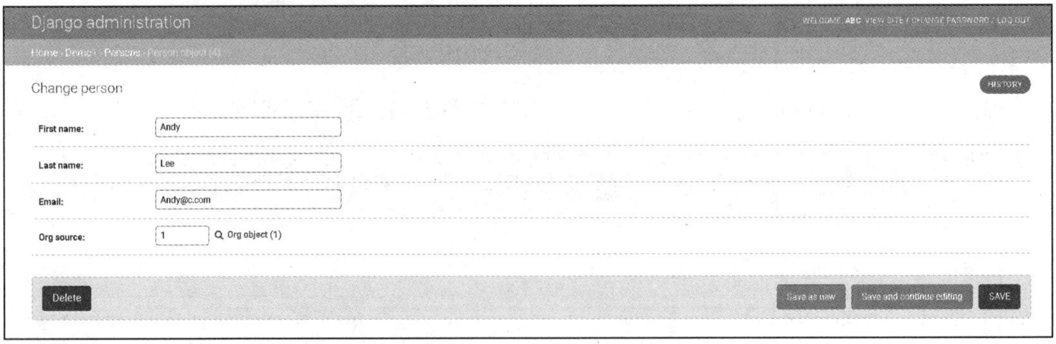

图 13-12　模型管理基本运用示例页面 12

直接点击"Save as new"页面跳转回Person列表页面，发现记录数发生了变化，如图13-13所示。

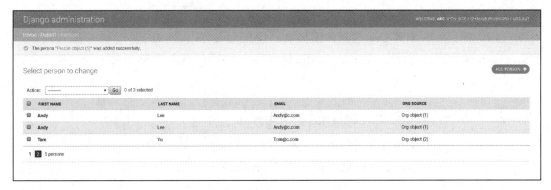

图 13-13 模型管理基本运用示例页面 13

查看数据库中的数据，表 demo_modellog 的记录如图 13-14 所示。

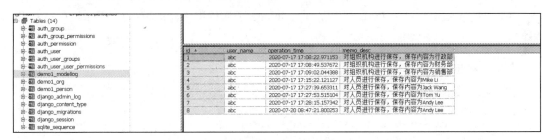

图 13-14 模型管理基本运用示例页面 14

本例演示了如何使用 Admin 应用进行模型管理。从示例中可以看出：

1）本例建立了 3 个模型，其中为了辅助日志需要 ModelLog，模型没有纳入 Admin 应用模型管理，模型 Org 和 Person 模型与主外键关联，同时被纳入 Amdin 应用模型管理。

2）在 admin.py 文件中，本例使用了两种不同的模型注册模式，Org 模型采用注册的形式，而 Person 模型采用过滤器注册的形式。两者本质上没有差别。

3）Org 模型与 Person 模型都设置了 save_model 方法，该方法默认为保存相关的模型信息，本例中分别为 Org 模型与 Person 模型添加了相关的日志记录，日志信息保存到 demo1_modellog 表中。

4）Org 模型设置了 list_display 属性，该属性用来在页面显示 org_name 与 org_code 字段信息；Org 模型设置了属性 search_fields，在列表页面显示搜索框，并可按照字段 org_name 模糊查询表中的相关记录；将 show_full_result_count 属性设置为 True，这样在搜索框搜索完成后会出现相关统计信息，如本例在搜索框中输入"销"，在搜索按钮右边显示"1 result (3 total)"。

5）Person 模型设置了 list_display 属性，该属性用来在页面显示 first_name、last_name、email 与 org_source 字段信息；设置 list_per_page 属性使 Person 模型的列表页面每页只显示 3 条记录；设置 list_max_show_all 属性使 Person 模型列表页面的分页区域的记录数只有 4 条时显示"Show all"链接；设置 raw_id_fields 属性在 Person 模型的新增（修改）页面选择外键信息时出现 Org 模型弹窗信息；设置 save_as 属性为 True，在修改页面显示"Save as new"按钮；设置 save_as_continue 属性为 False，点击"Save as new"按钮会跳转到列表页面。

13.4.2 Admin 应用自定义模型的操作演示

本例演示 Amdin 应用自定义模型的运用情况，具体操作如下。

1）在 Windows 系统命令行窗口执行"django-admin startproject demo2"命令，建立 Django 工程 demo2。

2）修改工程内同名 App（demo2）的配置文件（名称为 settings.py），在 INSTALLED_APPS 节点内增加"demo2"应用。

3）通过 pycharm 进入 Python 工程，在 demo2 子文件夹中添加模型文件 models.py，代码如下：

```
from django.db import models

class Person(models.Model):
    first_name = models.CharField(max_length=50)
    last_name = models.CharField(max_length=50)
    color_code = models.CharField(max_length=6)
```

4）通过 pycharm 进入 Python 工程，在 demo2 子文件夹中添加文件 admin.py，代码如下：

```
from django.contrib import admin
from .models import *

def make_color(modeladmin, request, queryset):
    queryset.update(color_code='red')
make_color.short_description = "Mark selected person color code"

class PersonAdmin(admin.ModelAdmin):
    list_display = ('first_name', 'last_name', 'color_code')
    actions = [make_color]
    list_per_page = 3

admin.site.register(Person, PersonAdmin)
```

5）在 Windows 系统命令行窗口，先进入 demo2 工程文件夹，然后输入命令生成相关的数据库表，再输入以下命令：

```
python manage.py  createsuperuser
```

根据提示创建用户的名称为 abc、密码为 abc 的 Admin 模块的超级用户。

6）在 Windows 系统命令行窗口，先进入 demo2 工程文件夹，然后输入命令启动服务，在浏览器地址栏中输入 http://127.0.0.1:8000/admin/ 并填写相应的用户名、密码后回车，会出现如图 13-15 所示的页面。

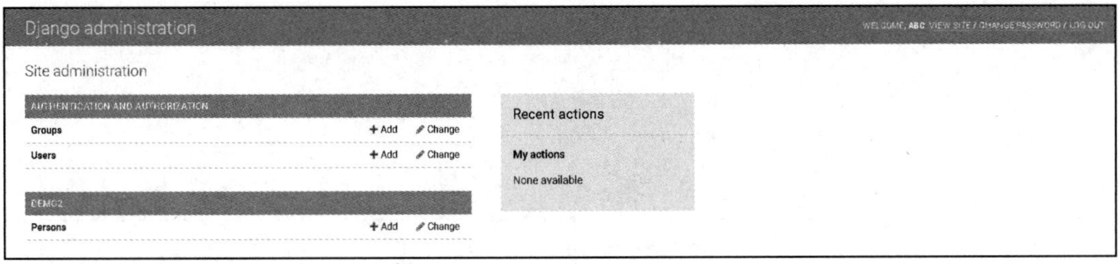

图 13-15　操作展示示例页面 1

点击 DEMO1 区域下"Persons"记录中的"Add"按钮，会出现模型"Person"的添加页面，如图 13-16 所示。

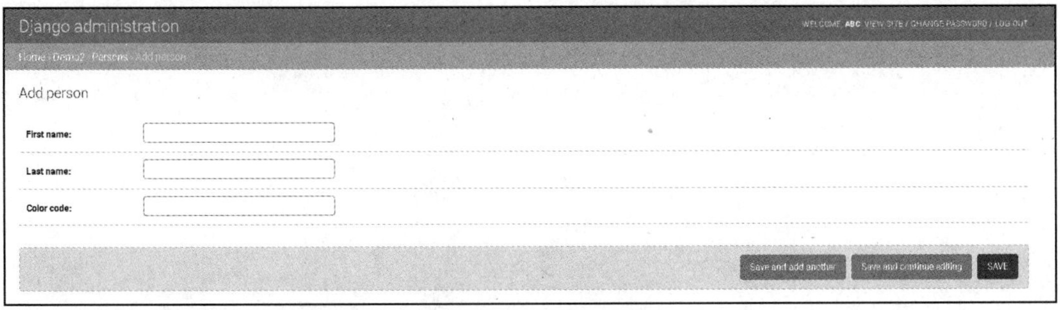

图 13-16　操作展示示例页面 2

在页面按照表 13-14 所示输入多组信息，点击"Save and add another"按钮保存，在输入最后一组信息后，点击"SAVE"按钮保存。

表 13-14　多组人员信息

first_name	last_name	color_code
Mike	Lee	yellow
Jack	Wang	red
Tom	Yu	black
Andy	Lee	black

点击"SAVE"按钮保存后，页面跳转到 Person 模型列表页面，如图 13-17 所示。

勾选 Person 模型列表的两行记录，点击 Action 下拉框，选择"Mark selected person color code"，点击"Go"按钮，如图 13-18 所示。

点击完成后，列表结果如图 13-19 所示。

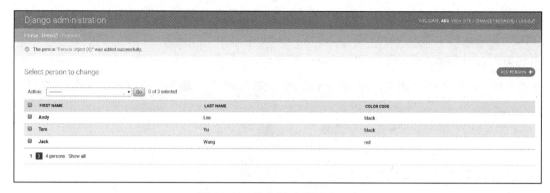

图 13-17　操作展示示例页面 3

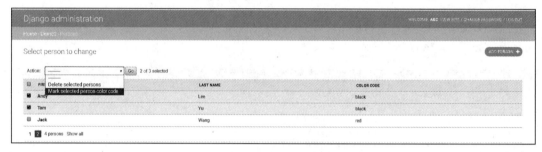

图 13-18　操作展示示例页面 4

图 13-19　操作展示示例页面 5

　　本例演示了如何定义和使用 Admin 的操作。从示例中可以看出：本例定义了方法 make_color 作为具体操作的实现形式，该方法对结果集合中的 color_code 做了批量更新操作；本例还定义了操作的名称为"Mark selected person color code"；最后，在 PersonAdmin 类中定义了属性 action，关联 make_color 操作以达到页面操作的目的。

13.4.3　站点调整

　　本例演示自定义 Admin 站点的运用情况，具体操作如下。

　　1）在 Windows 系统命令行窗口执行"django-admin startproject demo3"命令，建立

Django 工程 demo3。

2）修改工程内同名 App（demo3）的配置文件（名称为 settings.py），在 INSTALLED_
APPS 节点内新增"demo3"应用。

3）修改工程内同名 App（demo3）的路由文件（名称为 urls.py），代码如下：

```
from .admin import *
from django.urls import path

urlpatterns = [
    path('admin/', admin_site.urls),
]
```

4）通过 pycharm 进入 Python 工程，在 demo3 子文件夹中添加模型文件 models.py，代
码如下：

```
from django.db import models

class Org(models.Model):
    org_name=models.CharField(max_length=50)
    org_code= models.CharField(max_length=50)
```

5）通过 pycharm 进入 Python 工程，在 demo3 子文件夹内添加文件 admin.py，代码
如下：

```
from django.contrib.admin import AdminSite
from django.contrib import admin
from .models import *

class MyAdminSite(AdminSite):
    site_header = '我的站点管理'
    site_url = None
class OrgAdmin(admin.ModelAdmin):
    list_display = ('org_name', 'org_code')

admin_site = MyAdminSite(name='myadmin')
admin_site.register(Org, OrgAdmin)
```

6）在 demo3 子文件夹中添加文件夹 templates，在文件夹 templates 中添加文件夹
Admin，接着在 Admin 文件夹中添加文件夹 demo3，在文件夹 demo3 中添加文件夹 org，
在文件夹 org 中添加文件 change_form.html，代码如下：

```
{% extends "admin/base_site.html" %}
{% load i18n admin_urls static admin_modify %}

{% block extrahead %}{{ block.super }}
<script type="text/javascript" src="{% url 'admin:jsi18n' %}"></script>
{{ media }}
{% endblock %}
```

```
{% block extrastyle %}{{ block.super }}<link rel="stylesheet" type="text/css"
    href="{% static "admin/css/forms.css" %}">{% endblock %}

{% block coltype %}colM{% endblock %}

{% block bodyclass %}{{ block.super }} app-{{ opts.app_label }} model-{{ opts.
    model_name }} change-form{% endblock %}

{% if not is_popup %}
{% block breadcrumbs %}
<div class="breadcrumbs">
<a href="{% url 'admin:index' %}">{% trans 'Home' %}</a>
    &rsaquo; <a href="{% url 'admin:app_list' app_label=opts.app_label %}">{{
opts.app_config.verbose_name }}</a>
&rsaquo; {% if has_view_permission %}<a href="{% url opts|admin_
    urlname:'changelist' %}">{{ opts.verbose_name_plural|capfirst }}</a>{% else
    %}{{ opts.verbose_name_plural|capfirst }}{% endif %}
&rsaquo; {% if add %}{% blocktrans with name=opts.verbose_name %}Add {{ name }}{%
    endblocktrans %}{% else %}{{ original|truncatewords:"18" }}{% endif %}
</div>
{% endblock %}
{% endif %}

{% block content_title %}{% if title %}<h1>修改部门</h1>{% endif %}{% endblock %}
{% block content %}<div id="content-main">
{% block object-tools %}
{% if change %}{% if not is_popup %}
    <ul class="object-tools">
    {% block object-tools-items %}
        {% change_form_object_tools %}
    {% endblock %}
    </ul>
{% endif %}{% endif %}
{% endblock %}
<form {% if has_file_field %}enctype="multipart/form-data" {% endif %}action="{{
    form_url }}" method="post" id="{{ opts.model_name }}_form" novalidate>{%
    csrf_token %}{% block form_top %}{% endblock %}
<div>
{% if is_popup %}<input type="hidden" name="{{ is_popup_var }}" value="1">{%
    endif %}
{% if to_field %}<input type="hidden" name="{{ to_field_var }}" value="{{ to_
    field }}">{% endif %}
{% if save_on_top %}{% block submit_buttons_top %}{% submit_row %}{% endblock %}{%
    endif %}
{% if errors %}
    <p class="errornote">
    {% if errors|length == 1 %}{% trans "Please correct the error below." %}
    {% else %}{% trans "Please correct the errors below." %}{% endif %}
    </p>
    {{ adminform.form.non_field_errors }}
```

```
{% endif %}

{% block field_sets %}
{% for fieldset in adminform %}
    {% include "admin/includes/fieldset.html" %}
{% endfor %}
{% endblock %}

{% block after_field_sets %}{% endblock %}

{% block inline_field_sets %}
{% for inline_admin_formset in inline_admin_formsets %}
    {% include inline_admin_formset.opts.template %}
{% endfor %}
{% endblock %}

{% block after_related_objects %}{% endblock %}

{% block submit_buttons_bottom %}{% submit_row %}{% endblock %}

{% block admin_change_form_document_ready %}
    <script type="text/javascript"
            id="django-admin-form-add-constants"
            src="{% static 'admin/js/change_form.js' %}"
            {% if adminform and add %}
                data-model-name="{{ opts.model_name }}"
            {% endif %}>
    </script>
{% endblock %}

{# JavaScript for prepopulated fields #}
{% prepopulated_fields_js %}

</div>
</form></div>
{% endblock %}
```

7）在 Windows 系统命令行窗口，先进入 demo3 工程文件夹，然后输入命令生成相关的数据库表，再输入以下命令：

```
python manage.py createsuperuser
```

根据提示创建用户的名称为 abc、密码为 abc 的 Admin 模块的超级用户。

8）在 demo3 工程文件夹中，输入命令启动服务后，在浏览器地址栏中输入 http://127.0.0.1:8000/admin/ 并填写相应的用户名、密码后回车，会出现如图 13-20 所示的页面。

点击 DEMO1 区域下"Orgs"记录中的"Add"按钮，出现模型"Org"的添加页面，如图 13-21 所示。

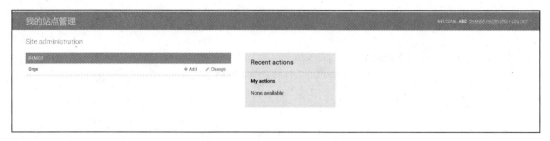

图 13-20　站点调整示例页面 1

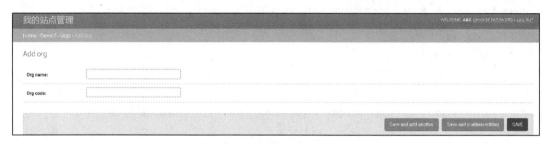

图 13-21　站点调整示例页面 2

在页面按照表 13-15 所示输入多组信息，点击"Save and add another"按钮保存，在输入最后一组信息后，点击"SAVE"按钮保存。

表 13-15　多组组织信息

Org_name	Org_code
行政部	0001
销售部	0003

点击"SAVE"按钮保存后，页面跳转到 Org 模型的列表页面，如图 13-22 所示。

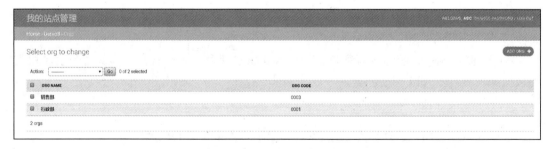

图 13-22　站点调整示例页面 3

在 Org 模型的列表页面中点击"销售部"链接，进入 Org 模型的修改页面，如图 13-23 所示。

本例演示了如何修改 Admin 应用的页面显示。从示例中可以看出：

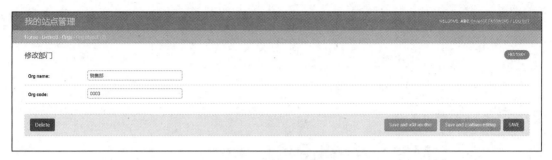

图 13-23　站点调整示例页面 4

1）通过定义 AdminSite 的子类 MyAdminSite 并设置该子类的属性 site_header 显示页面主标题，设置属性 site_url 隐藏页面的 View site 链接。

2）修改了模型 org 的修改页面。需要注意的是，修改页面的路径需要在 admin/demo3/org 路径之下，本例复用了 Admin 原有的 change_form.html 模板，修改了其页面中的内容标题信息。

13.5　小结

本章详细介绍了 Django 框架内置的 Admin 应用模块，并演示了多个 Admin 应用的示例，可帮助读者进一步掌握相关知识，并用于实践。

CMS 平台架设

本章将综合前面各章介绍的 Django 框架技术，搭建一个具有初级功能的简版 CMS 平台。

CMS 又被称为内容管理系统，是 content management system 首字母的缩写，是一种位于 Web 端的软件系统。其目的是将相关单位需要的信息发布在单位的一些门户网站上。信息内容包含文件、表格、图片、数据库中的数据、视频等多种数据格式。

14.1 简版的 CMS 分析及设计

本节将从多个角度分析 CMS 的构造情况。

14.1.1 业务场景分析

任何软件系统都是为一定的业务服务的，或者说不同的软件系统具有不同的需求。作为一个简版的 CMS 平台，系统的使用人员可以做如下业务：

❏ 在系统中建立角色、定义角色的名称，并将相关页面的操作权限分配给这些角色，查看已有的角色信息，修改、删除已有的角色信息。

❏ 在系统中建立用户、定义用户的名称，并将相关的角色分配给这些用户，使用户可以在成功登录后访问某些页面，完成某些业务。

❏ 通过系统修改用户初始密码，并修改、删除已有的用户信息。

❏ 通过系统发布行业新闻信息，可以查看、修改、删除已有的行业新闻信息。

❏ 通过系统发布企业项目信息，可以查看、修改、删除已有的行业新闻信息。

14.1.2　角色设计

就软件系统层面而言，角色是具有操作某些系统功能权限的用户群体的集合。对于一个 CMS，其中的用户群体大体分为以下三类。

❏ 系统管理群体，这类群体不关心具体的发布业务信息，只关心有哪些用户使用这个系统，这些用户能通过系统做什么事。

❏ 业务发布群体，这类群体就系统所授予的权利，可以在系统中发布至少一个版块的业务信息。

❏ 门户的浏览者，有些浏览者是不需要授权的，他们在浏览器中输入相关的 URL，就能查看具体的发布信息；还有一些浏览者是需要授权的，只有授权后才能查看相关的发布信息。

基于上述分析，我们为要搭建的 CMS 设计了以下三类角色。

❏ 管理员角色，用于角色与用户的管理。

❏ 业务员角色，用于不同的业务发布。

❏ 通用用户角色，默认情况下，任何由管理员创建的用户都具有这类角色的功能使用权限。

角色与用户之间是多对多的关系。一般而言，通用用户角色是各个 CMS 默认的，为此，本章所设计的简版 CMS 不用考虑该类角色的用户分配。

14.1.3　持久化对象设计

根据相关的业务，我们设计了如下的持久化对象，用于数据库信息读取。

菜单数据结构如表 14-1 所示。

表 14-1　菜单数据结构

字段名称	字段标识	类型
菜单 ID	id	int
菜单名称	MenuName	varchar(100)
菜单 URL	url	varchar(100)
显示顺序	DisplayOrder	int
是否有效	is_valid	tinyint
菜单图标	MenuIcon	varchar(30)
菜单父 ID	ParentMenuID_id	int

角色数据结构如表 14-2 所示。

表 14-2　角色数据结构

字段名称	字段标识	类型
角色 ID	id	int
角色名称	role_name	varchar(20)

（续）

字段名称	字段标识	类型
角色描述	role_desc	varchar(1000)
创建人	createor	varchar(50)
创建时间	createtime	date

用户数据结构如表 14-3 所示。

表 14-3　用户数据结构

字段名称	字段标识	类型
用户 ID	id	int
用户密码	password	varchar(128)
用户名称	username	varchar(150)
是否有效	is_active	tinyint
创建时间	date_joined	datetime

行业新闻数据结构如表 14-4 所示。

表 14-4　行业新闻数据结构

字段名称	字段标识	类型
项目 ID	id	int
项目名称	project_name	varchar(100)
创建人	createor	varchar(50)
创建时间	createtime	datetime
项目内容	project_content	longtext

公司项目数据结构如表 14-5 所示。

表 14-5　公司项目数据结构

字段名称	字段标识	类型
项目 ID	id	int
项目名称	project_name	varchar(100)
创建人	createor	varchar(50)
创建时间	createtime	datetime
项目内容	project_content	longtext

除此之外，为了体现用户与角色、角色与菜单之间的映射关系，还设计了两个关联表，用于体现其多对多关系，分别如表 14-6 与表 14-7 所示。

表 14-6　用户与角色之间的关联

字段名称	字段标识	类型
用户 ID	userinfo_id	int
角色 ID	role_id	int

表 14-7　角色与菜单之间的关联

字段名称	字段标识	类型
菜单 ID	menu_id	int
角色 ID	role_id	int

14.2　实施 CMS 架设

基于 14.2 节的分析、设计，我们可以实施相关的 Django 工程了，实施过程如下。

14.2.1　准备基本工具

1. 数据库引擎工具

为了实现信息持久化，我们需要连接一个数据库，这里选用 MySQL 数据库，需要安装 Python 插件 mysqlclient 来处理相关的 MySQL 数据库操作。

2. 富文本工具

为了发布相关的信息，不仅要发布包含文字的信息，还要发布包含图片、表格等其他格式的信息。同时还要对相关的文字信息进行一定的排版，以便于页面浏览。要实现这些需求，意味着我们需要使用富文本编辑器来编辑相关的发布内容。这里我们使用了基于 Python 的 dango-ckeditor 插件进行富文本编辑。在 Windows 系统管理员命令行窗口内，该插件可通过如下命令方式安装。

```
Pip install django-ckeditor
```

为了便于富文本图片的处理，还需要用到图像处理库插件 pillow，在 Windows 系统管理员命令行窗口内，该插件可通过如下命令方式安装。

```
Pip install pillow
```

3. 网页样式脚本工具

为了轻松实现界面开发，带来绝佳的用户体验，我们采用了 jQuery-MiniUI 这种前端开发技术，该开发技术主要用于网站页面的开发，有多个专业 WebUI 控件库。由上海普加软件有限公司发布，这里我们使用了 3.5 版本。

由于 jQuery-MiniUI 工具是基于 jQuery 的，所以使用 3.5 版本的 jQuery-MiniUI 需要同时下载引用 1.8.2 版本的 jQuery。

14.2.2　CMS 框架的搭建

就使用方式而言，CMS 可以大体分为两类框架，一类用于后台数据生产，一类用于前台数据浏览。其中搭建后台数据框架的具体做法如下。

1）按照之前章节所述的方式，建立整体的 CMS 工程项目 xc_cms。

2）在工程项目 xc_cms 的内含应用 xc_cms 下分别建立 static 文件夹与 templates 文件夹。

3）在 static 文件夹中再建立子文件夹 content 与 js，并在 js 子文件夹中存放如图 14-1 所示的文件。

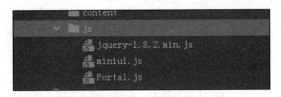

图 14-1　js 文件夹结构

js 子文件夹下的 miniui.js 与 Portal.js 为 jQuery-MiniUI 工具所专有，jquery-1.8.2.min.js 为相关的 jQuery 工具。

4）在 content 子文件夹中存放如图 14-2 所示的文件夹与文件。

图 14-2　content 文件夹结构

content 文件夹中的 default 文件夹、icons 文件夹、icons.css 文件为 jQuery-MiniUI 工具专有。main 文件夹内为与框架文件相关的图片信息，login.css 为登录页面的样式文件，Main.css 为框架的样式文件。

5）在文件夹 templates 中添加文件，如图 14-3 所示。

图 14-3　templates 文件夹结构

其中 base.html 为框架页面，页面信息如下所示：

```html
<!DOCTYPE HTML PUBLIC "-//W3C//DTD HTML 4.01 Transitional//EN"
        "http://www.w3.org/TR/html4/loose.dtd">
<html>
<head>
    <meta charset="utf-8" />
    <title>湘船科技股份有限公司 </title>
    <meta name="viewport" content="width=device-width" />

    {% load static %}
    <link href="{% static 'Content/default/miniui.css' %}" rel=
    "stylesheet" />
    <link href="{% static 'Content/icons.css' %}" rel="stylesheet" />
    <link href="{% static 'Content/Main.css' %}" rel="stylesheet" />
    <script src="{% static 'js/jquery-1.8.2.min.js' %}"></script>
    <script src="{% static 'js/miniui.js' %}"></script>
    <script src="{% static 'js/Portal.js' %}"></script>
    <script type="text/javascript" src=
    "{% static '/ckeditor/ckeditor-init.js' %}"></script>
    <script src="{% static '/ckeditor/ckeditor/ckeditor.js' %}"></script>
</head>
<body>
    <div class="mini-layout" id="layoutFramework" style="border-width:0px;
    width: 100%; height: 900px; padding: 0px;">
        <div id="north" region="north" showheader="false" showsplit=
        "false" height="85">
            <div class="top topbg_k" style="overflow:hidden">
                <div class="logo_k">
                </div>
                <div class="right_k">
                    <ul class="user">
                        <li class="line">
                            <a href="/logout/">
                                <span>
                                    <img src="{% static
                                    'content/main/cross.png' %}" />注销
                                </span>
                            </a>
                        </li>
                        <li class="line">
                            <a href="javascript:void(0)"
                            onclick="onModifyPwdClick()">
                                <span>
                                    <img src="{% static
                                    'content/main/lock_edit.png' %}" /> 密码修改
                                </span>
                            </a>
                        </li>
                        <li class="line">
                            <a href="javascript:void(0)">
                                <span>
```

```
                                          <img src="{% static
                                          'content/main/user.png' %}" />
                                          {% if request.user.is_authenticated %}
                                          {{ request.user }}
                                          {% endif %} , 欢迎您!
                                    </span>
                                </a>
                            </li>
                        </ul>
                    </div>
                </div>
            </div>
            <div id="south" region="south" showheader="false" showsplit=
            "false" height="30" style="top: -100px;">
                <div style="text-align: center">
                    Copyright ©2017-2020 湘船科技股份有限公司
                             运维邮箱:
                    xxx@xxkjd.com         
                    服务器 IP 地址: 10.238.102.10
                </div>
            </div>
            <div id="center" region="center" showheader=
            "false" bodystyle="overflow:hidden;">
                {% block content %}
                {% endblock %}
            </div>
        </div>
    </div>
    <input type="hidden" id="userid" value="request.user.id" />
    <script type="text/javascript">
        mini.parse();

        // 更改密码
        function onModifyPwdClick() {
            var userid=document.getElementById("userid").value;
            mini.open({
                targetWindow: window,
                url: '/changepassword?id='+userid,
                title: " 修改密码 ", width: 400, height: 200,
            });
        }
    </script>
</body>
</html>
```

adminindex.html 用于后台数据生产的主页面, 页面信息如下所示:

```
{% extends "base.html" %}
{% block content %}

    <div id="nav" class="mini-menubar" style="width:100%;
```

```
background-color:azure; color:black" url='/mainmenu/' idfield="id"
textfield="text" onitemclick="onItemClick">
        </div>
<div id="splitter" class="mini-splitter"
style="width:100%;height:100%;">
            <div showcollapsebutton="true" size="11%">
                <div id="leftTree" class="mini-outlookmenu"
                url='/detailmenu?mainmenuid=-1'
                    idfield="ids" parentfield="pid" textfield="text"
                    url="url" onitemselect="onItemSelect"
                    style="height:600px;" borderstyle="border:0">
                </div>
            </div>
            <div showcollapsebutton="false">
                <div id="maincontent" >
                    <img src="/static/content/main/title.png" />
                </div>
            </div>
        </div>
    </div>


<script type="text/javascript">
    mini.parse();
    var splitter = mini.get("splitter");

    // 选择二次菜单
    function onItemSelect(e) {
        var item = e.item;
         $.ajax({
                url: item.url,
                 dataType: "html",
                success: function(result){
                    $("#maincontent").html(result);
                },
                error: function(){
                    alert(" 页面加载失败 ");
                }
         });

    }
    // 选择主菜单
    function onItemClick(e) {
        var item = e.item;
        var mainmenuid = item.getId();
        mini.get("leftTree").setUrl("/detailmenu?mainmenuid=" + mainmenuid);
        splitter.showPane(1);
    }

</script>
{% endblock %}
```

login.html 为登录页面，页面信息如下所示：

```
<html xmlns="http://www.w3.org/1999/xhtml">
<head>
    <title>湘西科技股份有限公司</title>
    <meta http-equiv="content-type" content="text/html; charset=UTF-8" />
    {% load static %}
    <link href="{% static 'content/login.css' %}" rel="stylesheet" />
    <script src="{% static 'js/jquery-1.8.2.min.js' %}"></script>
    <script type="text/javascript">
        var randominfo;

        // 设置此处的原因是每次进入界面展示一个随机的验证码，不设置则为空
        window.onload = function () {
            RandomData();
        }

        function RandomData() {
            randominfo = '';
            // 设置随机数长度
            var randominfoLength = 6;
            var codeV = document.getElementById('randomid');
            // 设置随机字符
            var random = new Array(0, 1, 2, 3, 4, 5, 6, 7, 8, 9, 'A', 'B', 'C',
            'D', 'E', 'F', 'G', 'H', 'I', 'J', 'K', 'L', 'M', 'N', 'O', 'P',
            'Q', 'R', 'S', 'T', 'U', 'V', 'W', 'X', 'Y', 'Z');
             for (var i = 0; i < randominfoLength; i++) {
                var index = Math.floor(Math.random() * 36);
                randominfo += random[index];
            }
            codeV.value = randominfo;
        }

        // 下面就是检查验证码是否正确
        function validate() {
            var oValue =
            document.getElementById('checkcode').value.toUpperCase();
            if (oValue == 0) {
                $("#checkcodestatus").val(0);
            } else if (oValue != randominfo) {
                $("#checkcodestatus").val(0);
                oValue = ' ';
                RandomData();
                $("#message").html("验证码输入错误，请重新输入");
            } else {
                $("#checkcodestatus").val(1);
                $("#message").html("验证码输入正确");
            }
        }
```

```
        function onLoginClick() {
            var checkcode = $("#checkcodestatus").val();
            if (checkcode == 0) {
                alert('请输入验证码');
                return;
            }
            var name = $("#username").val();
            var pwd = $("#password").val();
            $.post("",{username: name, password: pwd}, function (data) {
                    if (data == "Success") {
                        window.location.href = "/adminindex/";
                    }
                    else {
                        $("#checkcodestatus").val(0);
                        $("#message").html(data);
                        $("#password").attr("value", '');
                        $("#checkcode").attr("value", '');
                        RandomData();
                    }
                }
            );
        }
    </script>
</head>
<body>
    <div class="lg-container">
        <h1>湘西科技 CMS</h1>
        <form id="lg-form" name="lg-form" method="post">
            <div>
                <input type="text" name="username" id="username" placeholder=
                "登录名称" />
            </div>
            <div>
                <input type="password" name="password" id="password"
                placeholder="密码" />
            </div>
            <div>
                <input type="text" id="randomid" onclick="createCode()"/>
                <input type="text" id="checkcode" value="" placeholder=
                "请输入验证码" style="margin-top:2px;" onchange=validate()/>
            </div>
            <div>
                <input type="button" value="登录" id="login"
                onclick="onLoginClick()" />
            </div>
            <input type="hidden" id="" value=" " />
        </form>
        <div id="message"></div>
    </div>
    <input type="hidden" id="checkcodestatus" value="0" />
```

```
</body>
</html>
```

root.html 为弹窗的基础页面，页面信息如下所示：

```
<!DOCTYPE HTML PUBLIC "-//W3C//DTD HTML 4.01 Transitional//EN"
        "http://www.w3.org/TR/html4/loose.dtd">
<html>
<head>
    <meta charset="utf-8" />
    <title> 湘船科技股份有限公司 </title>
    <meta name="viewport" content="width=device-width" />

    {% load static %}
    <link href="{% static 'Content/default/miniui.css' %}" rel=
    "stylesheet" />
    <link href="{% static 'Content/icons.css' %}" rel="stylesheet" />
    <link href="{% static 'Content/Main.css' %}" rel="stylesheet" />
    <script src="{% static 'js/jquery-1.8.2.min.js' %}"></script>
    <script src="{% static 'js/miniui.js' %}"></script>

</head>
<body>
{% block body %}
{% endblock %}
</body>
</html>
```

changepassword.html 为相关的密码修改页面，页面信息如下所示：

```
{% extends "root.html" %}
{% block body %}
    <style type="text/css">
        html, body {
            font-size: 12px;
            padding: 0;
            margin: 0;
            border: 0;
            height: 400px;
            overflow: hidden;
        }
    </style>
    <form id="form1" method="post">
        <div style="overflow-y: auto; width: 100%; height:100%; border:
        1px solid #9c9c9c; padding: 10px; margin: 0 auto; position: relative;" >
            <input name="UserID" class="mini-hidden" value="{{userid}}" />
            <div style="text-align:center;padding:10px;padding-left:11px;
            padding-bottom: 5px;">
                <table style="margin: auto;table-layout:fixed;">
                    <tr>
                        <td >用户原始密码: </td>
```

```html
                <td>
                    <input name="OriginPassword" class="mini-password"
                    required="true" />
                </td>
            </tr>
            <tr>
                <td> 修改密码: </td>
                <td>
                    <input name="FristNewPassword"
                    class="mini-password" required="true"/>
                </td>
            </tr>
            <tr>
                <td> 修改确认密码: </td>
                <td>
                    <input name="SecondNewPassword"
                    class="mini-password" required="true" />
                </td>
            </tr>
        </table>
    </div>
    <div style="text-align:center;padding:10px;">
        <a class="mini-button" iconcls="icon-ok" onclick="onOk"
        style="width:60px;margin-right:20px;"> 确定 </a>
        <a class="mini-button" iconcls="icon-cancel"
        onclick="onCancel" style="width:60px;"> 取消 </a>
    </div>
    <div id="message"></div>
    </div>
</form>
    <script type="text/javascript">
        mini.parse();

    var form = new mini.Form("form1");

    function SaveData() {
        var obj = form.getData();
        form.validate();
        if (form.isValid() == false) return;
        var json = mini.encode(obj);
        $.ajax({
            url: '/savechangepassword/',
            type: 'post',
            data: { data: json },
            cache: false,
            success: function (text) {
                var jsontext = mini.decode(text);

                if (jsontext.IsSuccess) {
                    CloseWindow("save");
```

```
                    window.parent.location.href = "/login/";
                }
                else
                {
                    $("#message").html(jsontext.Message);
                }
            },
            error: function (data) {
                $("#message").html(data);
            }
        });
    }
    function CloseWindow(action) {
        if (action == "close" && form.isChanged()) {
            if (confirm(" 数据被修改了，是否先保存? ")) {
                return false;
            }
        }
        if (window.CloseOwnerWindow) return
        window.CloseOwnerWindow(action);
        else window.close();
    }

    function onOk(e) {
        SaveData();
    }
    function onCancel(e) {
        CloseWindow("cancel");
    }

    </script>
{% endblock %}
```

6）修改应用 xc_cms 中的配置文件 settings.py，在 INSTALLED_APPS 节点中增加 xc_cms 应用；在 MIDDLEWARE 节点中剔除 django.middleware.csrf.CsrfViewMiddleware 中间件；修改数据库节点如下：

```
DATABASES = {
    'default': {
        'ENGINE': 'django.db.backends.mysql',
        'NAME': 'app',
        'USER': 'app',
        'PASSWORD': 'app',
        'HOST': 'localhost',
        'PORT': 3306,
    }
}
```

另外，还增加了节点 X_FRAME_OPTIONS，将其值设置为 SAMEORIGIN；增加了节点 SESSION_SERIALIZER，并将其值设置为 django.contrib.sessions.serializers.Pickle-Serializer。

7）修改应用 xc_cms 中的 urls.py 文件，增加相关的路由设置。

8）在应用 xc_cms 中新增 views.py 文件，增加相关的视图方法，代码如下：

```python
import json
from django.http import HttpResponse
from django.contrib import auth
from django.shortcuts import render,redirect
from systemadmin.models import *
from django.db.models import F


def Login(request):
    if request.method == 'GET':
        return render(request, 'login.html')
    else:
        username = request.POST.get('username')
        pwd = request.POST.get('password')
        # 认证成功，返回对象
        ret = auth.authenticate(username=username, password=pwd)
        if ret is not None and ret.is_active:
            # 认证成功，添加 session, 判断中间件是否登录
            auth.login(request, ret)
            return HttpResponse(json.dumps("Success"),
            content_type='application/json')
        else:
            return HttpResponse(json.dumps("用户名或者密码错误"),
            content_type='application/json')

def adminindex(request):
    return render(request, 'adminindex.html')


def Logout(request):
    auth.logout(request)
    return redirect('/login/')


def mainmenu(request):
    result = getmenulist(request)
    r=result.values('text','iconCls',id=F('ids'))
    menus =list(r)
    return HttpResponse(json.dumps(menus), content_type='application/json')
def getmenulist(request):
    search_dict = dict()
    search_dict['id'] = request.user.id
    search_dict['role__menu__ParentMenuID__isnull'] = True
    result = UserInfo.objects.filter(**search_dict).values(ids=
    F('role__menu__id'), text=F('role__menu__MenuName'),
                            iconCls=F(
                            'role__menu__MenuIcon'))
```

```
        return result
def detailmenu(request):
    mainmenuid = int(request.GET.get('mainmenuid'))

    if mainmenuid==-1:
        result = getmenulist(request)
        mainmenuid=int(result.first()['ids'])

    # 获取一级菜单
    menufirst=Menu.objects.filter(ParentMenuID=mainmenuid).values(
    ids=F('id'), text=F('MenuName'),pid=F('ParentMenuID'),url=F('Url'),

    iconCls=F('MenuIcon')).order_by('-ParentMenuID','DisplayOrder')

    # 获取二级菜单
    menuids=""
    for detailmenu in menufirst:
        menuids+=str(detailmenu["ids"]) + ","
    menuids = menuids[0:-1]
    if menuids == None or menuids == '':
        menuids = '-1'
    menusecond=Menu.objects.extra(where=['ParentMenuID_id IN ('+ menuids
    +')']).values(ids=F('id'), text=F('MenuName'),
    pid=F('ParentMenuID'),url=F('Url'),

    iconCls=F('MenuIcon')).order_by('-ParentMenuID','DisplayOrder')
    menustotal = list(menufirst) + list(menusecond)
    return HttpResponse(json.dumps(menustotal),
    content_type='application/json')

def changepassword(request):
    userid = request.user.id
    return render(request,'changepassword.html',{"userid":userid})

def savechangepassword(request):
    try:
        if request.method == 'POST':
            data = eval(request.POST.get('data'))
            userid=int(data["UserID"])
            OriginPassword=str(data["OriginPassword"])
            FristNewPassword=str(data["FristNewPassword"])
            SecondNewPassword=str(data["SecondNewPassword"])
            user=UserInfo.objects.get(id=userid)
            if user.check_password(OriginPassword) ==False:
                dict = {'IsSuccess': False, 'Message': ' 原始密码输入有误！'}
                return HttpResponse(json.dumps(dict),
                content_type='application/json')

            if FristNewPassword != SecondNewPassword:
                dict = {'IsSuccess': False, 'Message': ' 两次输入密码不一致！'}
```

```
            return HttpResponse(json.dumps(dict),
            content_type='application/json')

        user.set_password(FristNewPassword)
        user.save()

        dict = {'IsSuccess': True, 'Message': '密码修改成功！'}
        return HttpResponse(json.dumps(dict),
        content_type='application/json')
    except Exception as e:
        dict = {'IsSuccess': False, 'Message': str(e)}
        return HttpResponse(json.dumps(dict),
        content_type='application/json')
```

本节讲述了 CMS 后台数据生成框架的搭建以及相关页面的调用情况。从以上示例中可以得到如下小结。

1）在登录页面 login.html、base.html、root.html 中通过加载模板标签 static 的方式，引入了多个 CSS 文件与 JavaScript 文件。

2）在登录页面 login.html，通过调用 JavaScript 的方法 onLoginClick 完成了登录的验证调用。在 onLoginClick 内，首先通过视图方法"login"POST 方式调用，完成身份验证；然后通过页面跳转的方式调用视图方法"adminindex"并进入主框架页面。

3）在基础页面 base.html 中通过 a 标签的形式调用路由"logout"完成注销的相关功能，通过调用 JavaScript 的方法 onModifyPwdClick 实现密码修改，在 onModifyPwdClick 方法中通过弹窗方式调用视图方法"changepassword"。

4）在主框架页面 adminindex.html 中，通过模板标签 extends 加载了 base.html 相关的页面布局、CSS 以及 JavaScript 脚本文件，通过加载控件 mini-menubar 并调用视图方法"mainmenu"完成对页面主菜单的加载，通过加载控件 mini-outlookmenu 并调用视图方法"detailmenu"完成对页面明细页面的加载。另外，在控件 mini-menubar 中定义了 onitemclick 事件，并通过调用 JavaScript 的方法 onItemClick 完成主菜单点击切换，在控件 mini-outlookmenu 中定义了 onItemSelect 事件，并调用 JavaScript 的方法 onItemSelect 完成明细菜单信息的加载。

5）在页面 changepassword.html 中，通过模板标签 extends 加载了 root.html 相关的页面布局、CSS 以及 JavaScript 脚本文件，通过调用 JavaScript 方法 onOk 完成密码修改，该方法通过调用视图方法 savechangepassword 完成相关的持久化操作，并在操作成功后通过视图方法 login 跳转到登录页面。

6）在 views.py 中，方法 login 通过调用 django.contrib.auth 中的 authenticate 方法来进行用户验证并将相关信息保留到 session；方法 logout 通过调用 django.contrib.auth 中的 logout 方法完成用户注销，并跳转到登录视图方法；方法 mainmenu 以用户 ID 作为参数对用户表进行级联查询，并通过关联查询菜单表中的字段 ParentMenuID 是否为空，最终获取菜单表中的 id、MenuName、MenuIcon 等字段信息，方法 django.db.models.F 将相关字段输出为 ids、text 与 iconCls（相关字段与页面中的相关 mini-menubar 控件所对应）；方法 detailmenu 根据获取的 mainmenuid 参数信息对菜单表的 ParentMenuID 信息进行关联查询，最终获取所有关联的一级和二级菜单信息；方法 savechangepassword 先根据相关的用户 ID 获取用户信息，之后通过调用 check_password 方法来验证密码，最后通过 set_password 方法来修改密码。

7）在配置文件中加载节点 X_FRAME_OPTIONS 的目的在于使页面弹窗能够正常运行。默认情况下，该参数值为 Deny，表示禁止弹窗。加载节点 SESSION_SERIALIZER 的目的是保证能够正常使用 session。

14.2.3 后台管理模块的搭建

搭建后台管理模块的具体做法如下。

1）从 Windows 系统命令行窗口进入工程 xc_cms 的文件夹，基于 manage.py 建立 systemadmin 应用。

2）在应用 systemadmin 中增加 templates 文件夹，在其中增加如图 14-4 所示的文件。

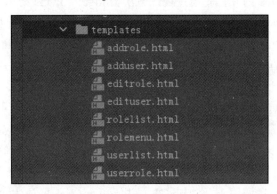

图 14-4　在应用 systemadmin 中增加 templates 文件夹

addrole.html 用于增加角色信息，相关代码如下所示：

```
<div style="overflow-y: auto; width: 860px; border: 1px solid #9c9c9c;
padding: 10px; margin: 0 auto; position: relative;" id="form1">
    <div class="search_detailed">
        <div class="headline" style="width:100%; align-content:center;
        margin:0 auto">
            <a class="arrow_up" id="link_upjbxx"
            onclick="linktoggle(this.id, 'jbxx')"></a>
            <div class="horn_left"></div>
            <h2>
                <span>新增角色</span>
            </h2>
        </div>
```

```
    </div>
    <div class="module">
        <div style="text-align: left; padding-right: 3px;border-bottom:0">
                <a class="mini-button" iconcls="icon-undo" id="btnUndo"
                onclick="ResetForm()" style="float:right;
                margin-left:5px">重置 </a>
                <a class="mini-button" iconcls="icon-save" id="btnSave"
                onclick="saveData" style="float:right">保存 </a>


        </div>
    </div>

    <div style="padding: 1px;" align="center" id="jbxx">
        <table>
            <tr>
                <td style="width:100px;" class="tdleft">
                    角色名称: <span style="color: red">*</span>
                </td>
                <td>
                    <input class="mini-textbox"
                            id="role_name"
                            name="role_name"
                            value=""
                            shownullitem="true"
                            width="165px"
                            vtype="maxLength:25"
                            required="false"
                            nullitemtext="" />
                </td>
            </tr>
            <tr>
                <td style="width:100px;" class="tdleft">
                    角色描述: <span style="color: red">*</span>
                </td>
                <td>
                    <input class="mini-textbox"
                            id="role_desc"
                            name="role_desc"
                            value=""
                            shownullitem="true"
                            width="165px"
                            vtype="maxLength:25"
                            required="false"
                            nullitemtext="" />
                </td>
            </tr>
        </table>
    </div>
</div>
<script type="text/javascript">
```

```
        mini.parse();
        function saveData() {
            var form = new mini.Form("form1");
            form.validate();
            if (form.isValid() == false) {
                // 验证表单数据，不合法时返回
                return;
            }

            var saveData = form.getData();
            var Savebtn = mini.get("btnSave");
            Savebtn.setEnabled(false);
            $.ajax({
                url: '/systemadmin/saverole',
                data: {
                    saveData: mini.encode(saveData)
                },
                success: function (text) {
                    Savebtn.setEnabled(true);
                    form.unmask();
                    var jsontext = mini.decode(text);
                    alert(jsontext.Message);
                }
            });
        }
        function ResetForm() {
            var form = new mini.Form("form1");
            form.reset();
        }
        function ReturnPage() {
            window.close();
        }
    </script>
```

editrole.html 用于编辑角色信息，相关代码如下所示：

```
    {% extends "root.html" %}
{% block body %}
    <div style="overflow-y: auto; width: 860px; border: 1px solid #9c9c9c;
    padding: 10px; margin: 0 auto; position: relative;" id="form1">
        <div class="search_detailed">
            <div class="headline" style="width:100%; align-content:center;
            margin:0 auto">
                <a class="arrow_up" id="link_upjbxx"
                onclick="linktoggle(this.id, 'jbxx')"></a>
                <div class="horn_left"></div>
                <h2>
                    <span>编辑角色 </span>
                </h2>
            </div>
        </div>
```

```
<div class="module">
    <div style="text-align: left; padding-right: 3px;border-bottom:0">
            <a class="mini-button" iconcls="icon-cancel" id="btnUndo"
            onclick="ReturnPage()" style="float:right;
            margin-left:5px">返回 </a>
            <a class="mini-button" iconcls="icon-save" id="btnSave"
            onclick="saveData" style="float:right">保存 </a>

    </div>
</div>

<div style="padding: 1px;" align="center" id="jbxx">
    <table>
        <tr>
                <td style="width:120px" class="tdleft">角色 ID:
                <td>
                    <input id="id"
                            allowinput="false"
                            name="id"
                            value="{{role.id}}"
                            class="mini-textbox"
                            style="width:165px;"
                            required="true"
                            vtype="maxLength:50" />
                </td>
        </tr>
        <tr>
            <td style="width:100px;" class="tdleft">
                角色名称: <span style="color: red">*</span>
            </td>
            <td>
                <input class="mini-textbox"
                        id="role_name"
                        name="role_name"
                        value="{{role.role_name}}"
                        shownullitem="true"
                        width="165px"
                        vtype="maxLength:25"
                        required="false"
                        nullitemtext="" />
            </td>
        </tr>
        <tr>
            <td style="width:100px;" class="tdleft">
                角色描述: <span style="color: red">*</span>
            </td>
            <td>
                <input class="mini-textbox"
                        id="role_desc"
                        name="role_desc"
```

```
                                value="{{role.role_desc}}"
                                shownullitem="true"
                                width="165px"
                                vtype="maxLength:25"
                                required="false"
                                nullitemtext="" />
                    </td>
                </tr>

            </table>
        </div>
    </div>
    <script type="text/javascript">
        mini.parse();
        function saveData() {
            var form = new mini.Form("form1");
            form.validate();
            if (form.isValid() == false) {
                // 验证表单数据，不合法时返回
                return;
            }

            var saveData = form.getData();
            var Savebtn = mini.get("btnSave");
            Savebtn.setEnabled(false);
            $.ajax({
                url: '/systemadmin/saverole',
                data: {
                    saveData: mini.encode(saveData)
                },
                success: function (text) {
                    Savebtn.setEnabled(true);
                    form.unmask();
                    var jsontext = mini.decode(text);
                    alert(jsontext.Message);
                }
            });
        }
        function ReturnPage() {
            window.close();
        }
    </script>
{% endblock %}
```

rolelist.html 用于显示角色列表信息，相关代码如下所示：

```
    <div class="search_detailed">
        <div class="headline" style="width:100%; align-content:center;
        margin:0 auto">
            <a class="arrow_up" id="link_upjbxx" onclick="linktoggle(this.id,
            'jbxx')"></a>
```

```html
        <div class="horn_left"></div>
        <h2>
            <span>角色列表</span>
        </h2>
    </div>
</div>
<div id="div_searchData">
    <span class="spancontainer" style="text-align: right">  
    角色Id: </span>
    <input class="mini-textbox" id="RoleID" name="RoleID" style="width:
    150px" emptytext="-- 请输入 --" />
    <span class="spancontainer" style="text-align: right">角色名称: </span>
    <input class="mini-textbox" id="RoleName" name="RoleName"
    style="width: 150px" emptytext="-- 请输入 --" />
    <a class="mini-button" iconcls="icon-search" onclick=
    "search()">查询</a>
    <a class="mini-button" iconcls="icon-cancel" onclick=
    "ResetForm()">重置</a>
</div>
<div id="datagrid1" class="mini-datagrid"
style="width:100%;height:250px;"
    url='/systemadmin/getrolelist/' ondrawcell='DrawCell' idfield=
    " ids" allowresize="true"
    sizelist="[20,30,50,100]" pagesize="20">
    <div property="columns">
        <div field="RoleID" width="120" headeralign="center"
        allowsort="true">角色ID</div>
        <div field="RoleName" width="120" headeralign="center"
        allowsort="true">角色名称</div>
        <div field="OperationMode" width="250" headeralign=
        "center" allowsort="false">操作</div>
    </div>
</div>
<script type="text/javascript">
    mini.parse();
    var grid = mini.get("datagrid1");
    grid.load({ dataExEntity: "" });
    var searchForm = new mini.Form("div_searchData");// 查询
    function search() {
        var searchCondition = searchForm.getData();
        if (searchCondition.RoleID == "")
            searchCondition.RoleID = null;
        if (searchCondition.RoleName == "")
            searchCondition.RoleName = null;
        grid.load({ dataExEntity: mini.encode(searchCondition) });
    }

    function DrawCell(e) {
        var record = e.record;
        var column = e.column;
```

```javascript
        if (column.field == "OperationMode") {
            e.cellHtml = '<a class="mini-button" href=
            "javascript:remove()"><span class="mini-button-text
            mini-button-icon icon-remove" style=""> 删除 </span></a>
            <a class="mini-button" href="javascript:edit()">
            <span class="mini-button-text  mini-button-icon
            icon-edit" style="">   编辑   </span></a><a class=
            "mini-button" href="javascript:configurationRole()">
            <span class="mini-button-text  mini-button-icon icon-node
            " style="">  配置角色   </span></a>'
        }

        if (column.field == "RoleID") {
            e.cellHtml = ' <a   style=\'color: blue;\'
            href="javascript:edit()">' + record.RoleID + '</a>';
        }
    }

function ResetForm() {
    var form = new mini.Form("div_searchData");
    form.reset();
    form = new mini.Form("form1");
    form.reset();
}

function configurationRole() {
    var grid = mini.get('datagrid1');
    var rows = grid.getSelecteds();
    if (rows.length > 0) {
        var r = rows[0];
        window.open("/systemadmin/allocaterole?id=" +
        r.RoleID, "", "");
    }
    else {
        alert("请选中一条记录");
    }
}

function edit() {
    var grid = mini.get('datagrid1');
    var rows = grid.getSelecteds();
    if (rows.length > 0) {
        var r = rows[0];
        window.open("/systemadmin/editrole?id=" + r.RoleID, "", "");
    }
    else {
        alert("请选中一条记录");
    }
}
```

```
    function remove() {
        var grid = mini.get('datagrid1');
        var rows = grid.getSelecteds();

        if (rows.length > 0) {
            if (confirm("确定删除选中的记录？")) {
                var ids = [];

                for (var i = 0, l = rows.length; i < l; i++) {
                    var r = rows[i];
                    ids.push(r.RoleID);
                }

                if (ids.length > 0) {
                    var id = ids.join(',');
                    $.ajax({
                        url:'/systemadmin/delrole?id='+id,
                        success:function (text) {
                            grid.reload();
                            var jsontext = mini.decode(text);
                            alert(jsontext.Message);
                        },
                        error: function () {
                            alert("未知错误");
                        }
                    });
                }
            }
        }
        else {
            alert("请选中一条记录");
        }
    }

</script>
```

rolemenu.html 用于配置角色关联菜单信息，相关代码如下所示：

```
{% extends "root.html" %}
{% block body %}
<div style="overflow-y: auto; width: 660px; border: 1px solid #9c9c9c;
padding: 10px; margin: 0 auto; position: relative;" id="form1">
    <div class="search_detailed">
        <div class="headline" style="width:100%; align-content:center;
        margin:0 auto">
            <a class="arrow_up" id="link_upjbxx"
            onclick="linktoggle(this.id, 'jbxx')"></a>
            <div class="horn_left"></div>
            <h2>
                <span>角色菜单配置</span>
            </h2>
```

```
            </div>
        </div>
        <ul id="tree2" class="mini-tree" url='/systemadmin/getmenu/'
        style="width:400px;height:800px;padding:5px;"
            showtreeicon="true" textfield="MenuName" idfield=
            "MenuID" parentfield="ParentMenuID" resultastree="false"
            allowselect="false" enablehottrack="false" expandonload="true"
            showcheckbox="true" checkrecursive=
            "false" autocheckparent="false"></ul>
        <input id="RoleID" type="hidden" name="RoleID" value="{{roleid}}" />
        <input id="MenuIds" type="hidden" name="MenuIds" value=
        "{{menuids}}" />
        <a class="mini-button" iconcls="icon-save" id=
        "btnSave" onclick="SaveCheckedNodes()" style="float:right">保存</a>

    </div>
    <script type="text/javascript">
        mini.parse();
        var tree = mini.get("tree2");
        // 加载已定义的权限
        function getCheck(){
            var menuids = $("#MenuIds").val();
            var mycars = new Array();
            mycars = menuids.split(',');
            tree.setValue(mycars);
            tree.setAutoCheckParent(true);
        };
        window.onload = getCheck;

        function SaveCheckedNodes() {
            var value2 = tree.getValue(true);
            var roleidvalue = $("#RoleID").val();
            $.ajax({
                url: '/systemadmin/saveroleauth',
                data: {
                    value: mini.encode(value2),
                    roleid: roleidvalue
                },
                success: function (text) {
                    var jsontext = mini.decode(text);
                    alert(jsontext.Message);
                    window.close();
                }
            })
        }

    </script>
    {% endblock %}
```

userrole.html 用于配置用户关联角色信息，相关代码如下所示：

```
{% extends "root.html" %}
{% block body %}
    <div style="overflow-y: auto; width: 860px;height:400px; border:
    1px solid #9c9c9c; padding: 10px; margin: 0 auto; position:
    relative;" id="form1">
        <div class="search_detailed">
            <div class="headline" style="width:100%;
            align-content:center; margin:0 auto">
                <a class="arrow_up" id="link_upjbxx"
                onclick="linktoggle(this.id, 'jbxx')"></a>
                <div class="horn_left"></div>
                <h2>
                    <span>用户权限设置 </span>
                </h2>
            </div>
        </div>

        <table>
            <tr>
                <td style="color:black;line-height:28px;
                font-size:14px;background-color:azure;">
                    尚未配置角色：
                </td>
                <td></td>
                <td style="color: black; line-height: 28px;
                font-size: 14px; background-color: azure; ">
                    已配置角色：
                </td>
                <td></td>
            </tr>
            <tr>
                <td>
                    <div id="listbox1" class="mini-listbox" style="width:
                    150px; height: 250px; "
                        textfield="text" valuefield="ids" showcheckbox=
                        "true" multiselect="true"
                        url='/systemadmin/usernonownedrole/?id={{userid}}'  >

                    </div>
                </td>
                <td style="width:120px;text-align:center;">
                    <input type="button" value=">" onclick=
                    "add()" style="width:40px;" /><br />
                    <input type="button" value=">>" onclick=
                    "addAll()" style="width:40px;" /><br />
                    <input type="button" value="&lt;&lt;" onclick=
                    "removeAll()" style="width:40px;" /><br />
                    <input type="button" value="&lt;" onclick=
                    "removes()" style="width:40px;" /><br />
                </td>
```

```
        <td>
            <div id="listbox2" class="mini-listbox" style=
            "width: 250px; height: 250px; "
                textfield="text" valuefield="ids"
                showcheckbox="true" multiselect="true" url=
                '/systemadmin/userownedrole/?id={{userid}}'>
            </div>
        </td>
        <td style="width:50px;text-align:center;
            vertical-align:bottom">
            <input type="button" value="Up" onclick="upItem()"
            style="width:55px;" />
            <input type="button" value="Down" onclick="downItem()"
            style="width:55px;" />

        </td>
    </tr>
</table>
<a class="mini-button" iconcls="icon-save" id="btnSave"
onclick="saveCheckedNodes" style="float:right">保存 </a>
    <input id="UserID" value= "{{userid}}" type="hidden" />
</div>
<script type="text/javascript">
    mini.parse();
    var listbox1 = mini.get("listbox1");
    var listbox2 = mini.get("listbox2");

    function add() {
        var items = listbox1.getSelecteds();
        listbox1.removeItems(items);
        listbox2.addItems(items);
    }
    function addAll() {
        var items = listbox1.getData();
        listbox1.removeItems(items);
        listbox2.addItems(items);
    }
    function removes() {
        var items = listbox2.getSelecteds();
        listbox2.removeItems(items);
        listbox1.addItems(items);
    }
    function removeAll() {
        var items = listbox2.getData();
        listbox2.removeItems(items);
        listbox1.addItems(items);
    }
    function upItem() {
        var items = listbox2.getSelecteds();
        for (var i = 0, l = items.length; i < l; i++) {
```

```javascript
            var item = items[i];
            var index = listbox2.indexOf(item);
            listbox2.moveItem(item, index - 1);
        }
    }
    function downItem() {
        var items = listbox2.getSelecteds();
        for (var i = items.length - 1; i >= 0; i--) {
            var item = items[i];
            var index = listbox2.indexOf(item);
            listbox2.moveItem(item, index + 1);
        }
    }
    function saveCheckedNodes() {
        listbox2.selectAll();
        var value2 = listbox2.getValue();
        var id = $("#UserID").val();

        $.ajax({
            url: '/systemadmin/saveuserauth',
            type: "get",
            data: {
                value: mini.encode(value2),
                id:id
            },
             success: function (text) {
                grid.reload();
                var jsontext = mini.decode(text);
                alert(jsontext.Message);
            },
            error: function () {
                alert("未知错误");
            }
        })
    }

</script>
{% endblock %}
```

userlist.html 用于显示用户列表信息，adduser.html 用于增加用户信息，edituser.html 用于修改用户信息。

3）在 systemadmin 应用中新建 models.py 文件，其相关代码如下：

```python
from django.db import models
from django.contrib.auth.models import AbstractUser
class UserInfo(AbstractUser):
    role = models.ManyToManyField(to="Role")

    class Meta:
        db_table = 'userInfo'
```

```python
class Role(models.Model):
    role_name = models.CharField(max_length=20, blank=False,default=0)
    role_desc=models.CharField(max_length=1000, blank=True)
    createor= models.CharField(max_length=50, blank=True)
    createtime = models.DateField(null=True)
    menu = models.ManyToManyField(to='Menu')

    class Meta:
        db_table = 'role'

# 动态菜单使用
class Menu(models.Model):
    MenuName = models.CharField(max_length=30, blank=False,default='')
    Url = models.CharField(max_length=100,default='')
    DisplayOrder = models.IntegerField(default=1)
    is_valid = models.BooleanField(default=1)
    MenuIcon=models.CharField(max_length=30,default='')
    #二级菜单使用
    ParentMenuID = models.ForeignKey(to='self',
        on_delete=models.CASCADE,null=True)

    class Meta:
        db_table = 'menu'
```

4）新建 systemadmin 应用中的 urls.py 文件，添加的代码如下：

```python
from .user_views import *
from .role_views import *
from django.urls import path

urlpatterns = [
    path('edituser/', edituser),                          # 新增、修改用户

    path('userlist/',userlist),                           # 用户列表
    path('getuserlist/',getuserlist),                     # 获取用户列表信息
    path('saveuser/', saveuser),                          # 保存用户信息

    path('getactiveinfo/', getactiveinfo),                # 获取列表信息

    path('deluser/',deluser),                             # 删除用户信息
    path('resetpassword/',resetpassword),                 # 重置密码信息

    path('usergetauth/', usergetauth),                    # 获取用户可用权限
    path('userownedrole/',userownedrole),                 # 获取用户已配置权限
    path('usernonownedrole/',usernonownedrole),           # 获取用户未配置权限
    path('saveuserauth/',saveuserauth),                   # 保存用户权限

    path('editrole/', editrole),                          # 编辑权限

    path('rolelist/',rolelist),                           # 角色列表
    path('getrolelist/', getrolelist),                    # 获取角色列表信息
```

```
    path('saverole/',saverole),                      # 保存列表信息

    path('delrole/', delrole),                        # 删除角色
    path('allocaterole/',allocaterole),               # 分配角色

    path('getmenu/',getmenu),                         # 获取菜单信息
    path('saveroleauth/',saveroleauth),               # 保存角色菜单信息
]
```

5）修改 systemadmin 应用中的 view.py 名称为 role_view.py，增加的代码如下：

```python
from django.shortcuts import render
import json
from django.http import HttpResponse
from django.db.models import F
from .models import *

def editrole(request):
    roleid = int(request.GET.get('id'))
    if roleid==0:
        return render(request, 'addrole.html')
    else:
        role=Role.objects.filter(id=roleid).values(
            'id','role_name','role_desc')
        return render(request, 'editrole.html', {'role':role[0]})


def saverole(request):
    try:
        savedata = str(request.GET.get('saveData'))
        role = Role(**json.loads(savedata))
        role.save()
        dict={'IsSuccess':True,'Message':'角色保存成功！'}
        return HttpResponse(json.dumps(dict),
            content_type='application/json')
    except Exception as e:
        dict = {'IsSuccess': False, 'Message': str(e)}
        return HttpResponse(json.dumps(dict),
            content_type='application/json')


def rolelist(request):
    return render(request,'rolelist.html')
def getrolelist(request):
    serarchcondition={}

    if request.method == 'POST':
        dataExEntity = request.POST.get('dataExEntity')
        if dataExEntity=="":
            pass
        else:
            dataExEntity=json.loads(dataExEntity)
            if dataExEntity["RoleID"]==None:
```

```
                    pass
                else:
                    serarchcondition['id']=dataExEntity['RoleID']
                if dataExEntity["RoleName"]==None:
                    pass
                else:
                    serarchcondition['role_name']=dataExEntity['RoleName']
            pageindex=int(request.POST.get('pageIndex'))
            pagesize = int(request.POST.get('pageSize'))
            roles=Role.objects.filter(**serarchcondition).values(RoleID=
                F('id'),RoleName=F('role_name'))[pageindex*pagesize:(
                    pagesize+1)*pagesize]
            rolelist=list(roles)
            return HttpResponse(json.dumps(rolelist),
                content_type='application/json')
def  delrole(request):
    try:
        roleids = str(request.GET.get('id'))
        roles=Role.objects.extra(where=['id in (' + roleids + ')'])
        roles.delete()
        dict = {'IsSuccess': True,'Message':'角色删除成功！'}
        return HttpResponse(json.dumps(dict),
            content_type='application/json')
    except Exception as e:
        dict = {'IsSuccess': False, 'Message': str(e)}
        return HttpResponse(json.dumps(dict),
            content_type='application/json')


def allocaterole(request):
    roleid = request.GET.get('id')
    menuids=Role.objects.filter(id=roleid).values(menuid=F("menu__id"))
    menustr=""
    for menuid in menuids:
        menustr+=","+str(menuid['menuid'])
    return render(request,'rolemenu.html',{'roleid':roleid,
        'menuids':menustr[1:]})


def getmenu(request):
    if request.method == 'POST':
        menus=Menu.objects.values("MenuName","ParentMenuID",MenuID=F("id"))
        return HttpResponse(json.dumps(list(menus)),
            content_type='application/json')
def saveroleauth(request):
    try:
        value = eval(request.GET.get('value'))
        roleid = request.GET.get('roleid')
        role = Role.objects.get(id=roleid)
        menulist = Menu.objects.extra(where=['id in (' + value + ')'])
        for m in menulist:
            role.menu.add(m)
```

```
        dict = {'IsSuccess': True,'Message': '角色配置成功! '}
        return HttpResponse(json.dumps(dict),
            content_type='application/json')
    except Exception as e:
        dict = {'IsSuccess': False, 'Message': str(e)}
        return HttpResponse(json.dumps(dict),
            content_type='application/json')
```

6）在 systemadmin 应用中增加文件 user_view.py，该文件用于实现用户模块的相关视图方法，实现方式与角色模块类似，此处就不展开论述。

7）修改工程中主应用 xc_cms 中的 urls.py，增加如下代码信息：

```
path('systemadmin/', include('systemadmin.urls')),
```

8）修改主应用 xc_cms 中的配置文件，在 INSTALLED_APPS 节点中增加 systemadmin 应用，增加节点 AUTH_USER_MODEL，设置其参数为"systemadmin.UserInfo"。

本节讲述了 cms 中用户模块、角色模块的构建过程，完成了角色信息的增、删、查、改以及配置，同时完成了用户信息的删、查、改以及配置、初始密码等多项功能操作。从示例中可以看出：

1）页面 addrole.html 通过 JavaScript 中的 saveData 方法完成角色并保存，saveData 方法调用了 systemadmin 应用内的 saverole 视图方法。

2）页面 editrole.html 与页面 addrole.html 的保存方式类似，所不同的是页面 editrole.html 通过模板标签 extends 加载了 root.html 相关的页面布局、CSS 以及 JavaScript 脚本文件，并且页面使用了模板变量 role 来传递相关的角色模型数据。

3）页面 rolelist.html 使用了 mini-datagrid 控件，并通过调用 getrolelist 视图方法获取角色列表信息。采用 JavaScript 中的 search 方法完成页面的查询，查询参数包含角色 ID、角色名称两种不同的信息。

页面还使用 mini-datagrid 控件的 ondrawcell 事件，完成了角色记录操作的详细动态加载。其中操作"删除"调用了 JavaScript 中的 remove 方法，该方法调用了 delrole 视图方法完成了角色的删除；操作"编辑"调用了 JavaScript 中的 edit 方法，该方法调用了 editrole 视图方法完成了角色的修改；操作"配置角色"调用了 JavaScript 中的 configurationRole 方法，该方法调用了视图方法 allocaterole 完成了角色的权限设置。

4）页面 rolemenu.html 也引入了 root.html 的使用，并使用了 mini-tree 控件，通过调用 getmenu 视图方法完成 mini-tree 信息的加载。页面还使用了两个隐藏字段来传递角色 ID 及其关联的菜单 ID 信息。并根据其关联的菜单 ID 信息设置 mini-tree。页面通过调用 JavaScript 中的 SaveCheckedNodes 方法，该方法调用了 saveroleauth 视图方法完成了角色权限的修改保存。

5）页面 userrole.html 也引入了 root.html 的使用，并使用了 mini-listbox 控件，通过调用 usernonownedrole 与 userownedrole 视图方法完成两个 mini-listbox 信息的加载。页面使

用 JavaScript 中的 saveCheckedNodes 方法，该方法调用 saveuserauth 视图方法来保存新的用户角色。

6）模型文件 models.py 定义了 3 个模型，其中模型 UserInfo 继承了 django.contrib.auth.models.AbstractUser 类，该类定义了 username、first_name、last_name、password、email、groups、user_permissions、is_staff、is_active、is_superuser、last_login 与 date_joined 等多个字段信息，根据需要，我们加载了 role 字段与模型 Role 建立多对多关联关系。模型 UserInfo 继承 AbstractUser 类的目的在于，方便复用 Django 框架自身的权限管理机制；模型 Role 定义了与模型 menu 的多对多关系。通过这些模型之间的联系，我们才能做到上面通过用户 ID 信息获取相关的菜单信息。

7）role_views.py 视图文件中的 editrole 方法通过判断传递 id 参数来确定新增或者修改角色，并在修改角色时以字典形式传递参数到页面 editrole.html；saverole 方法使用了类 json 的 load 方法将页面传递的提交信息转换为对应的模型信息；getrolelist 方法使用了页面 rolelist.html 内 mini-datagrid 控件的默认参数 pageIndex 与 pageSize 进行相关的角色信息查询；allocaterole 方法通过传递的角色 ID 参数获取相关的菜单 ID 集合信息，并将这些信息传递到页面 rolemenu.html，便于加载该页面相关信息；saveroleauth 方法通过循环添加的方式，添加了角色相关的菜单信息，这些信息最终保留在角色 – 菜单关联表 role_menu 中。

8）在主应用 urls.py 中，通过 include 方式实现对 systemadmin 各项路由的入口调用设置。

9）通过在主应用配置文件中添加节点 AUTH_USER_MODEL 并指向 systemadmin.UserInfo，这样关联了 Django 权限管理模块（django.contrib.auth，默认加载）与自定义用户模型（UserInfo），使得工程可以通过权限管理模块来管理自定义用户。

14.2.4 后台业务模块的搭建

搭建后台业务模块的具体步骤如下。

1）在 Windows 系统命令行窗口进入工程 xc_cms 的文件夹，基于 manage.py 建立 business 应用。

2）在应用 business 中增加 templates 文件夹，并在其中增加如图 14-5 所示的文件。

图 14-5　在 business 中增加 templates 文件夹

其中页面 addnews.html 用于增加行业新闻信息，相关代码如下所示：

```html
<div style="overflow-y: auto; width: 880px;height:800px; border:
    1px solid #9c9c9c; padding: 10px; margin: 0 auto; position:
    relative;" id="form1">
    <div class="search_detailed">
        <div class="headline" style="width:100%; align-content:center;
            margin:0 auto">
        <a class="arrow_up" id="link_upjbxx"
            onclick="linktoggle(this.id, 'jbxx')"></a>
        <div class="horn_left"></div>
        <h2>
            <span> 新增行业新闻 </span>
        </h2>
        </div>
    </div>
    <div class="module">
        <div style="text-align: left; padding-right: 3px;border-bottom:0">
            <a class="mini-button" iconcls="icon-undo" id=
            "btnUndo" onclick="ResetForm()" style=
            "float:right;margin-left:5px"> 重置 </a>
            <a class="mini-button" iconcls="icon-save" id=
            "btnSave" onclick="saveData" style="float:right"> 保存 </a>

        </div>
    </div>

    <div style="padding: 1px;" align="center" id="jbxx">
        <table>
            <tr>
                <td style="width:200px;" class="tdleft">
                    新闻标题: <span style="color: red">*</span>
                </td>
                <td>
                    <input class="mini-textbox"
                            id="news_name"
                            name="news_name"
                            value=""
                            shownullitem="true"
                            width="800px"
                            vtype="maxLength:50"
                            required="false"
                            nullitemtext="" />
                </td>
            </tr>
            <tr>
                <td style="width:200px;" class="tdleft">
                    新闻内容: <span style="color: red">*</span>
                </td>
                <td>
```

```
                            <textarea name="news_content" id="news_content"
                            rows="100" cols="80">

                    </textarea>
                </td>
            </tr>
        </table>
    </div>
</div>
<script type="text/javascript">

    mini.parse();
    function saveData() {
        var content=p_desc.getData();
        var form = new mini.Form("form1");
        form.validate();
        if (form.isValid() == false) {
            // 验证表单数据，不合法时返回
            return;
        }

        var saveData = form.getData();

        var Savebtn = mini.get("btnSave");
        Savebtn.setEnabled(false);
        $.ajax({
            url: '/business/savenews',
            data: {
                content: content,
                saveData: mini.encode(saveData)
            },
            success: function (text) {
                Savebtn.setEnabled(true);
                form.unmask();
                var jsontext = mini.decode(text);
                alert(jsontext.Message);
            }
        });
    }
    function ResetForm() {
        var form = new mini.Form("form1");
        form.reset();
    }
    function ReturnPage() {
        window.close();
    }
    var p_desc= CKEDITOR.replace('news_content',
    { height: '400px', width: '800px' ,
    filebrowserUploadUrl:'http://127.0.0.1:8000/ckeditor/upload/' });

</script>
```

页面 editnews.html 用于修改行业新闻信息，相关代码如下所示：

```
{%extends "root.html" %}
{%block body %}
    {% load static %}
    <script type="text/javascript" src=
    "{% static '/ckeditor/ckeditor-init.js' %}"></script>
    <script src="{% static '/ckeditor/ckeditor/ckeditor.js' %}"></script>
    <div style="overflow-y: auto; width: 1080px;border: 1px solid #9c9c9c;
    padding: 10px; margin: 0 auto; position: relative;" id="form1">
        <div class="search_detailed">
            <div class="headline" style="width:100%; align-content:center;
            margin:0 auto">
                <a class="arrow_up" id="link_upjbxx"
                onclick="linktoggle(this.id, 'jbxx')"></a>
                <div class="horn_left"></div>
                <h2>
                    <span>编辑行业新闻 </span>
                </h2>
            </div>
        </div>
        <div class="module">
            <div style="text-align: left; padding-right: 3px;border-bottom:0">
                    <a class="mini-button" iconcls="icon-cancel" id=
                    "btnUndo" onclick="ReturnPage()" style="float:right;
                    margin-left:5px">返回 </a>
                    <a class="mini-button" iconcls="icon-save" id=
                    "btnSave" onclick="saveData" style="float:right">保存 </a>

            </div>
        </div>

        <div style="padding: 1px;" align="center" id="jbxx">
            <table>
                <tr>
                        <td style="width:100px;"  class="tdleft">新闻 ID:
                        <td>
                            <input id="id"
                                    allowinput="false"
                                    name="id"
                                    value="{{news.id}}"
                                    class="mini-textbox"
                                    style="width:800px;"
                                    required="true"
                                    vtype="maxLength:50" />
                        </td>
                    </tr>
                    <tr>
                        <td style="width:100px;" class="tdleft">
                            新闻名称: <span style="color: red">*</span>
```

```
                            </td>
                            <td>
                                <input class="mini-textbox"
                                        id="role_name"
                                        name="role_name"
                                        value="{{news.news_name}}"
                                        shownullitem="true"
                                         width="800px"
                                        vtype="maxLength:25"
                                        required="false"
                                        nullitemtext="" />
                            </td>
                        </tr>
                        <tr>
                            <td style="width:100px;" class="tdleft">
                                新闻内容: <span style="color: red">*</span>
                            </td>
                            <td>
                                <textarea name="news_content" id="news_content"
                                rows="100" cols="80">

                                </textarea>
                            </td>
                        </tr>

                </table>
            </div>
    </div>
<script type="text/javascript">
        mini.parse();
        function saveData() {
            var form = new mini.Form("form1");
            form.validate();
            if (form.isValid() == false) {
                // 验证表单数据,不合法时返回
                return;
            }

            var saveData = form.getData();
            var Savebtn = mini.get("btnSave");
            Savebtn.setEnabled(false);
            $.ajax({
                url: '/business/savenews',
                data: {
                    saveData: mini.encode(saveData)
                },
                success: function (text) {
                    Savebtn.setEnabled(true);
                    form.unmask();
                    var jsontext = mini.decode(text);
```

```
                        alert(jsontext.Message);
                    }
                });
            }
            function ReturnPage() {
                window.close();
            }
            var p_desc= CKEDITOR.replace( 'news_content',{ height:'400px',
            width: '800px' });
            var str="{{news.news_content|safe}}".replace(/&quot;/g,"\"");
            p_desc.setData(str);
        </script>
{% endblock %}
```

页面 newslist.html 用于查看行业新闻信息，相关代码如下所示：

```
    <div class="search_detailed">
        <div class="headline" style="width:100%; align-content:center;
        margin:0 auto">
            <a class="arrow_up" id="link_upjbxx" onclick=
            "linktoggle(this.id, 'jbxx')"></a>
            <div class="horn_left"></div>
            <h2>
                <span>行业新闻列表 </span>
            </h2>
        </div>
    </div>
    <div id="div_searchData">
        <span class="spancontainer" style="text-align: right">  
        新闻 Id: </span>
        <input class="mini-textbox"id="NewsID" name="NewsID" style=
        "width: 150px" emptytext="-- 请输入 --" />
        <span class="spancontainer" style="text-align: right">新闻名称: </span>
        <input class="mini-textbox" id="NewsName" name="NewsName" style=
        "width: 150px" emptytext="-- 请输入 --" />
        <a class="mini-button" iconcls="icon-search" onclick=
        "search()">查询 </a>
        <a class="mini-button" iconcls="icon-cancel" onclick=
        "ResetForm()">重置 </a>
    </div>

    <div id="datagrid1" class="mini-datagrid"
    style="width:100%;height:250px;"
        url='/business/getnewslist/' ondrawcell='DrawCell' idfield=
        " ids" allowresize="true"
        sizelist="[20,30,50,100]" pagesize="20">
        <div property="columns">
            <div field="id" width="120" headeralign="center" allowsort=
            "true">新闻 ID</div>
            <div field="news_name" width="120" headeralign=
            "center" allowsort="true">新闻名称 </div>
```

```
            <div field="createor" width="120" headeralign=
            "center" allowsort="true"> 创建人 </div>
            <div field="createtime" width="120" headeralign=
            "center" allowsort="true"> 创建时间 </div>
            <div field="OperationMode" width="250" headeralign=
            "center"allowsort="false">操作 </div>
        </div>
    </div>

<script type="text/javascript">
    mini.parse();
    var grid = mini.get("datagrid1");
    grid.load({ dataExEntity: "" });
    var searchForm = new mini.Form("div_searchData");// 查询
    function search() {
        var searchCondition = searchForm.getData();
        if (searchCondition.NewsID == "")
            searchCondition.NewsID = null;
        if (searchCondition.NewsName == "")
            searchCondition.NewsName = null;
        grid.load({ dataExEntity: mini.encode(searchCondition) });
    }

    function DrawCell(e) {
        var record = e.record;
        var column = e.column;

        if (column.field == "OperationMode") {
            e.cellHtml = '<a class="mini-button" href=
            "javascript:remove()"><span class="mini-button-text
            mini-button-icon icon-remove" style=""> 删除 </span></a>
            <a class="mini-button" href="javascript:edit()">
            <span class="mini-button-text mini-button-icon icon-edit"
            style=""> 编辑    </span></a>'
        }

        if (column.field == "id") {
            e.cellHtml = ' <a   style=\'color: blue;\'
            href="javascript:edit()">' + record.id + '</a>';
        }
        if (column.field == "createtime") {
            var time=new Date(record.createtime);
            e.cellHtml = time.getFullYear() + '-' + (time.getMonth()+1) +
            '-' + time.getDate() + ' ' + time.getHours() + ':' +
            time.getMinutes() + ':' + time.getSeconds();
        }
    }

    function ResetForm() {
        var form = new mini.Form("div_searchData");
```

```
            form.reset();
            form = new mini.Form("form1");
            form.reset();
        }
        function remove() {
            var grid = mini.get('datagrid1');
            var rows = grid.getSelecteds();

            if (rows.length > 0) {
                if (confirm("确定删除选中记录？")) {
                    var ids = [];

                    for (var i = 0, l = rows.length; i < l; i++) {
                        var r = rows[i];
                        ids.push(r.id);
                    }

                    if (ids.length > 0) {
                        var id = ids.join(',');
                        alert(id);
                        $.ajax({
                            url: '/business/delnews?id='+id,
                            success: function (text) {
                                grid.reload();
                                var jsontext = mini.decode(text);
                                alert(jsontext.Message);
                            },
                            error: function () {
                                alert("发生未知错误");
                            }
                        });
                    }
                }
            }
            else {
                alert("请选中一条记录");
            }
        }
        function edit() {
            var grid = mini.get('datagrid1');
            var rows = grid.getSelecteds();
            if (rows.length > 0) {
                var r = rows[0];
                window.open("/business/editnews?id=" + r.id, "", "");
            }
            else {
                alert("请选中一条记录");
            }
        }

</script>
```

projectlist.html 用于显示公司项目列表信息，addprojecthtml 用于增加公司项目信息，editproject.html 用于修改公司项目信息。

3）在应用 business 中增加 urls.py 文件，相关代码如下：

```
from django.urls import path
from django.urls import path
from .views import *
urlpatterns = [
    path('editnews/', editnews),              # 修改行业新闻信息
    path('newslist/', newslist),              # 浏览行业新闻列表
    path('getnewslist/', getnewslist),        # 获取行业新闻信息
    path('savenews/', savenews),              # 保存行业新闻
    path('delnews/', delnews),                # 删除行业新闻

    path('editproject/', editproject),        # 修改公司项目信息
    path('projectlist/', projectlist),        # 浏览公司项目列表
    path('getprojectlist/', getprojectlist),  # 获取公司项目信息
    path('saveproject/', saveproject),        # 保存公司项目
    path('delproject/', delproject),          # 删除公司项目
    ]
```

4）修改应用 business 中的 models.py 文件，相关代码如下：

```
from django.db import models
from ckeditor_uploader.fields import RichTextUploadingField
class ProfessionNews(models.Model):
    news_name=models.CharField(max_length=50)
    createor= models.CharField(max_length=50, blank=True)
    createtime = models.DateTimeField(null=True)
    news_content = RichTextUploadingField('新闻内容')
    news_url=models.CharField(max_length=300,default='')

    class Meta:
        db_table = 'professionnews'

class CompanyProject(models.Model):
    project_name=models.CharField(max_length=50)
    createor= models.CharField(max_length=50, blank=True)
    createtime = models.DateTimeField(null=True)
    project_content = RichTextUploadingField('项目内容')
    project_url = models.CharField(max_length=300,default='')

    class Meta:
        db_table = 'companyproject'
```

5）修改应用 business 中的 views.py 文件，相关行业新闻视图方法的代码如下：

```
from django.shortcuts import render
from django.http import HttpResponse
from .models import *
```

```python
from xc_cms.commonfunction import *
from datetime import datetime
import os
from django.conf import settings

def editnews(request):
    newsid = int(request.GET.get('id'))
    if newsid == 0:
        return render(request, 'addnews.html')
    else:
        news = ProfessionNews.objects.filter(id=newsid).values(
        'id','news_name', 'news_content')
        temp=news[0]
        values=str(temp['news_content'])
        temp['news_content'] = values.replace("\n", "<br>").replace(
        '"', '&quot;')
        return render(request, 'editnews.html', {'news': temp})

def savenews(request):
    try:
        content = str(request.GET.get('content'))
        data = eval(request.GET.get('saveData'))
        user=str(request.user)

        path_name='news/'
        static_html = makefile(content, path_name, request)

        news=ProfessionNews(news_name=str(data['news_name']),news_content=
        content,news_url=static_html,createor=user,createtime=
        datetime.now())
        news.save()
        dict = {'IsSuccess': True, 'Message': '保存成功！' }
        return HttpResponse(json.dumps(dict),
        content_type='application/json')
    except Exception as e:
        dict = {'IsSuccess': False, 'Message': str(e)}
        return HttpResponse(json.dumps(dict),
        content_type='application/json')
def makefile(content, path_name, request):
    news_path = settings.MEDIA_ROOT + '//' + path_name
    static_html = settings.MEDIA_ROOT + '//' + path_name +
    str(request.user.id) + datetime.now().strftime(
        '%Y%m%d%H%M%S') + '.html'
    if not os.path.exists(news_path):
        os.makedirs(news_path)
    if not os.path.exists(static_html):
        with open(static_html, 'w') as static_file:
            static_file.write(content)
            static_file.close()
    return static_html
```

```python
def newslist(request):
    return render(request, 'newslist.html')


def getnewslist(request):
    serarchcondition={}
    try:
        if request.method == 'POST':
            dataExEntity = request.POST.get('dataExEntity')
            if dataExEntity=="":
                pass
            else:
                dataExEntity=json.loads(dataExEntity)
                if dataExEntity["NewsID"]==None:
                    pass
                else:
                    serarchcondition['id']=dataExEntity['NewsID']
                if dataExEntity["NewsName"]==None:
                    pass
                else:
                    serarchcondition['news_name']=dataExEntity['NewsName']
        pageindex=int(request.POST.get('pageIndex'))
        pagesize = int(request.POST.get('pageSize'))
        news=ProfessionNews.objects.filter(**serarchcondition)\
                .extra(select={"createtime": "DATE_FORMAT(createtime,
                '%%Y-%%m-%%d %%H:%%i:%%s')"}).\
                values('id','news_name','createor',
                'createtime')[pageindex*pagesize:(pagesize+1)*pagesize]
        newslist=list(news)
        return HttpResponse(json.dumps(newslist,cls=DateEncoder),
        content_type='application/json')
    except Exception as e:
        dict = {'IsSuccess': False, 'Message': str(e)}
        return HttpResponse(json.dumps(dict),
        content_type='application/json')


def  delnews(request):
    try:
        newsids = str(request.GET.get('id'))
        news=ProfessionNews.objects.extra(where=['id in (' + newsids + ')'])
        news.delete()
        dict = {'IsSuccess': True, 'Message': '删除成功！'}
        return HttpResponse(json.dumps(dict),
        content_type='application/json')
    except Exception as e:
        dict = {'IsSuccess': False, 'Message': str(e)}
        return HttpResponse(json.dumps(dict),
        content_type='application/json')
```

（此处省略公司项目的视图方法部分）

6）修改工程中主应用 xc_cms 中的 urls.py 文件，增加如下代码：

```
urlpatterns = [
（此处省略之前介绍的部分）

    path('ckeditor/', include('ckeditor_uploader.urls')),
    path('business/', include('business.urls')),
]
urlpatterns += static(settings.MEDIA_URL, document_root=settings.MEDIA_ROOT)
```

7）修改主应用 xc_cms 中的配置文件，在 INSTALLED_APPS 节点中增加 business 应用，同时需要添加 ckeditor 与 ckeditor_uploader 应用，增加节点 MEDIA_URL，设置其参数为"/media/"；增加节点 MEDIA_ROOT，设置其参数为"os.path.join(BASE_DIR,"media")"；增加节点 CKEDITOR_UPLOAD_PATH，设置其参数为"upload/"；增加节点 CKEDITOR_IMAGE_BACKEND，设置其参数为"pillow"。另外还修改了节点 LANGUAGE_CODE，设置其参数为"zh-hans"；修改了节点 TIME_ZONE，设置其参数为"Asia/Shanghai"。

8）在主应用 xc_cms 的文件夹 static\content 中添加 ckeditor 的相关文件夹。

本节介绍了 cms 中行业新闻发布模块、公司项目发布模块的构建过程，完成了行业新闻以及公司项目信息的增、删、查、改。从示例中可以看出：

1）页面 addnews.html 通过 JavaScript 中的 saveData 方法完成角色保存，saveData 方法调用了应用 business 内的 savenews 视图方法。在页面定义了名称为 p_desc 的 JavaScript 变量，该变量用于传递加载的 ckeditor 控件信息。

2）页面 editnews..html 与页面 addnews..html 的保存方式类似，所不同的是，页面 editnews.html 通过模板标签 extends 加载了 root.html 相关的页面布局、CSS 以及 JavaScript 脚本文件，并且页面使用了模板变量 news 来传递相关的行业新闻相关信息。为加载富文本信息，在页面中增加了对富文本信息的转义处理，并使用 ckeditor 的 setData 方法加载数据。

3）页面 news.list.html 使用了 mini-datagrid 控件，并通过调用 getnewslist 视图方法获取角色列表信息。采用 JavaScript 中的 search 方法完成页面的查询，查询参数包含行业新闻 ID、行业新闻名称两种不同的信息。

页面还使用 mini-datagrid 控件的 ondrawcell 事件完成了行业新闻记录操作的详细动态加载。其中操作"删除"调用了 JavaScript 中的 remove 方法，该方法调用了 delnews 视图方法完成了角色的删除；操作"编辑"调用了 JavaScript 中的 edit 方法，该方法调用了 editnews 视图方法完成了角色的修改。

4）模型文件 models.py 中定义了两个模型，引入了 ckeditor_uploader.fields.RichText-UploadingField 用于定义相应富文本信息字段。

5）views.py 视图文件中的 editnews 方法通过判断传递 id 参数来确定新增或者修改角色，并在修改行业新闻时以字典形式传递参数到页面 editnews.html，在传递前对 news_ content 字段做了特定的转义处理；savenews 方法使用了 json 类的 load 方法将页面传递的提交信息转换为对应的模型信息；getnewslist 方法使用了页面 newslist.html 内 mini-datagrid 控件的默认参数 pageIndex 与 pageSize 查询相关的角色信息。

6）在主应用 urls.py 中通过 include 方式实现对 business 各项路由的入口调用设置，同时还引入了对 ckeditor 控件的调用。另外，通过使用 static 方法完成富文本传递信息保存路径的加载。

7）通过在主应用配置文件中添加节点 MEDIA_URL、MEDIA_ROOT 与 CKEDITOR_UPLOAD_PATH 完成对客户端 ckeditor 上传基础路径的设置，通过节点 CKEDITOR_IMAGE_BACKEND 完成对 pillow 的引用设置。

14.2.5 浏览模块的搭建

搭建浏览模块的具体步骤如下：

1）在 Windows 系统命令行窗口进入工程 xc_cms 的文件夹，基于 manage.py 建立 portal 应用。

2）在应用 portal 中增加 templates 文件夹，在其中增加如图 14-6 所示的文件。

图 14-6　在 portal 中增加 templates 文件夹

其中页面 index.html 用于进入浏览的主页面，相关代码如下所示：

```
{% extends "base.html" %}
{% block content %}
<style>
    .span{
        width:8%;
        float:right;
        text-align:right;
        color:#d0d0d0;
    }
    .li{
        text-overflow:ellipsis;
        padding-left: 22px;
        width:84%;
        color:#333;
        float:left;
    }
    .ul{
        height:40px;
```

```
            line-height: 40px;
            font-size:14px;
            height:100%;
        }
</style>
<div style="width:1200px;height:800px; margin: 0 auto;" >
    <div id="mainDiv"  >
        <div id="mynews" class="mini-tabs" activeindex="0"
        style="width:100%;height:100%;" bodystyle="padding:0;border:0;">
            <div class="mini-fit" title=" 行业新闻 ">
                <ul class="ul">
                {% for data in news %}
                    <li onclick="browser({{data.id}},1)" class=
                    "li">{{data.news_name}} <span class=
                    "span">{{data.createor}}</span>  <span class=
                    "span">{{data.createtime}}</span></li>
                {% endfor %}
                </ul>

            </div>
        </div>
        <div id="myproject"  class="mini-tabs" activeindex="0"
        style="width:100%;height:100%" bodystyle="padding:0;border:0;">
            <div class="mini-fit" title=" 公司项目 ">
                <ul class="ul">
                    {% for data in project %}
                    <li onclick="browser({{data.id}},2)" class=
                    "li" >{{data.project_name}} <span class=
                    "span">{{data.createor}}</span> <span class=
                    "span">{{data.createtime}}</span></li>
                {% endfor %}
                </ul>
            </div>
        </div>
    </div>
</div>
    <script type="text/javascript">
        mini.parse();

        function browser(id,type)
        {
            window.open("/portal/browser?id=" + id + "&type=" + type, "", "");
        }

        var portal = new mini.ux.Portal();
        portal.set({
            style: "width: 100%;height:100%",
            columns: ["50%", "50%"]
        });
```

```javascript
// 加载 portal
portal.render(document.getElementById("mainDiv"));

//panel
portal.setPanels([
    { column:0,id:"p1",showCloseButton:true,height:400,
    allowDrag:false,buttons:"collapse",onbuttonclick:onbuttonclick},
    { column:0,id:"p2",showCollapseButton: true,height:400,
    buttons:"collapse",onbuttonclick: onbuttonclick}
]);

var bodyEl = portal.getPanelBodyEl("p1");
bodyEl.appendChild(document.getElementById("mynews"));

var bodyEl1 = portal.getPanelBodyEl("p2");
bodyEl1.appendChild(document.getElementById("myproject"));

// 获取配置的 panels 信息
var panels = portal.getPanels();

            function maxPanel(id) {
    var panel = mini.get(id);
    panel.maxed = true;
    $(panel.el).addClass("max");
    $(panel.el).find(".mini-tools-max").addClass(
    "mini-tools-restore");
    mini.layout();
}

function restorePanel(id) {
    var panel = mini.get(id);
    panel.maxed = false;
    $(panel.el).find(".mini-tools-max").removeClass(
    "mini-tools-restore");
    $(panel.el).removeClass("max");
    mini.layout();
}

function onbuttonclick(e) {
    var panel = this;

    if (e.name == "max") {
        if (panel.maxed) {
            restorePanel(panel);
        } else {
            maxPanel(panel);
        }
    }
}
```

```
        </script>
{% endblock %}
```

页面 browser.html 用于浏览明细信息，相关代码如下所示：

```
{% extends "base.html" %}
{% block content %}
<div align="center">
    {{content|safe}}
</div>
{% endblock %}
```

3）在应用 portal 中增加 urls.py 文件，相关代码如下：

```
from django.urls import path
from .views import *
urlpatterns = [
    path('browser/', browser),
    ]
```

4）修改应用 portal 中的 views.py 文件，相关代码如下：

```
from django.shortcuts import render
from business.models import *
def index(request):
    news = ProfessionNews.objects.all() \
            .extra(select={"createtime": "DATE_FORMAT(createtime,
            '%%Y-%%m-%%d')"}). \
            values('id', 'news_name', 'createor','createtime')[0:10]
    project = CompanyProject.objects.all()\
            .extra(select={"createtime": "DATE_FORMAT(createtime,
            '%%Y-%%m-%%d ')"}). \
            values('id', 'project_name', 'createor','createtime')[0:10]
    return render(request, 'index.html',locals())

def browser(request):
    id = int(request.GET.get('id'))
    type = int(request.GET.get('type'))
    if type==1:
        news = ProfessionNews.objects.filter(id=id).values('news_content')
        temp = news[0]
        return render(request, 'browser.html', {'content':
        temp['news_content']})
    else:
        project = CompanyProject.objects.filter(id=id).values(
        'project_content')
        temp = project[0]
        return render(request,'browser.html',{'content': temp['project_
            content']})
```

5）修改主应用 xc_cms 中的 urls.py 文件，增加如下代码：

```
from portal.views import index

urlpatterns = [
(此处省略之前介绍的内容)
    path('', index),
    path('portal/', include('portal.urls')),
]
```

本节讲述了 cms 中发布信息浏览的构建过程，完成了相关发布信息的浏览与查看。从示例中可以看出：

1）页面 index.html 通过模板标签 extends 加载了 base.html 相关的页面布局、CSS 以及 JavaScript 脚本文件，通过加载控件 mini-tabs 与 Portal 实现查看局部页面布局，通过使用模板标签循环加载相关发布信息，并通过 JavaScript 中的 browser 方法来实现信息浏览。

2）页面 browser.html 通过模板标签 extends 加载了 base.html 相关的页面布局、CSS 以及 JavaScript 脚本文件，并采用过滤器 safe 显示相关富文本信息。

3）在应用 portal 的 views.py 中定义视图方法 index，该方法默认加载了 10 条相关发布信息，通过 locals 方法传递到页面 index.html 中。

14.2.6 其他说明

为了保证 CMS 的正常运行，还需要一些辅助工作，具体做法如下。

1）在应用 systemadmin 中增加 initdata.py 文件，代码如下：

```
import os
import django

project_name = 'xc_cms'
os.environ.setdefault("DJANGO_SETTINGS_MODULE", project_name + ".settings")
django.setup()

from systemadmin.models import *

menu_data = [
    {"id": 1, "MenuName": '系统管理',"Url':"",
    "DisplayOrder":1,"is_valid":1,"MenuIcon":"icon-goto",},
    {"id": 2, "MenuName": '权限管理',"Url":"","DisplayOrder":1,
    "is_valid":1,"MenuIcon":"icon-filter","ParentMenuID_id":1},
    {"id": 21, "MenuName": '新增角色',"Url":"/systemadmin/editrole?id=
    0","DisplayOrder":1,"is_valid":1,"MenuIcon":"icon-add",
    "ParentMenuID_id":2},
    {"id": 22, "MenuName":'角色查询',"Url":"/systemadmin/rolelist/",
    "DisplayOrder":2,"is_valid":1,"MenuIcon":"icon-search",
    "ParentMenuID_id":2},
    {"id": 3, "MenuName": '用户管理',"Url":"","DisplayOrder":1,
    "is_valid":1,"MenuIcon":"icon-user","ParentMenuID_id":1},
    {"id": 31, "MenuName": '新增用户', "Url": "/systemadmin/edituser?id=0",
```

```
        "DisplayOrder": 1, "is_valid": 1, "MenuIcon": "icon-add",
        "ParentMenuID_id": 3},
        {"id": 32, "MenuName": '用户信息查询', "Url": "/systemadmin/userlist/",
        "DisplayOrder": 2, "is_valid": 1, "MenuIcon": "icon-search",
        "ParentMenuID_id": 3},
        {"id": 4, "MenuName": '业务管理',"Url":"","DisplayOrder":1,
        "is_valid":1,"MenuIcon":"icon-node"},
        {"id": 5, "MenuName": '要闻管理', "Url": "", "DisplayOrder": 1,
        "is_valid": 1, "MenuIcon": "icon-folder","ParentMenuID_id": 4},
        {"id": 51, "MenuName": '新增要闻', "Url": "/business/editnews?id=0",
        "DisplayOrder": 1, "is_valid": 1, "MenuIcon": "icon-add",
        "ParentMenuID_id": 5},
        {"id": 52, "MenuName": '要闻查询', "Url": "/business/newslist/",
        "DisplayOrder": 2, "is_valid": 1, "MenuIcon": "icon-search",
        "ParentMenuID_id": 5},
        {"id": 6, "MenuName": '项目快讯', "Url": "", "DisplayOrder": 1,
        "is_valid": 1, "MenuIcon": "icon-folderopen","ParentMenuID_id": 4},
        {"id": 61, "MenuName": '新增快讯', "Url": "/business/editproject?id=0",
        "DisplayOrder": 1, "is_valid": 1, "MenuIcon": "icon-add",
        "ParentMenuID_id": 6},
        {"id": 62, "MenuName": '项目快讯查询', "Url": "/business/projectlist/",
        "DisplayOrder": 2, "is_valid": 1,
        "MenuIcon": "icon-search",
        "ParentMenuID_id": 6},
]


role_data = [
    {"id": 1, "role_name": "管理员", "menu_id": (1, 2, 3, 21, 22, 31, 32)},
    {"id": 2, "role_name": "普通用户", "menu_id": (4,5,6,51,52,61,62)},
]


admin_user_data = [
    {"id": 1, "username": "admin", "password": "123456",
    "email": "test@qq.com"}
]


for dic in menu_data:
    # 添加菜单
    obj = Menu.objects.create(**dic)

# 添加角色数据
for dic in role_data:
    temp = dic
    menu_ids = temp.pop("menu_id")
    # 添加角色
    obj = Role.objects.create(**temp)
    # 添加角色和权限路径的关系
    Role.objects.get(id=obj.id).menu.set(menu_ids)

for dic in admin_user_data:
```

```
    obj = UserInfo.objects.create_superuser(**dic)
    obj.role.set((1,))  # 用户关联管理员角色
```

2）在主应用 xc_cms 中增加 commonfunction.py 文件，代码如下：

```
import json
import datetime

class DateEncoder(json.JSONEncoder):
    def default(self, obj):
        if isinstance(obj, datetime.datetime):
            return obj.strftime('%Y-%m-%d %H:%M:%S')
        elif isinstance(obj, datetime.date):
            return obj.strftime("%Y-%m-%d")
        else:
            return json.JSONEncoder.default(self, obj)
```

3）在主应用 xc_cms 中增加 loginmiddleware.py 文件，代码如下：

```
from django.utils.deprecation import MiddlewareMixin
from django.shortcuts import  redirect

class LoginMiddleware(MiddlewareMixin):
    def process_request(self, request):
        now_path = request.path
        if not request.user.is_authenticated:
            if  now_path == '/login/':
                pass
            else:
                return redirect('/login/')
```

4）在主应用 xc_cms 的 settings.py 文件的节点 MIDDLEWARE 中添加"xc_cms. loginmiddleware.LoginMiddleware"记录。

5）在主应用 xc_cms 的 views.py 文件中，增加如下代码：

```
def page_not_found(request,exception):
    return render(request,'404.html' ,{'error',str(exception)}, status=404)

def server_error(request):
    return render(request,'404.html',status=500)
```

6）修改工程中主应用 xc_cms 中的 urls.py 文件，增加如下代码：

```
handler404=page_not_found
handler500=server_error
```

7）在主应用 xc_cms 的 templates 文件夹下增加文件 404.html 与 500.html，其中 404. htm 用于显示页面异常，500.html 用于显示服务器异常。

本节讲述了 CMS 需要做的准备工作，从示例中可以看出：

1）初始化文件 initdata.py 时需要注意引入的模型类 systemadmin.models，该类要在设置了环境变量 DJANGO_SETTINGS_MODULE 后才可引入。

2）commonfunction.py 文件中的 DateEncoder 方法用于对相关数据进行一定的 json 编码处理，主要目的在于对数据进行序列化，以便在 HTML 页面加载显示。

3）loginmiddleware.py 文件以及修改节点 MIDDLEWARE 的目的在于通过自定义中间件的方式达到调用相关页面时进行登录验证的目的。

4）在主应用 xc_cms 的 views.py 中增加 page_not_found 与 server_error 视图方法的目的在于在工程中使用自定义的异常处理方式。

14.2.7　运行 CMS

首先生成数据库信息，让 systemadmin 与 business 的模型通过 makemigartions 方法生成相应的迁移文件后，执行框架命令 migrate 生成相应的数据库文件；然后执行数据库初始文件 initdata.py 并将相关初始信息数据导入数据库中，导入完成后启动工程，在浏览器的地址栏中输入相关信息，如图 14-7 所示。

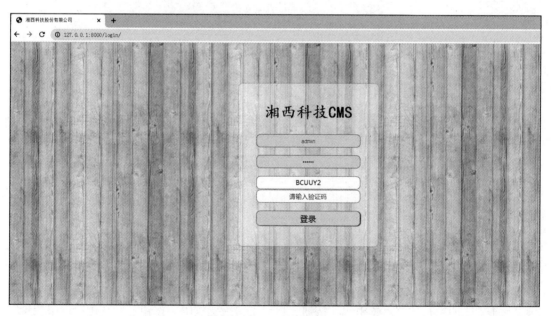

图 14-7　CMS 登录

输入 admin、123456（初始文件 initdata.py 中定义的初始管理员的用户名称和密码），登录成功后，出现如图 14-8 所示的界面。

点击"新增用户"菜单，出现如图 14-9 所示的界面。

新增用户"张丽"、"王维"，选择启用，保存后，点击"用户信息查询"，出现如图 14-10 所示的界面。

图 14-8　CMS 后台主界面

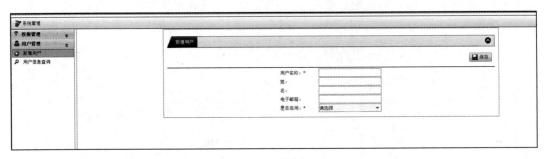

图 14-9　新增用户界面

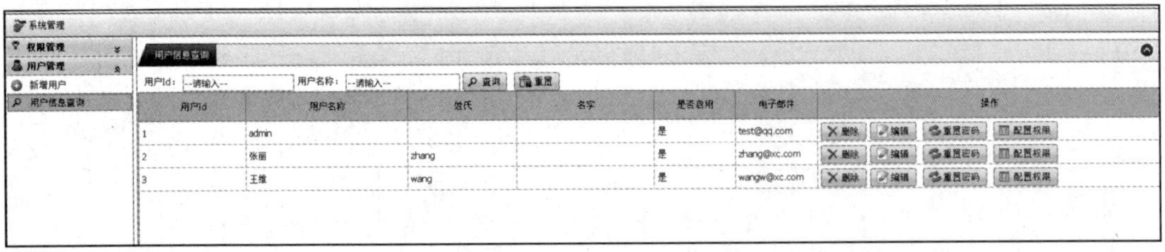

图 14-10　用户列表界面

　　点击"张丽"行的"重置密码"按钮，再点击"配置权限"按钮，在"用户权限配置"界面中配置"张丽"为"普通用户"，如图 14-11 所示。

　　使用"张丽"账户登录后，进入如图 14-12 所示的界面。

　　点击"新增新闻"菜单，进入如图 14-13 所示的界面。

　　输入两条相关新闻后，点击"要闻查询"菜单，出现如图 14-14 所示的界面。

　　按类似方式输入一条公司项目信息，然后在地址栏中输入 127.0.0.1:8000，登录成功后，出现如图 14-15 所示的界面。

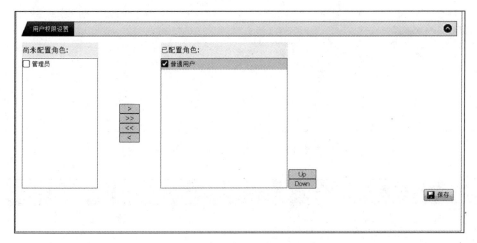

图 14-11　用户权限设置

图 14-12　用户登录后台主界面

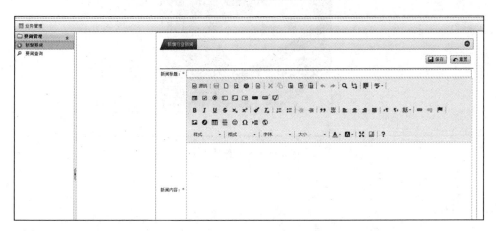

图 14-13　"新增新闻"菜单

图 14-14 "要闻查询"菜单

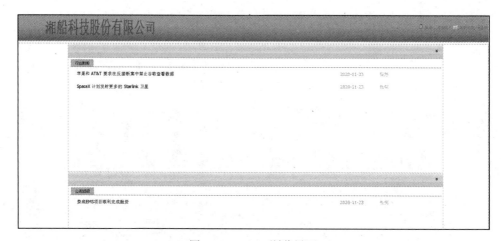

图 14-15 CMS 浏览界面

点击第一条行业新闻，出现如图 14-16 所示的界面。

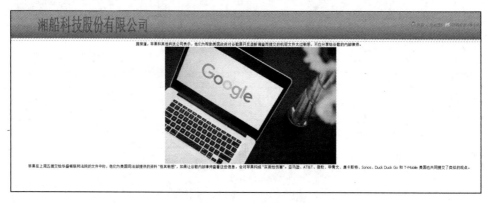

图 14-16 CMS 查看界面

14.3 小结

本章搭建了一个简易的 CMS，并实现了 CMS 的核心功能，下一章将介绍如何发布网站。

第 15 章 _Chapter 15_

Django 工程部署

本章将介绍如何部署 Django 工程项目，首先介绍部署的相关概念，接着讲述 Django 的一些部署形式，最后阐述相关的部署流程。

15.1 关联概念

Django 工程部署涉及一些专业术语的使用，本节会进行相关阐述。

15.1.1 Web 服务器

Web 服务器概念有两层含义。

一层含义为系统环境概念，是指部署了 Web 应用站点的具有特定操作系统与特定 IP 地址的环境。这个环境有可能是一个具体的物理硬件，也有可能是一个软文件。例如，在操作系统为 Windows 2012 Server 并且 IP 地址为 10.10.1.198 的 Web 服务器上部署 CMS 站点。

另一层含义为应用软件服务概念，是指驻留于因特网上的某种计算机类型的程序，可关联网站工程文件，用户在网络允许的情况下，可通过浏览器等 Web 客户端访问由这些应用程序提供的 URL。目前主流的三个 Web 服务器是 Apache、Nginx、IIS。

本章后面所指的 Web 服务器特指应用软件服务概念。

15.1.2 软件部署和网站部署

所谓软件部署，通俗来说，就是将相关软件放置在用户可触及的环境中，在经过一定的环境准备（如插件安装、参数设置、系统注册等）后，用户可通过访问软件来完成相关的业务。

作为软件部署的一种方式，网站部署是指将由相关业务完成的网站工程包复制到特定系统环境的 Web 服务器上，通过配置使得网站工程包在 Web 服务器上有一系列可供各类用户远程访问的 URL，并且可通过这些 URL 正常执行相关的业务操作。

15.2 Django 工程部署方式

基于不同的角度，Django 工程部署可划分为不同的类型。

15.2.1 支持的网络协议形式

根据不同的网络协议，可以将 Django 工程部署划分为两类形式。

❏ 一类为 WSGI（Web Server Gateway Interface）。该类形式为 Web 服务器和 Django 工程之间的一种简单而通用的接口形式，该类形式一般只支持 HTTP、HTTPS 协议。默认情况下，通过 Django 框架平台的 runserver 命令启动 Django 工程 Web 服务的做法，就是采用了 wsgi 接口形式来进行站点发布。

❏ 另一类为 ASGI（Asynchronous Server Gateway Interface）。该类形式为 Web 服务器和 Django 工程之间的支持异步通信的接口形式。该类形式不仅支持 HTTP、HTTPS 协议，还支持 HTTP2、WebSocket 等协议。需要说明的是，该类部署形式在 3.0 版本之后才被 Django 框架支持。

15.2.2 发布的复杂度

根据 Django 工程的部署复杂度，可以将部署形式划分为以下三类形式。

第一类为简化模式。这类模式借用了 runserver 命令，通过在操作系统中定义相应的启动服务来达到部署网站的目的。这类做法一般用于开发环境调试使用。

第二类为 Django 框架推荐模式。这类模式需要安装特定的 Python 插件包，其中用于 WSGI 接口形式的插件包有 uWSGI、Gunicorn 与 mod_wsgi 等多种形式，用于 ASGI 接口形式的插件包有 Daphne、Hypercorn 与 Uvicorn 等多种形式。这类模式需要先通过 Python 包管理器（pip）来下载对应安装的插件包，然后通过插件包命令来调用应用中的相关网络接口文件。一般而言，WSGI 模式的启动插件包需调用工程默认应用中的 wsgi.py 文件，ASGI 模式的启动插件包需调用工程默认应用中的 ASGI.py 文件，例如，采用 Uvicorn 形式发布，首先要安装 Uvicorn。

```
pip install Uvicorn
```

其次，进入 Django 工程主目录（例如第 14 章所述的 xc_cms），执行如下过程即可在浏览器中输入 127.0.0.1:8000 查看相关页面。

```
Uvicorn xc_cms.asgi:application
```

第三类为生产模式。这类部署方式充分考虑了静态文件支持、安全、负载等多种情况。采用了 Web 服务器 +Python 插件包的部署形式，具体如图 15-1 所示。

图 15-1　生成模式调用

需要说明的是，生产模式下的 Django 部署会因服务器所处的操作系统环境的不同而有一定差异。一般而言，在 Windows 操作系统环境下，可用的 Web 服务器为 IIS、Apache 与 Nginx；在 Linux 操作系统环境下，可用的 Web 服务器为 Apache 与 Nginx；而网络服务器插件也会因部署过程中使用的 Web 服务器的不同而有一定差异。当使用 IIS 时，采用 wfastcgi 插件，当使用 Apache 时，则采用 mod_wsgi 插件。

15.3　Django 工程部署工作内容

Django 工程部署包含检测、复制、关联准备及环境设置等 4 个部分的工作内容。其中，检测就是采用 Django 框架命令对 Django 工程进行部署检测，确定需要调整的项目并进行相应的调整。

复制就是将相应的工程文件整体复制到某个具有确定 IP 的操作系统环境内。

关联准备包含多个环节。首先是需要在相关的操作系统内支持开发版本所用的 Python 版本。其次需要安装 Django 工程所需要的 Python 插件，另外还需要安装对应的 Web 服务器，最后需要安装 Web 服务器所适用的 Python 插件。

环境设置也包含多个环节。首先需要对 Web 服务器进行一定的设置，其次对 Python 插件进行一定的设置，最后对 Django 工程进行一定的设置。

15.4　部署示例

这里我们将针对第 14 章开发的简易 CMS 进行相应的部署。服务器系统环境为 Windows 2012 Server。采用 IIS 模式进行托管并通过 wfastcgi 构建相应的 Django 工程，具体操作如下。

1）检测 Django 工程。进入 Django 工程所在的文件夹（本例为 xc_cms），输入如下命令，检测 Django 工程需要适合的生产部署。

```
python manage.py check --deploy
```

2）修改相关配置信息。根据检测结果，对 Django 工程进行一定调整，修改 settings. py，具体如下：

```
...
DEBUG = False

ALLOWED_HOSTS = ['*']
...
```

3）整理工程需要的插件。进入 Django 工程所在的文件夹（本例为 xc_cms），输入如下命令，搜集 Django 工程所用的插件。

```
pip freeze> requirements.txt
```

4）复制工程到服务器环境中。将 Django 工程所在文件夹（本例为 xc_cms）内的所有文件全部上传到地址为 192.168.10.247、操作系统为 Windows 2012 Server R2 的环境（以下简称 Win2012 Server 环境）中，本例复制到工程文件夹 xc_cms 系统环境的 C 盘目录下。

5）安装 Python 对应版本。将相应的 Python 版本安装包复制到 Win2012 Server 环境中，按照默认方式安装即可。至此，后续操作都将在 Win2012 Server 环境中进行。

6）安装工程需要的插件。以管理员方式运行"Windows PowerShell"工具，在打开的"Windows PowerShell"对话框中进入 Django 工程所在文件夹（本例为 c:\xc_cms），然后输入如下命令，安装工程需要的插件。

```
pip install -r requirements.txt
```

7）安装 IIS。首先需要在 Windows 系统中打开"服务器管理器"工具，点击"添加角色和功能"，通过"添加角色和功能向导"增加角色"Web 服务器（IIS）"。需要注意的是，在安装 IIS 时，要勾选"CGI"（见图 15-2）。

安装完成后，可在系统的管理工具中看到"Internet Information Services(IIS) 管理器"控制项信息，双击"Internet Information Services(IIS) 管理器"控制项信息可打开"Internet Information Services(IIS) 管理器"对话框。

8）安装网络服务组件。以管理员方式运行"Windows PowerShell"工具，在打开的"Windows PowerShell"对话框中执行如下命令，可以实现网络服务组件的安装。

```
pip install wfastcgi
```

9）启用网络服务组件。以管理员方式运行"Windows PowerShell"工具，在打开的"Windows PowerShell"对话框中执行如下命令，用来启用组件 wfastcgi。

```
wfastcgi-enable
```

启动完成后，记录相关的配置组件路径信息（本例为 c:\python385\python.exe|c:\

python385\lib\site-packages\wfastcgi.py）。

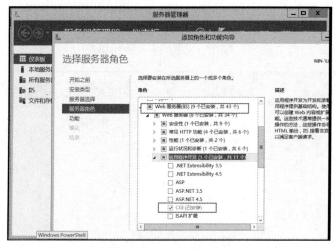

图 15-2 安装 IIS

10）设置 IIS 站点。打开"Internet Information Services(IIS) 管理器"对话框，新建名称为 xc_cms 的站点，并将站点路径指向 Django 工程所在的物理路径（本例为 C:\xc_cms），点击"确定"按钮即可创建好网站，如图 15-3 所示。

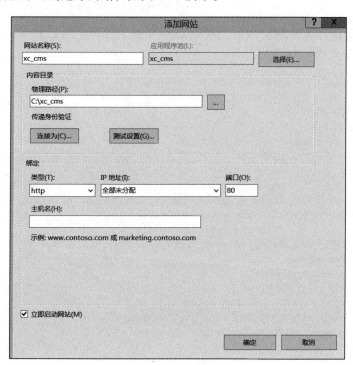

图 15-3 添加 IIS 站点

11）设置静态资源访问。打开"Internet Information Services(IIS) 管理器"对话框，右击名称为 xc_cms 的站点，点击"添加虚拟目录"菜单，打开"添加虚拟目录"对话框，设置别名为"static"，并将物理路径指向 Django 工程的静态资源文件夹（本例为 C:\xc_cms\xc_cms\static），最后点击"确定"按钮，如图 15-4 所示。

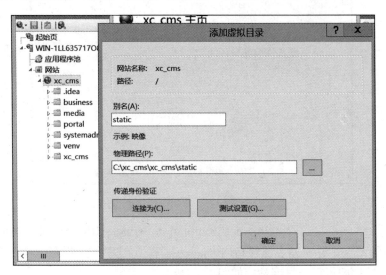

图 15-4　添加 IIS 虚拟目录

12）设置 Django 工程网络访问。在 Django 工程文件夹的根目录（本例为 C:\xc_cms）中新建 Web.config 文件，代码如下：

```xml
<?xml version="1.0" encoding="UTF-8"?>
<configuration>
    <system.WebServer>
        <handlers>
            <add name="Python FastCGI"
                    path="*"
                    verb="*"
                    modules="FastCgiModule"
                    scriptProcessor="c:\python385\python.exe|c:\python385\
                    lib\site-packages\wfastcgi.py"
                    resourceType="Unspecified"
                    requireAccess="Script"/>
        </handlers>
    </system.WebServer>
    <appSettings>
        <add key="WSGI_HANDLER" value=
        "django.core.wsgi.get_wsgi_application()" />
        <add key="PYTHONPATH" value="C:\xc_cms>" />
        <add key="DJANGO_SETTINGS_MODULE" value="xc_cms.settings" />
    </appSettings>
</configuration>
```

其中，scriptProcessor 采用在进行"启用网络服务组件"操作时记录的配置组件路径信息，PYTHONPATH 的值采用 Django 工程所在的路径，DJANGO_SETTINGS_MODULE 设置为 Django 工程所使用的配置信息。

13）设置 Django 工程的静态资源网络访问。在 Django 工程文件夹的根目录（本例为 C:\xc_cms\xc_cms\static）中新建 Web.config 文件，代码如下：

```
<?xml version="1.0" encoding="UTF-8"?>
<configuration>
    <system.WebServer>
        <handlers>
        <clear/>
    <add name="StaticFile" path="*" verb="*" modules=
    "StaticFileModule" resourceType="File" requireAccess="Read" />
        </handlers>
    </system.WebServer>
</configuration>
```

14）根据数据库部署位置修改对应的生产环境数据库的相关连接方式。

本例演示了如何在 Windows 操作系统环境中部署 Django 工程。从示例中可以看出：

1）本例中 Win2012 Server 环境可以正常访问互联网，通过在线安装的方式安装相关的插件包，如果所安装的环境不能实现在线安装，则需要通过一定渠道先下载对应版本的插件包，复制到要安装的系统环境中，再通过 pip 方式进行安装。

2）在新建网站时，需注意端口是否被占用（本例为 80），如果被占用，则需停止原有使用该端口的应用或修改新建网站的端口号。

3）作为验证，在能与该服务器访问的另一台机器 Chrome 浏览器中输入 http://192.168.10.247/adminindex/，页面出现如图 15-5 所示的信息，表明成功部署。

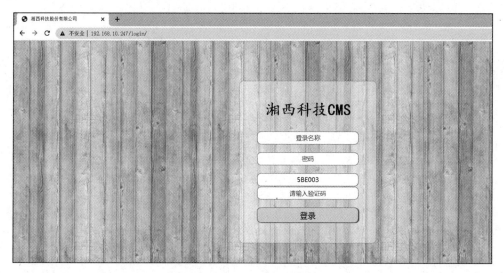

图 15-5　CMS 登录页面

15.5 小结

本章讲述了 Django 工程部署的相关概念、相关的部署方式及流程，并演示了如何在 Windows 环境中发布 Django 工程。至此，本书完结，希望读者通过阅读本书掌握运用 Django 开发的技能。